2nd Edition

호텔 & 레스토랑

식음료서비스관리론

박영배 저

Hotel & Restaurant

Management of Food & Beverage Operations

머리말
Foreword

최근 정부는 관광산업의 중요성을 인식하고 국제화, 세계화에 대비하기 위해 21세기 관광비전을 발표하였다. 관광산업은 숙박, 교통, 음식, 오락시설, 토산품 판매장 등 많은 산업을 내포하는 복합 산업으로서, 산업의 승수효과(乘數效果)가 다른 산업보다 높으며, 고용의 창출과 증대에도 크게 기여하게 됨에 따라 지역 간의 경제적 · 사회적 격차를 좁히는 효과를 가져다준다. 또한 국제관광의 경우, 타국의 문물을 직접 접하게 됨으로써 국제간 문화교류의 가교(架橋)가 되어 상호의 친선도모에 결정적 역할을 하게 되며, 소비와 수입이 외화(外貨)이기 때문에 외화획득 산업인 동시에 일반 수출산업보다 가득률이 높아, 그 중요성이 날로 증가하고 있다. 관광산업 중에서 호텔기업은 관광객 또는 고객들과 가장 밀접한 관련을 맺고 있는 사업인 동시에 중요한 분야이다.

호텔은 인간의 여가활동에 필수적 요소인 객실(客室)과 식음료(食飮料), 기타 부대시설을 갖추고 여행자의 편의를 제공하는 역할을 담당하고 있다.

특히 식음료부문은 식생활의 사회적 기능이 점차 강화되면서 각종 레스토랑과 바 등 다양한 형태의 부대영업시설을 갖추어 고객의 수요형태 변화에 적응시킴으로써 우리나라 외식산업의 선도적인 역할을 하고 있다. 외식산업은 국민소득의 향상과 여가시간 증대 그리고 생활수준 향상으로 급격한 양적 팽창을 보이고 있다.

다양해진 외식 소비자들의 식 욕구 충족을 위해서는 식음료서비스에 대한 이론과 실무를 갖춘 전문 인력이 절실히 요구되고 있다. 서비스가 핵심 상품인 호텔에서 인적서비스는 단순한 서비스 제공이라는 차원에서 벗어나 고객의 심리적 측면을 이해하고 그 욕구를 파악하고 충족시켜 수요를 확산시키고 구매행동으로 유도하는 중요한 역할까지도 수행한다.

또 기업 경쟁력을 강화하기 위해서는 최고의 수준에서 고객만족 서비스를 제공하지 못하면 경쟁에서 생존할 수 없고, 21세기 계속기업으로서 존속(存續)할 수가 없다. 이에 따라 저자는 미국과 유럽의 특1급 체인호텔의 실무경험을 바탕으로 실무와 이론을 중심으로 한 식음료서비스 관리론을 한권의 책으로 정리하게 되었다. 본서는 호텔, 관광, 외식, 조리 관련 전문가를 양성하고, 다양한 전문지식을 제공하고 있다.

주로 현장에서 갖추어야 할 기본적인 실무에 대한 내용과 이론을 담고 있는데, 총 5

장으로 구성하였다. 제1장에서는 식음료의 개념과 역할 그리고 식음료의 특성과 고객접점프로세스, 불만처리의 서비스회복을 통한 고객지향적인 서비스문화의 필요성을 이해할 수 있도록 전개하였다. 제2장에서는 동·서양요리 및 연회에 대한 일반적인 개요와 메뉴의 현상을 파악하여 관리자로서의 현장 적응에 필요한 내용을 전개하였다. 제3장에서는 음식을 돋보이게 하고 맛과 밀접한 관계에 있는 음료에 대한 이론과 실무의 내용을 중심으로 전개하였다. 와인을 비롯한 맥주, 위스키, 브랜디, 진, 럼, 보드카, 테킬라, 리큐르 등으로 구성하였다.

제4장에서는 메뉴의 개념적 정의와 분류 및 중요성, 메뉴가 단순한 차림표의 개념이 아닌 마케팅과 내부통제 도구로서의 메뉴계획과 메뉴디자인 그리고 메뉴평가, 메뉴분석을 통해 고객의 수익성과 선호도를 파악하는 과정으로 전개하였다.

제5장에서는 생산지점의 주방관리에 대한 내용으로 주방의 개념적 정의와 영업장과의 관계, 주방의 분류, 조직과 직무, 조리법 그리고 원가관리에 따른 식재료의 구매, 검수, 저장, 출고 등 식음료 영업활동에 대한 전반적인 내용으로 전개하였다. 부록에서는 글로벌시대의 식사예절에 필요한 테이블매너를 전개하였다. 이는 자신의 이미지를 제고하고 상대방에게 호감을 주는 인간관계의 수칙으로서 사회생활과 성공 비즈니스에 필요한 에티켓이다.

참고문헌으로는 국내·국외의 문헌과 호텔의 직무교재를 인용하였으며, 본서를 출간하는 과정에서 좀 더 알찬 내용을 위해 최선의 노력을 다 하였으나 아직 여러 가지 면에서 미비한 점이 있다. 향후 독자 여러분들의 아낌없는 조언을 기대하면서 완숙한 저서가 되도록 지속적으로 수정·보완할 것을 약속드린다.

아울러 본서가 호텔, 관광, 외식, 조리 관련 학생들과 업계 종사자들의 발전에 좋은 길잡이가 되길 기대하는 바이다. 끝으로 본서의 출판을 맡아주신 백산출판사 진욱상 사장님과 편집부관계자 그리고 자료수집에 도움을 주신 그랜드 힐튼호텔과 르네상스 호텔의 선·후배 동료 여러분께 깊은 감사를 드린다.

안산 연구실에서

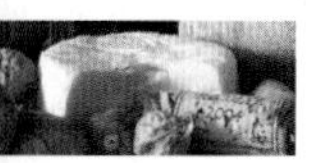

차례
Contents

제1장 식음료서비스의 이해

제1절 식음료의 일반적인 개요 14

1. 식음료의 개념 14
2. 식음료의 역할 15

제2절 식음료의 분류 16

1. 서양식 레스토랑 17
   1) 프랑스식 레스토랑 / 17
   2) 이탈리아식 레스토랑 / 17
2. 동양식 레스토랑 18
   1) 일식 레스토랑 / 18
   2) 중식 레스토랑 / 18
   3) 한식 레스토랑 / 19
3. 바 19
   1) 메인 바 / 19
   2) 로비라운지 바 / 20
   3) 스카이라운지 바 / 20
   4) 펍 바 / 20
   5) 댄스 바 / 21
4. 연회장 21
   1) 정찬 연회 / 21
   2) 임대 연회 / 21
   3) 출장 연회 / 21

제3절 식음료의 특성 22

1. 생산 측면에서의 특성 22
   1) 생산과 판매가 동시에 발생한다 / 22
   2) 주문 생산이 원칙이다 / 22
   3) 수요 예측이 곤란하다 / 23
   4) 상품의 단일화 및 표준화가 곤란하다 / 23

2. 판매 측면에서의 특성 23
1) 시간과 공간의 제약을 받는다 / 23
2) 식재료의 부패성이 강하다 / 24
3) 인적 서비스의 의존도가 높다 / 24
4) 메뉴에 의한 판매가 이루어진다 / 24

제4절 고객과 서비스 24
1. 고객의 어원 25
1) 고객 / 25
2) Guest / 25
3) Customer / 26
4) Consumer / 26
2. 고객의 정의 26
3. 고객만족 서비스 27

제5절 서비스의 형태 및 방법 29
1. 테이블 서비스 29
1) 프렌치 서비스 / 29
2) 러시안 서비스 / 30
3) 아메리칸 서비스 / 31
4) 잉글리쉬 서비스 / 32
2. 셀프서비스 32
1) 뷔페 서비스 / 32
2) 샐러드 바 / 33

제6절 서비스 조직의 관리 34
1. 서비스 조직의 개념 및 원리 34
1) 조직목표의 명확화 / 34
2) 지시계통의 일원화 / 34
3) 책임과 권한의 위임 / 35
2. 서비스 조직의 구조 35
1) 주방 / 36
2) 음식서비스 / 36
3) 음료서비스 / 37
4) 연회서비스 / 37
3. 서비스 조직의 요건 38
1) 내적 요건 / 38
2) 외적 요건 / 39

제7절 고객접점 서비스 관리 43
1. 접점서비스의 과정 43
1) 예약 · 영접 서비스 / 43
2) 테이블 서비스 / 45
3) 환송 서비스 / 46
4) 기타부문 서비스 / 46

2. 고객의 불평처리 47
1) 고객의 불평사항 / 47　2) 고객의 불평처리자세 / 48

제2장 음식서비스

제1절 서양식 레스토랑 52
1. 프랑스식 레스토랑 52
1) 전채 / 53　2) 수프 / 55
3) 생선요리 / 57　4) 주요리 / 58
5) 샐러드 / 65　6) 치즈 / 66
7) 후식 / 68
2. 이탈리아식 레스토랑 69
1) 안티파스티 / 70　2) 프리미 피아티 / 70
3) 세콘디 피아티 / 71　4) 치즈 / 71
5) 디저트 / 71　6) 커피 / 71

제2절 동양식 레스토랑 73
1. 일식 레스토랑 73
1) 일식의 종류 / 75　2) 일식서비스 / 78
2. 중식 레스토랑 79
1) 중식의 분류 / 79　2) 중식의 일반적인 특징 / 80
3) 중식의 종류 / 81　4) 중식의 메뉴구성 / 82
5) 중식서비스 / 84
3. 한식 레스토랑 85
1) 한식의 일반적인 특징 / 86　2) 한식의 분류 / 87
3) 한식의 상차림 / 91　4) 한식서비스 / 95

제3절 연회장 98
1. 연회의 개요 98
2. 연회의 분류 99
1) 정찬 연회 / 99　2) 임대 연회 / 99
3) 출장 연회 / 99

3. 연회메뉴 99

1) 음식 / 100 2) 음료 / 102

4. 연회부의 조직 102

5. 연회예약 103

6. 연회장 배열방법 104

1) 의자배열 / 105 2) 테이블배열 / 106

7. 연회서비스의 진행순서 107

제3장 음료서비스

제1절 음료의 이해 112

1. 알코올 음료 113

2. 비알코올 음료 114

제2절 와인 116

1. 와인의 정의 116

2. 포도품종 117

1) 적포도 품종 / 117 2) 청포도 품종 / 120

3. 와인의 분류 121

1) 양조법에 의한 구분 / 121 2) 색에 의한 구분 / 123

3) 당도에 의한 구분 / 124 4) 무게에 의한 구분 / 125

5) 식사코스에 의한 구분 / 126

4. 와인서비스와 관리 128

1) 와인서비스 / 128 2) 와인 관리 / 132

5. 와인 테이스팅 133

1) 시각 / 133 2) 후각 / 135

3) 미각 / 136

6. 와인과 음식의 조화 136

1) 일반적 원리 / 137

2) 상호보완적 원리와 상호배타적 원리 / 137

3) 수평적 조화 / 138

4) 수직적 조화 / 139

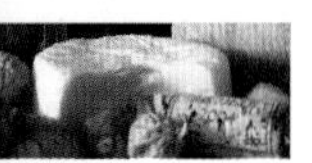

7. 세계의 와인 140

1) 프랑스 와인 / 140
2) 독일 와인 / 168
3) 이탈리아 와인 / 171
4) 스페인 와인 / 176
5) 포르투갈 와인 / 180
6) 미국 와인 / 182

제3절 맥주 194

1. 맥주의 분류 194

1) 효모에 의한 분류 / 194
2) 색에 의한 분류 / 195

2. 맥주서비스 및 관리 196

3. 세계의 맥주 197

제4절 위스키 198

1. 스카치 위스키 199

1) 스카치 위스키의 개요 / 199
2) 스카치 위스키의 종류 / 200
3) 스카치 위스키의 유명제품 / 201

2. 아이리쉬 위스키 203

1) 아이리쉬 위스키의 개요 / 203
2) 아이리쉬 위스키의 유명 제품 / 204

3. 아메리칸 위스키 205

1) 아메리칸 위스키의 개요 / 205
2) 아메리칸 위스키의 종류 / 205
3) 아메리칸 위스키의 유명 제품 / 206

4. 캐나디안 위스키 208

1) 캐나디안 위스키의 개요 / 208
2) 캐나디안 위스키의 유명 제품 / 209

5. 위스키 서비스 209

제5절 브랜디 211

1. 브랜디의 개요 211

2. 브랜디의 종류 212

1) 코냑 / 212
2) 알마냑 / 215
3) 오드비 / 216

3. 브랜디 서비스 217

제6절 진, 럼, 보드카, 테킬라 218

1. 진 218
   1) 진의 종류 / 219　2) 진의 유명 제품 / 220
2. 럼 221
   1) 럼의 종류 / 221　2) 럼의 유명 제품 / 222
3. 보드카 223
   1) 보드카의 종류 / 223　2) 보드카의 유명 제품 / 224
4. 테킬라 225
   1) 테킬라의 종류 / 225　2) 테킬라의 유명 제품 / 225
5. 진, 럼, 보드카, 테킬라 서비스 226

제7절 리큐르 228

1. 리큐르의 제법 228
   1) 침지법 / 228　2) 에센스법 / 229
   3) 증류법 / 229
2. 리큐르의 종류 229
   1) 약초 · 향초계 / 229　2) 과실계 / 232
   3) 종자계 / 234　4) 특수계 / 235
3. 리큐르의 서비스 236

제4장 메뉴관리

제1절 메뉴의 개요 244

1. 메뉴의 정의 244
2. 메뉴의 역할 246
3. 메뉴의 분류 246
   1) 변화 정도에 의한 구분 / 247　2) 식사 내용에 의한 구분 / 248
   3) 식사시간에 의한 구분 / 249

제2절 메뉴계획 255

1. 메뉴계획의 의의 255

2. 메뉴계획시 고려 사항 256
1) 경영자 측면 / 257 2) 고객 측면 / 258

제3절 메뉴디자인 258
1. 메뉴디자인의 개요 258
2. 메뉴디자인의 구성요소 259
1) 메뉴의 포맷 / 259
2) 메뉴 아이템의 위치와 순위 / 260
3) 메뉴카피 / 261
4) 타이포그래피 / 262
5) 칼라와 가독성 / 263

제4절 메뉴평가와 분석 264
1. 메뉴평가 264
1) 메뉴평가의 내용 / 264 2) 메뉴평가의 항목 / 265
2. 메뉴분석 267
1) Kasavana와 Smith의 선호도와 수익성 분석 / 268
2) Miller의 선호도와 원가분석 / 270
3) Pavesic의 원가와 수익성 분석 / 270
4) ABC 분석 / 271

제5절 메뉴해설 274
1. 정식요리 메뉴 274
2. 일품요리 메뉴 275

제5장 주방관리

제1절 주방관리의 개요 282
1. 주방의 의의 282
2. 주방과 영업장의 관계 283
1) 총체적 서비스의 제공 / 283 2) 의사 교환 / 283
3) 공동체 의식 / 283

제2절 주방의 분류 284

1. 지원 주방 284

1) 더운 요리 주방 / 284
2) 찬 요리 주방 / 284
3) 부처 주방 / 285
4) 제과 · 제빵 주방 / 285
5) 기물세척 주방 / 285

2. 영업 주방 285

제3절 주방조직과 직무 286

1. 주방조직 286

2. 주방조직의 직무 286

제4절 기본조리방법 289

1. 건식열 조리방법 289

1) 그릴링 / 289
2) 로스팅 / 289
3) 베이킹 / 290
4) 소팅 / 290
5) 튀김 / 290

2. 습식열 조리방법 290

1) 보일링 / 291
2) 스티밍 / 291
3) 포우칭 / 291
4) 브렌칭 / 291

3. 복합 조리방법 291

1) 브레이징 / 292
2) 스튜잉 / 292

제5절 주방기기 및 기물 292

1. 주방기기 292

1) 조리용 기구 / 293
2) 주방기기 / 296

2. 서비스 기물 296

1) 은기물류 / 296
2) 도자기류 / 298
3) 글라스류 / 300
4) 비품류 / 302
5) 린넨류 / 303

3. 테이블세팅 308

1) 테이블세팅의 방법 / 308
2) 테이블세팅의 종류 / 310

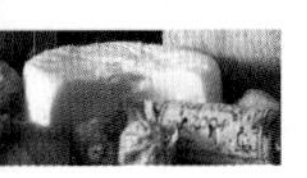

제6절 주방위생과 안전관리 312

1. 주방의 위생관리 312
2. 주방의 안전관리 313

제7절 식재료관리 315

1. 구매 · 검수관리 315
   1) 구매관리 / 315　　2) 검수관리 / 317
2. 저장 · 출고관리 318
   1) 저장관리 / 318　　2) 출고관리 / 320
3. 재고관리 320
   1) 계속 재고조사법 / 320　　2) 실사 재고조사법 / 321
   3) 재고자산 평가 / 321
4. 원가관리 321
   1) 양 목표에 의한 원가관리 / 322
   2) 표준원가에 의한 관리 / 322
   3) 비율에 의한 원가관리 / 323

부록

테이블매너 326

1. 일반적인 매너 326
2. 식사 중의 매너 329
3. 식사 후의 매너 335
4. 재치 있는 매너 335

용어해설 338

참고문헌 351

제1장

식음료서비스의 이해

제1절 식음료의 일반적인 개요
제2절 식음료의 분류
제3절 식음료의 특성
제4절 고객과 서비스
제5절 서비스의 형태 및 방법
제6절 서비스 조직의 관리
제7절 고객접점 서비스 관리

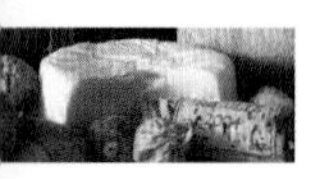

제 1 장 식음료서비스의 이해

학습목표

식음료의 개념과 유형을 분류하고, 고객서비스의 접점과정을 이해함으로써 식음료서비스관리에 적용한다.

- 식음료에 대한 개념과 역할을 설명하고 유형에 따라 분류한다.
- 식음료 상품의 특성을 생산과 판매측면으로 나누어 기술한다.
- 고객과 서비스, 서비스형태 및 방법을 설명하고 조직의 구성요소를 열거한다.
- 서비스 조직의 내적, 외적요건과 고객접점 과정 및 불평처리의 중요성을 설명한다.

제1절 식음료의 일반적인 개요

1. 식음료의 개념

▲ 호주 시드니에 위치한 노보텔과 이비스 호텔의 전경

호텔은 인간의 여가활동에 필수적 요소인 객실과 식음료, 기타 부대시설을 갖추고 여행자의 편의를 제공하는 기업으로서 관광산업의 중요한 역할을 담당하고 있다.

초기의 호텔경영자들은 객실부문에 중점을 두었고, 식음료부문은 부수적 서비스 차원으로 인식하여 실제적으로 그 비중을 높게 두지 않았다. 그러나 객실은 시간과 공간에 묶여서 상품을 판매하는 단점이 있다면 식음료는 객실보다 오히려 이윤추구, 고객의 다양한 욕구 충족을 극대화시키는 영역으로 자리메김을 하고 있다. 더욱이 국민소득과 여가시간이 증대되면서 삶의 질에 대한 관

심이 높아지고 외식에 대한 관심과 수요가 증가함에 따라 주요한 이익창출 부문으로 확대되고 있다. 호텔상품은 수익발생이 이루어지는 객실(room)과 식음료(food & beverage)의 2대 상품과 휘트니스 센터(fitness center), 카지노(casino) 등의 부대시설까지 포함하여 3대 상품이라 할 수 있다. 식음료란 음식과 음료의 합성어로서 고객에게 식욕을 충족시켜 주는 수단으로서 판매하는 상품을 말한다. 음식은 조리를 통해 생산되는 각종 요리이며, 음료는 마실 수 있는 것으로 알코올 음료와 비알코올 음료 등이 포함된다. 식음료는 음식을 만든다는 측면에서는 제조업에 속하지만, 최종 소비자에게 직접 판매한다는 측면에서는 소매업이며, 인적 서비스가 포함된다는 측면에서는 서비스업에 속한다. 이와 같이 식음료 상품은 복합성을 띠고 있어 식음료, 인적 서비스, 시설이나 분위기의 물적 서비스 등 3요소가 시스템적 혹은 유기적으로 잘 통합되어야만 비로소 완전한 상품이 된다. 이러한 상품이 고객의 욕구를 충족시켜 줄 때 고객은 만족한 식음료 상품을 소비했다고 할 수 있다. 예를 들어 맛있는 음식을 주방에서 만들어도 인적 서비스가 불량하거나, 레스토랑의 내부가 청결하지 못하고 정신적인 편안함을 주지 못한다면 고객은 식음료 소비에 대한 전반적인 만족도가 불만족했다고 평가할 것이다. 이와 같이 호텔에 대한 전반적인 평가는 대체로 식음료서비스를 중심으로 이루어지고 있어 중요한 관리부문이라고 할 수 있다.

2. 식음료의 역할

호텔기업의 식음료부문은 레스토랑(restaurant), 바(bar), 연회장(banquet) 등을 갖추고 숙박의 목적에서 창출된 내부고객 또는 외부의 고객에게 식음료를 제공하는 기능을 갖고 있다. 즉 식음료부문을 이용하는 고객은 항상 쾌적한 환경에서 안정된 마음으로 자신의 피로를 회복시키기를 원할 뿐만 아니라 안락하고 편안한 휴식을 취함으로서 원기와 기력을 재충전

▲ 이탈리아식 레스토랑 '토스카나'
-르네상스호텔-

시킬 수 있는 기회를 갖고자 한다. 식음료부문은 이러한 욕구를 가진 고객을 만족시킴으로써 그 대가를 받는 장소라고 할 수 있다. 세부적인 식음료부문의 역할을 살펴보면 다음과 같다.

- 이윤의 창출

  여행 또는 비즈니스 고객의 편의를 위한 식음료 판매시설을 갖추어 외화획득, 민간외교 활동의 역할까지도 수행하고 있다.
- 사회 · 문화의 공간

  지역사회의 정치, 사회, 문화교류의 장소, 집회의 장소, 레크레이션 등의 사교 중심지 역할을 하고 있다.
- 음식문화의 선도적인 역할

  외국의 유명조리사 초빙, 해외연수, 체계적 생산 시스템, 지속적인 메뉴개발 등 자본적인 투자 및 노력을 통하여 외식산업의 양적, 질적 발전의 선도적 역할을 담당하고 있다.

제2절 식음료의 분류

호텔기업의 식음료부문은 각국의 조리기술에 따라 요리의 품목과 종류가 다른 음식(Food)을 조리하고 판매하는 서양식, 동양식 레스토랑 그리고 알코올 음료(Beverage) 및 비알코올 음료를 판매 및 관리하는 바, 특정 행사의 단체고객을 대상으로 식음료를 판매하는 연회장 등으로 크게 나뉘어진다.

1. 서양식 레스토랑

1) 프랑스식 레스토랑

프랑스요리는 자연적인 식재료의 맛을 살리는 뛰어난 조리법으로 섬세한 맛을 내는 데 있다. 일반적인 특징은 육류나 유지(乳脂) 등의 주재료에 여러 가지 향신료와 포도주를 많이 사용한다. 이러한 식재료에서 비롯되는 소스는 음식의 향미를 좋게 하며, 맛과 영양을 보충해 준다. 세계적으로 잘 알려진 요리는 달팽이의 에스카고(escargot), 거위 간의 푸아그라(foie gras), 송로(松露)버섯의 트뤼프(truffles) 등이 있다.

▲ 프랑스의 달팽이 요리

2) 이탈리아식 레스토랑

피자와 파스타의 나라 이탈리아는 로마제국 분열 후 작은 국가들로 나뉘어 독립적인 문화의 영향으로 향토 음식이 발달하였다. 나폴리와 시칠리아 섬을 포함하는 남부지방은 해산물, 피자, 파스타요리가 발달하였다. 반면에 밀라노, 베네치아를 중심으로 하는 북부지방은 알프스 산맥에 접하고 추운 겨울 때문에 육류와 치즈를 이용한 요리가 많고, 쌀요리(risotto)가 유명하다.

▲ 피자와 파스타

프랑스 식사 코스

전채(Hors d'oeuvre) → 수프(Potage) → 생선(Poisson) → 셔벳(Sorbet) → 육류(Entree) → 샐러드(Salade) → 치즈(Fromage) → 디저트(Dessert) → 커피(Cafe)

이탈리아 식사 코스

전채(Antipasti) → 프리미 피아티(Primi Piatti) → 세콘디 피아티(Secondi Piatti) → 인살라타(Insalate) → 치즈(Formaggio) → 디저트((Dolce) → 커피(Cafe)

2. 동양식 레스토랑

1) 일식 레스토랑

일본의 지형은 북동에서 남서로 길게 뻗어 있어 기후의 변화가 많다. 따라서 4계절에 생산되는 재료가 다양하고, 사면이 바다로 둘러싸여 있어 해산물이 풍부하다. 일본요리는 쌀을 주식으로 하고 농산물과 해산물을 부식으로 형성되었는데 일반적으로 맛이 담백하고 색채와 모양이 아름다우며 풍미가 뛰어난 것이 특징이다. 일본요리는 형식에 따라 크게 세 가지로 구분하는데 본선요리(本膳料理), 정진요리(精進料理), 회석요리(會席料理) 등이 있다. 회석요리는 본선요리를 개선하여 연회(宴會)에서 차리는 요리로 현재 일본 대중요리의 형태이다.

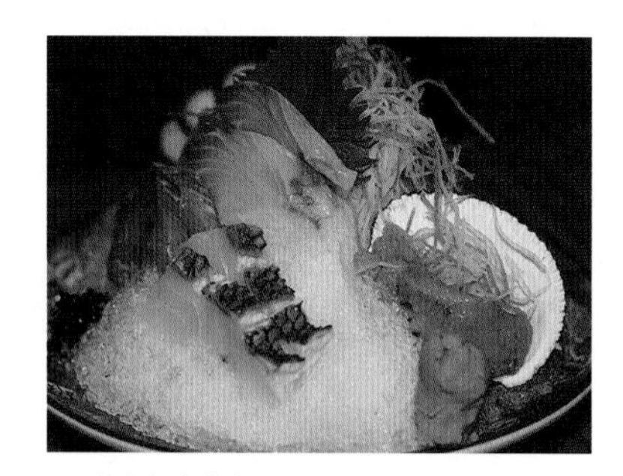
▲ 일식의 생선회

그림 1-1 회석요리의 코스

① 前菜 → ② 吸物 → ③ 刺身 → ④ 煮物 → ⑤ 燒物 → ⑥ 暘物 → ⑦ 酢物 → ⑧ 食事 → ⑨ 果物 → ⑩ 茶

2) 중식 레스토랑

▲ 딤섬(dumplings)

중국은 광대한 영토와 넓은 영해에서 다양한 산물과 해산물 등의 풍부한 식재료를 얻을 수 있다. 이는 폭넓은 식재료의 이용, 맛의 다양성, 손쉽고 합리적인 조리법, 풍부한 영양, 풍성한 외관 등이 중국요리가 세계적인 요리로 발달하게 하였다. 또한 넓은 영토를 지닌 중국은 지역적으로도 풍토, 기후, 산물, 풍속, 습

관이 다른 만큼 지방색이 두드러진 요리를 각각 특징 있게 독특한 맛을 내는 요리로 발전시켰다. 이처럼 독특한 개성을 지니고 발전해 온 각 지방의 요리는 북경요리(北京料理), 남경요리(南京料理), 광동요리(廣東料理), 사천 요리(四川料理) 등으로 분류한다. 대부분의 중식당은 광동요리를 기본으로 사천요리, 북경요리를 조합해 서비스를 하고 있다.

3) 한식 레스토랑

우리나라 고유의 음식을 제공하는 한식당은 외국인들에게 한국의 식문화를 접할 수 있는 좋은 기회를 제공한다. 한식은 농작물 위주로 한 식물성 요리가 발달하였고, 각 지방의 특산물이 다양하여 지역적 특성을 살린 향토음식이 잘 발달되었다. 또 사계절의 기후변화에 의한 저장식품이 발달하였고, 음식의 맛을 중하게 여겨 조미료와 향신료의 사용이 많은 편이다. 한식 메뉴는 크게 밥, 죽, 면 등의 주식(主食)과 국, 찌개, 구이, 찜, 조림, 산적, 나물, 전, 편육, 전골, 젓갈, 김치, 육류 등의 부식(副食)으로 구성되어 있다.

▲ 한식 레스토랑 '사비루'의 내부환경
- 르네상스호텔 -

3. 바

레스토랑이 음식을 통하여 고객의 식욕을 충족시켜 주는 곳이라면, 바(Bar)는 각 업장의 성격에 알맞은 시설구조와 디자인, 조명과 음악 그리고 음료를 통하여 고객의 기분을 회복시켜 주는 업장이라고 할 수 있다. 바의 업장을 세부적으로 살펴보면 다음과 같다.

1) 메인 바

메인 바(main bar)는 보통 서양식에 인접하여 레스토랑 이용고객이나 객실 투숙

객을 상대로 운영된다. 와인을 비롯한 위스키, 브랜디, 진, 럼, 보드카, 테킬라 등의 하드 리큐어(hard liquor), 리큐르 그리고 칵테일 등의 메뉴를 갖추어 운영되는 것이 일반적이다. 운영형태에 따라 회원제로 운영되는 멤버십 바(membership bar) 또는 와인 바(wine bar)로 대체하여 다양한 고객층의 기호와 욕구를 충족시킨다.

2) 로비라운지 바

로비(lobby)에 위치하여 각종 음료 및 서비스를 제공하는 업장으로, 간단한 스낵 제공과 비즈니스 고객들을 위한 만남의 장소로도 적합하다. 생음악 연주와 음악 신청(music request) 등을 할 수 있는 휴게기능의 업장이다.

▲ '로비라운지 바' -르네상스호텔-

3) 스카이라운지 바

▲ 고층에 위치한 'sky lounge bar'

일반적으로 전망이 좋은 호텔의 고층에 위치하여 이용고객들의 편안한 휴식과 일품요리(a la carte) 등을 판매하는 라운지(lounge)이다. 레스토랑과 바를 혼합한 형태의 업장이다.

4) 펍 바

대중적 사교장을 의미하며 음료의 상품을 주력 판매하는 업장으로, 다양한 형태의 음악과 간단한 스포츠시설(포켓볼, 다트게임, 전자게임기) 등을 갖추어 여흥(餘興)의 요소를 제공하는 형태의 업장이다.

5) 댄스 바

펍 바(Pub bar)의 개념에 디스코 텍, 바, 가라오케, 스포츠시설 등을 갖추어 놓고 이용고객들의 기분전환을 위한 토탈식 사교기능(total entertainment center)의 업장이다.

4. 연회장

1) 정찬 연회

식음료 판매를 목적으로 오찬, 만찬을 위한 정찬파티, 뷔페파티, 칵테일 리셉션, 커피 브레이크 등의 연회(banquet)를 말한다. 가장 공식적인 행사(formal event)로서 경비의 규모가 클 뿐만 아니라 사교상의 중요한 목적을 띠는 연회행사이다.

2) 임대 연회

연회장소의 판매를 목적으로 각종 세미나(seminar), 회의(conference), 전시회(exhibition), 패션쇼(fashion show), 음악 콘서트(music concert), 기자회견(press meeting) 등을 위해 연회장소를 임대하는 것을 말한다.

3) 출장 연회

출장 연회(outside catering)는 호텔 외부에서 식음료 판매행위가 이루어진다. 즉 고객이 요청한 메뉴를 지정된 장소로 식음료, 테이블, 기물, 비품 등의 행사에 필요한 모든 집기 비품을 운반하여 행사가 시행된다. 가든파티, 개관파티, 결혼피로연, 가족모임 등이 있다.

▲ 연회장 '웨딩홀' -르네상스호텔-

표 1-1 식음료의 분류

구 분	내 용
서양식 레스토랑	프랑스식 레스토랑, 이탈리아식 레스토랑
동양식 레스토랑	일식 레스토랑, 중식 레스토랑, 한식 레스토랑
바	메인 바, 로비라운지 바, 스카이라운지 바, 펍 바, 댄스 바
연회장	정찬 연회, 임대 연회, 출장 연회

제3절 식음료의 특성

식음료는 음식과 음료를 만든다는 측면에서는 제조업에 속하지만, 최종 소비자에게 직접 판매한다는 측면에서는 소매업이며, 인적 서비스가 포함된다는 측면에서는 서비스업의 특성을 지니고 있다. 이러한 식음료의 특성을 크게 생산과 판매 두 가지 측면에서 살펴보면 다음과 같다.

1. 생산 측면에서의 특성

1) 생산과 판매가 동시에 발생한다.

제조업은 일정한 유통경로를 거쳐 상품을 고객에게 판매하고 소비하는 과정을 거치지만, 레스토랑의 식음료는 생산과 동시에 판매되어 소비되는 것이 일반적이다.

2) 주문 생산이 원칙이다.

제조업에서 생산되는 상품의 대부분은 성수기 수요를 예측하여 대량으로 생산을 하는 것이 보편화되었지만, 레스토랑에서는 고객의 직접 주문에 의해서만 식음료의 생산이 이루어진다.

3) 수요 예측이 곤란하다.

레스토랑에서는 누가, 언제, 어떤 식음료를 주문할 것인가를 예측하고 식재료의 적정량을 구매하여 준비하거나 음식을 조리하는 것이 대단히 어렵다. 따라서 항상 고객의 동향을 살피고, 사회 전반에 걸친 변화에 능동적으로 대처할 수 있는 능력을 배양하여야 한다.

4) 상품의 단일화 및 표준화가 곤란하다.

인간이 기계가 아닌 이상 감정과 행동이 언제나 일정할 수가 없으며, 또한 고객마다 개성과 성향이 달라 식음료 상품을 표준화하기가 어렵다. 또한 고객의 감정에 따라 평가도 달라지며, 음식이나 음료도 고객의 취향에 따라 다양하게 만들어지므로 상품의 단일화나 표준화가 곤란하다.

2. 판매 측면에서의 특성

1) 시간과 공간의 제약을 받는다.

레스토랑에서 영업할 수 있는 시간은 아침, 점심, 저녁으로 한정된 시간에 대부분의 매출이 발생한다. 또한 한정된 장소, 테이블 수를 이용하여 상품을 판매하므로 장소적인 한계를 가지고 있다. 따라서 적절한 인력관리와 비어 있는 시간 및 공간의 활용을 철저히 해야 한다.

▲ 프랑스식 레스토랑 '맨하탄' -르네상스호텔-

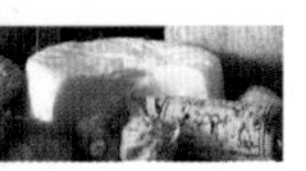

2) 식재료의 부패성이 강하다.

식재료는 장기간 저장이 불가능하고 보존기간이 짧기 때문에 일시적으로 소비해야 한다. 또한 부패의 위험성이 매우 높아 비용지출이 따르고, 부패한 식재료를 사용할 때는 위생에 따른 문제도 발생하기 쉽다.

3) 인적 서비스의 의존도가 높다.

제조업은 기술, 자본집약적인데 비해 식음료는 생산부문 자동화와 서비스 부문의 규격화의 한계로 인해 인적 서비스의 의존성이 필요한 노동집약적 상품이다.

4) 메뉴에 의한 판매가 이루어진다.

식음료 상품은 음식의 종류와 가격을 적은 메뉴에 의해 판매가 이루어진다. 메뉴는 고객의 주문을 위한 수단이 되며, 레스토랑은 판매의 도구로 레스토랑과 고객을 연결하는 대화의 도구이다.

제4절 고객과 서비스

▲ 고객에게 카빙서비스(carving service)를 제공하는 조리사

고객은 기업에 있어서 가장 중요한 사람이다. 고객이 없으면 기업도 없고 서비스도 없다. 그래서 '고객서비스'라고 묶어서 칭하기도 한다. 이처럼 서비스는 고객에 의해서, 그리고 고객을 위해서 존재하는 것이다. 고객을 위한 최상의 서비스를 제공하기 위해서는 서비스의 목적이자 주체인 고

객에 대한 개념을 명확히 파악해야 한다. 서비스의 주체를 알아야 주체인 고객이 만족하고 감동하는 서비스를 생산, 제공할 수 있기 때문이다. 좁은 의미의 고객은 단순히 우리의 상품과 서비스를 구매하거나 이용하는 손님을 지칭하는 말이지만, 넓은 의미의 고객은 상품을 생산하고 이용하며 서비스를 제공하는 일련의 과정에 관계된 자기 이외의 모든 사람을 지칭한다. 즉 현대사회에서는 나 외에 모두가 고객이다.

1. 고객의 어원

1) 고객

고객이라는 용어를 한자로 '顧客'이라고 쓴다. '顧'는 돌아보다, 생각하다, 찾다, 사랑하다, 보살피다 등으로 사전에서는 정의하고 있다. 그리고 '客'은 사람, 상객(지위가 높은 손님), 단골손님, 손님 등의 뜻을 가지고 있다. 따라서 한자의 어원적 정의는「불특정한 다수의 사람을 상객(上客)으로 모시고, 단골손님으로 만들어 항상 돌보고, 생각하고, 찾아보고, 사랑하고, 보살펴야 하는 존재」라고 정의할 수 있다.

표 1-2 고객(顧客)의 한자 어원적 의미

한 자	뜻	여러 가지 의미
顧	돌아볼 고	돌보다, 생각하다, 찾아보다, 사랑하다, 보살피다
客	손님 객	사람, 상객(上客), 단골손님, 손님

자료원 : 최동열, 관광서비스론, 기문사, 2003, p. 58.

2) Guest

Guest는 Host의 반대개념으로 초대받은 손님, 환대받을 손님, 귀하게 여겨야 할 손님이란 의미이다. 경제 주체로서 사용되는 'Guest'의 의미는 환대산업에서의 고객을 지칭하는 용어라고 할 수 있다. 주로 호텔 · 레스토랑에서 많이 사용된다. 최근에는 서비스의 중요성을 인지한 일반 서비스 기업에서도 널리 사용되는 경향이 있다.

3) Customer

일반 서비스 기업에서의 고객은 'Customer'라고 표현하고 있다. 상점 등에서 정기적으로 물건을 사는 손님을 지칭한다. 'Customer'란 용어의 어원은 '어떤 물건이나 대상을 습관화하는 것' 혹은 '습관적으로 행하는 것'을 의미하는 'Custom'에서 유래하였다.

이 용어는 기업들에게 구매자를 단순히 끌어들이기보다는 고객을 개발하고 키워나가는 것이 더욱 필요하다는 것을 느끼게 한다. 즉 고객이라는 것은 우리에게 습관적으로 물건을 사는 사람을 의미한다. 여기서 'Customer'란 일정 기간, 여러 번 구매와 상호작용을 통해 형성되는 것이다. 접촉이나 반복구매를 한 적이 없는 사람은 고객이 아니라 단지 구매자에 불과하다. 진정한 의미에서의 고객은 오랜 시간에 걸쳐 키워진다.

4) Consumer

'Consumer'는 최종 소비자를 지칭하는 용어이다. 중간 도매상이나 제조업자, 재생산업자가 구매를 한 경우에는 사용하지 않는 용어이다. 이 용어는 단순히 'producer'에 대응되는 용어로서 현대 사회에서는 고객이라는 의미로 널리 사용되지 않는 용어이다.

2. 고객의 정의

현대 서비스사회에 이르러 고객에 대해 많은 사람들이 아주 다양하게 표현하고 있다. 고객을 신이나 왕으로까지 표현하고 있는 것은 고객이 기업 경영의 도구가

아니라 기업경영의 목표이고 중심이 되어 있다는 것을 말해준다. 특히 서비스 기업에 있어서는 고객과 언제나 함께 한다는 의미에서 고객을 더욱 소중히 여겨야 한다. 서비스 기업에서 고객은 가장 중요한 사람이며, 우리는 고객에게 의존하고 있다는 것을 항상 염두해야 한다. 우리가 그들에게 서비스를 함으로써 호의를 베푸는 것이 아니라, 그들이 우리에게 서비스를 제공할 기회를 줌으로써 기업이 생존할 수 있게 되는 것이다.

따라서 고객이란 그들의 욕구를 충족시키어 서비스 및 상품을 지속적으로 구매하도록 하고 그로 인한 수익으로 기업이 유지될 수 있게 하는 매우 중요한 대상이다.

표 1-3 고객에 대한 정의

구 분	정 의
세자르 릿츠(Ce'sar Ritz)	"고객은 항상 옳다"
스타틀러(E.M.Startler)	"고객은 왕이다"
일본 sony社	"고객은 신이다"
LG社	"고객은 최종 결제권자이다"
데이비드 오길비(David Ogilvy)	"고객은 아내이다"

3. 고객만족 서비스

고객만족(CS : Customer Satisfaction)이란 고객의 기대와 욕구에 최대한 부응하여 그 결과로서 상품과 서비스의 재구매가 이루어지고, 아울러 고객의 신뢰감이 연속적으로 이어지는 상태를 말한다. 즉 기대에 대한 실제 서비스가 만족을 느낄 만큼의 수준에 이르렀을 때 고객이 받는 감정상태인 것이다.

피터 드럭커(P. Drucker)교수는 기업의 목적은 이윤추구에 있는 것이 아니라 고객창조에 있으며, 기업의 이익이란 고객만족을 통해서 얻는 부산물이라고 강조하면서 기업의 절대적 사명이 고객만족임을 주장하였다. 고객만족을 위한 서비스를 창조해야 할 필요성은 고객이 만족을 하면 매출증가로 이어지게 되어 상품과 서비스가 존속하며 발전할 수가 있고, 고객이 불만족하면 매출이 감소하여 상품 및 서비스의 필요성이 상실되어 존재할 수가 없기 때문이다. 또한 고객불평(complain)

이 발생하더라도 원만하게 잘 대처하면 더 큰 고객만족을 이룰 수 있다. 반면 적시에 적절하게 대응하지 못하면 더 큰 불만족 고객을 양산하게 된다.

고객이 없으면 기업과 서비스는 그 존재가치가 없는 것이다. 기업의 사회적 역할과 의의가 아무리 바뀌고 새로워졌다 해도 기업과 서비스가 존속할 수 있는 근거는 고객이다. 고객이 없으면 기업은 망하고, 서비스도 소멸한다. 이것은 너무 당연한 이야기이지만, 그만큼 소중한 이야기이다. 아무리 좋은 서비스를 생산할 수 있는 능력과 힘을 가지고 있어도 고객이 없다면 그 서비스는 만들 필요가 없다. 설령 아무리 우수하고 좋은 서비스를 만들었다 하더라도 서비스를 구매할 고객이 외면한다면, 그 서비스는 잘못된 것이며, 결국 사회적 가치를 잃게 될 것이다. 서비스에 대응되는 고객은 그만큼 중요하다. 그래서 서비스가 존재하는 1차적인 존재가치와 목적을 '고객만족을 위한 서비스 창조'라고 할 수 있다. 고객은 서비스를 구매하고, 그 돈으로 서비스 기업의 성장을 보장해 줄 뿐만 아니라, 서비스 기업이 생산해야 할 서비스 및 상품이 어떤 것이 되어야 할지 가리켜 주는 안내자이기도 하다. 고객만족을 위한 서비스 창조의 중요성을 예로 들면 다음과 같다.

If Satisfied...
Tell Others

그림 1-2 고객만족을 위한 서비스를 창조해야 되는 이유

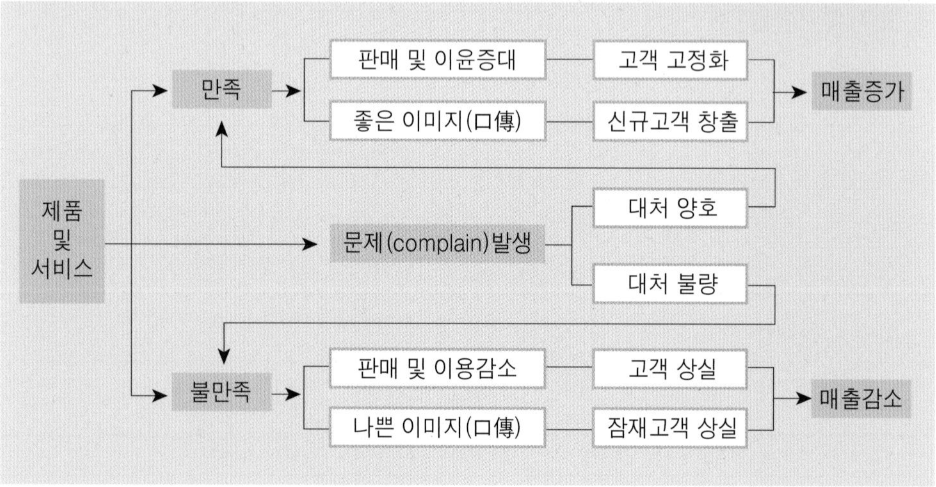

제품 및 서비스
만족
판매 및 이윤증대
고객 고정화
좋은 이미지(口傳)
신규고객 창출
매출증가
문제(complain)발생
대처 양호
대처 불량
불만족
판매 및 이용감소
고객 상실
나쁜 이미지(口傳)
잠재고객 상실
매출감소

자료: 박정준 외, 관광과 서비스, 대왕사, 2000, p.73.

제5절 서비스의 형태 및 방법

레스토랑에서는 음식서비스를 위한 여러 가지 형태의 서비스가 사용된다. 대부분의 서비스 형태는 유럽 귀족의 저택에서 시작되었다. 그 후 레스토랑이 생겨나면서 비즈니스 형태로 전환되었다. 일부 레스토랑에서는 메뉴, 시설, 이미지를 조화시키기 위해서 두 종류 이상의 음식서비스를 혼합하여 사용하기도 하지만 각각의 서비스형태가 구별되는 특징은 가지고 있다. 음식의 제공방법에 따라 테이블 서비스(table service)와 셀프서비스(self service)로 구분한다.

1. 테이블 서비스 Table Service

테이블 서비스는 가장 전형적인 음식서비스의 형태로 서비스 제공자가 고객으로부터 직접 주문을 받고, 식음료를 제공하는 서비스이다. 고객은 가정에서처럼 편안한 자세로 서비스를 받을 수 있으며, 여가(餘暇)가 충분한 고객이 즐기는 방식이다. 구미(歐美)에서는 팁을 지불하는 관습이 있어 음식가격이 비싼 단점이 있다. 서비스 방법에 따라 프렌치 서비스, 러시안 서비스, 아메리칸 서비스, 잉글리쉬 서비스로 나뉜다.

1) 프렌치 서비스 French Service

프렌치 서비스는 시간적인 여유가 많은 유럽의 귀족들이 품위 있고 고급스런 분위기를 즐기던 전형적인 서비스로서 화려하고 정중하여 주로 고급식당에서 제공되고 있는 서비스이다.

이 서비스 형태는 모든 음식의 1차 조리는 주방에서 하고 마지막 단계의 조리는 레스토랑의 홀(hall)로 운반되어 이루어진다. 즉 고객이 앉은 테이블 앞의 게리동(gueridon)[1]

1) 바퀴가 달린 이동식 조리대(cart)이다.

위에서 쉐프 드 랑(chef de rang)[2]에 의해 요리를 완성하여 각각의 접시에 담아 제공한다. 게리동이라고 하는 조리대 위에서 뼈 발라내기, 썰기, 장식하기, 데워주기 등이 이루어지고, 일인당 분배하여 제공한다. 이 때에 쉐프 드 랑은 꼬미 드 랑(commis de rang)과 한 조를 이루어 쉐프 드 랑이 게리동 위에서 음식을 완성하여 접시에 담으면 꼬미 드 랑이 고객에게 제공한다. 프렌치 서비스가 제공되는 대표음식으로는 시저 샐러드(caesar salad), 후추 스테이크(le tournedos au poivre), 디저트의 크렙 슈제트(les crepes suzettes)[3] 등이 있다. 이러한 서비스를 게리동서비스(gueridon service) 또는 카트서비스(cart service)라고도 한다. 최근에는 프렌치 레스토랑에서도 정통 프렌치 서비스 대신에 간편한 아메리칸 서비스(american service)로 변화하고 있다. 프렌치 서비스의 특징은 다음과 같다.

- 요리는 쉐프 드 랑에 의해서 준비되고, 꼬미 드 랑이 서브한다.
- 조리와 서비스를 겸비한 숙련된 종사원이 요구되므로 인건비 지출이 많다.
- 서비스 제공시간이 길기 때문에 많은 고객을 서비스할 수 없다.
- 게리동을 사용할 수 있는 영업장의 충분한 공간 확보가 필요하다.

▲ 게리동에서 스테이크를 프람베(flambée) 하고 있는 프렌치 서비스

2) 러시안 서비스 Russian Service

러시안 서비스는 모든 요리가 주방에서 큰 프래터(platter)[4]에 담아 고객 테이블의 접시에 직접 덜어 주는 방법으로 제공하는 고급스럽고 품위있는 서비스이다. 서비스 제공자는 서빙 스푼과 포크를 가지고 음식을 정확하게 분배할 수 있는 숙련이 필요하다. 프렌치 서비스에 비해 특별한 준비 기물이 필요하지 않고 개별적인 서비

2) 쉐프 드 랑은 조리와 서비스를 겸비한 숙련된 서비스 제공자로 스테이션에 배정된 식탁의 고객 서비스를 책임지는 조장이다.
3) 얇게 구워낸 팬케이크에 그랑마니에(grand marnier)를 끼얹고 불을 붙여 조리한다.
4) 음식을 담는 타원형의 큰 접시이다.

스를 제공할 수 있다. 러시안 서비스는 프래터 서비스(platter service)라고도 하는데 그 특징은 다음과 같다.

- 요리가 주방에서 큰 프래터에 담아 준비되어 제공되므로 프렌치 서비스 보다 시간이 절약된다.
- 많은 고객이 동일한 음식을 먹는 연회서비스에 많이 사용되고 있다.
- 마지막 고객은 나머지 음식을 제공받기 때문에 식욕을 잃기 쉽다.
- 테이블의 마지막 고객에게 제공할 음식이 부족할 수 있다.

▲ 개별 접시에 수프를 제공하고 있는 러시안 서비스

3) 아메리칸 서비스 American Service

아메리칸 서비스는 프렌치 · 러시안 서비스와는 달리 형식보다는 편의를 위주로 한 서비스이다. 이 서비스 형태는 모든 음식이 주방에서 개별 접시(plate)에 담아 제공하는 서비스 방법이다. 레스토랑에서 가장 일반적으로 사용하고 있는 서비스이며, 신속하고 능률적이기 때문에 비교적 좌석회전율이 빠른 레스토랑에서 적합한 서비스이다. 아메리칸 서비스는 플레이트 서비스(plate service)라고도 하는데 그 특징은 다음과 같다.

- 주방에서 미리 음식이 접시에 담겨져 제공된다.
- 조리와 서비스를 겸비한 숙련된 종사원이 요구되지 않는다.
- 적은 인원으로 많은 고객을 서비스할 수 있다.
- 서비스의 속도를 높일 수 있다.
- 음식의 적정온도 유지 · 관리가 어렵다.

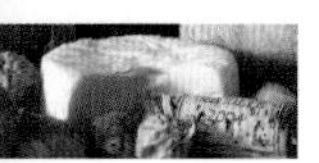

4) 잉글리쉬 서비스 English Service

잉글리쉬 서비스는 주방에서 음식이 준비되어 보울(bowl) 또는 프래터에 담겨져 테이블에 놓여진다. 각 테이블의 고객 스스로가 음식을 돌려가면서 먹는 서비스형태이다. 추수감사절(thanksgiving day), 크리스마스 등 집에서 특별한 만찬행사를 진행할 때 사용된다. 패밀리 서비스(family service)라고도 한다.

2. 셀프서비스 Self Service

셀프서비스는 고객이 직접 기호에 따라 메뉴를 선택하여 스스로 서비스하는 형태이다. 음식이 사전에 준비되어 있으므로 빠른 식사를 할 수 있고, 고객의 불평, 불만을 감소시킬 수 있어, 고객의 서비스 향상을 기할 수 있다. 또한 경영 측면에서는 서비스 제공자가 고객에게 직접적으로 서비스하지 않으므로 인건비를 절감할 수 있고, 고객 측면에서는 값이 저렴한 특징을 갖는다.

1) 뷔페 서비스 Buffet Service

▲ 뷔페 레스토랑 'elysee' - 르네상스호텔-

뷔페 서비스는 진열된 음식 중에서 고객이 선호하는 음식을 선택하는 서비스 방법이다. 통째로 구운 로스트와 같이 카빙(carving)[5]이 필요한 음식은 조리사에 의해 서비스되며, 음료나 수프의 음식은 서비스 종사원이 제공하기도 한다. 음식을 다 먹은 테이블의 기물은 신속하게 치우고, 음식의 위생 상태를 유지하기 위해 매번 깨끗한 접시를 사용하도록 안내한다. 한 번에 많은 고객을 서비스할 수 있지만, 테이블 서비스에 비해 개인적인 서비스를 적게 받는다. 뷔페 서비스 특징을 살펴보면 다음과 같다.

---

5) 생선의 뼈 · 껍질 또는 통째로 익힌 육류를 같은 크기로 모양새 있게 잘라서 제공하는 고객서비스를 말한다.

- 여러 가지의 음식이 진열되어 선호하는 음식을 양껏 즐길 수 있으므로 고객만족도가 높다.
- 음식이 부족하지 않도록 세심한 관리가 필요하다.
- 뜨거운 음식과 차가운 음식의 적정온도가 유지되어야 한다.

2) 샐러드 바 Salad Bar

샐러드 바는 야채, 드레싱, 과일을 고객이 직접 가져다 먹는 셀프서비스의 형태이다. 고급 양식의 샐러드 바에서는 치킨, 연어, 새우, 스파게티, 빵, 야채샐러드, 캘리포니아 롤, 아이스크림 등의 다양한 후식까지도 포함하고 있다. 서비스 제공자는 메인요리, 와인을 비롯한 음료의 주문을 받고 샐러드 바의 이용 방법을 안내한다. 또한 신선한 샐러드, 청결한 위생 상태를 유지하도록 한다.

카운터 서비스

카운터 서비스(counter service)는 고객과 조리사 사이에 가로놓인 카운터를 식탁으로 사용하면서 직접 조리하는 모습을 지켜보며 식사할 수 있는 서비스 형태이다. 주방을 직접 볼 수 있게 공개형태(open kitchen)로 되어 있으므로 위생적이며, 서비스 과정이 짧기 때문에 음식을 신속하게 제공받을 수 있다. 스낵 바(snack bar)는 전형적인 카운터 서비스의 형태라고 볼 수 있다.

▲ 스시(sushi)카운터 서비스

제6절 서비스 조직의 관리

1. 서비스 조직의 개념 및 원리

조직(組織, organization)이란 기업의 목표를 달성하기 위하여 일정한 지위와 역할을 지닌 사람들이 협동해나가는 행위의 체계를 말한다. 레스토랑은 식음료 제공을 통한 수익의 극대화라는 공동의 목표를 위해 서로 협력하는 다수의 사람들이 일정한 조직체계 하에서 함께 서비스 활동을 하고 있다.

레스토랑은 인적 사업으로 불리는 특성을 지니고 있기 때문에 무엇보다 사람에 관한 요소가 중요하다. 또한 노동집약적인 특성으로 능률적이고 생산적인 인적 조직이 크게 강조된다.

조직 구성원 각자의 능력을 최대한 발휘하여 고객 수요를 충족시키고, 효율적인 경영관리를 통하여 수익성을 확보할 수 있도록 조직화되어야 한다.

체계적인 조직은 구성원 각자의 행동이 모여 큰 힘을 발휘하고, 전체조직의 목표를 효율적으로 달성하게 하며, 그 과정에서 구성원 개인들도 만족을 추구하게 된다.

이처럼 조직이 경영관리의 중요부문으로 부각되고 있어, 레스토랑의 일정한 틀을 유지하고 관리하는 데 필요한 조직구성의 원리는 다음과 같다.

1) 조직목표의 명확화

레스토랑의 관리자는 모든 구성원들 서로가 협력하여 서비스 활동을 할 수 있도록 조직의 목표를 명확히 인식시키고, 그 목표를 향해 맡은 업무가 체계적으로 수행될 수 있도록 관리해야 한다.

2) 지시계통의 일원화

레스토랑의 업무는 제한된 시간에 생산, 소비, 서비스가 동시에 진행되는 특성으

로 지시계통이 일원화되어야 원만하게 운영될 수 있다. 또한 조직구성은 불필요한 직위가 없도록 간단하게 해야 한다. 계층간의 거리를 짧게 함으로써 경영진과 종사원간의 의사소통을 원활하게 할 수 있다.

3) 책임과 권한의 위임

조직의 각 구성원에게 직무를 분장하여 그 상호관계를 명확히 하는 것이다. 이는 상급자가 하급자에게 직무수행결과에 대해 책임을 지는 조건으로 그에 상응하는 권한이 부여된다.

직무를 수행할 구성원에게 책임과 권한을 부여하여 할당된 업무의 수행을 통해 조직목표를 달성하도록 한다.

2. 서비스 조직의 구조

그림 1-3 체인호텔의 식음료서비스 조직도

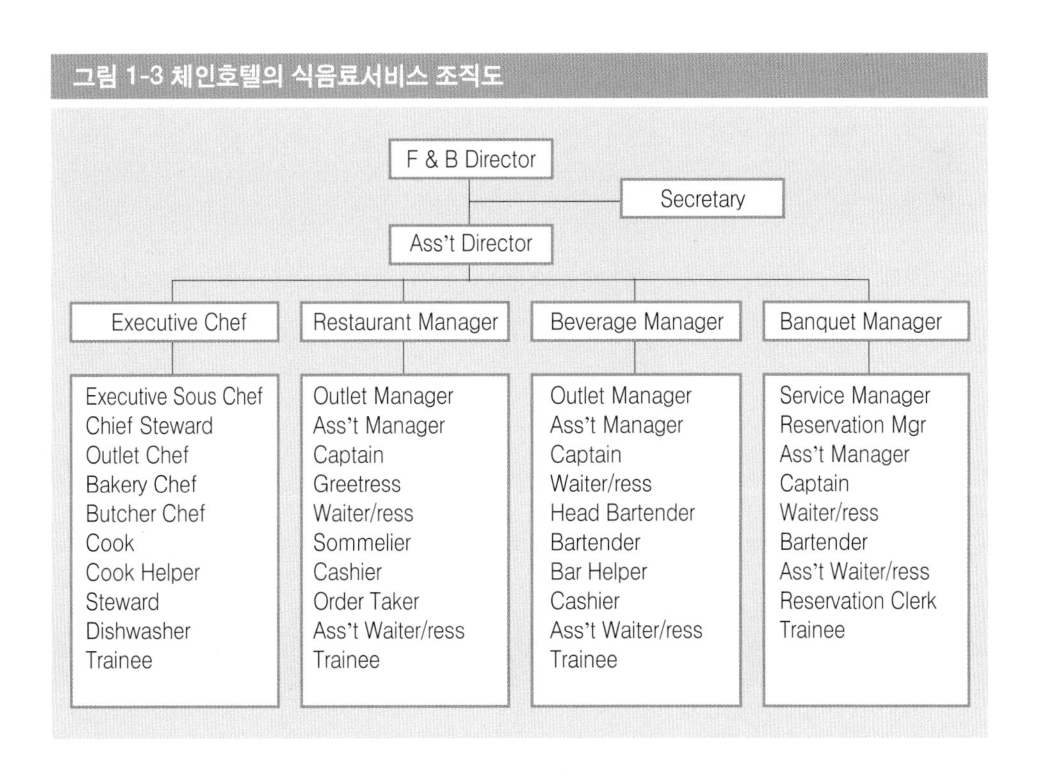

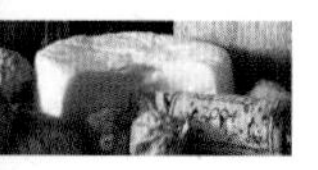

그림 1-4 로컬호텔의 식음료서비스 조직도

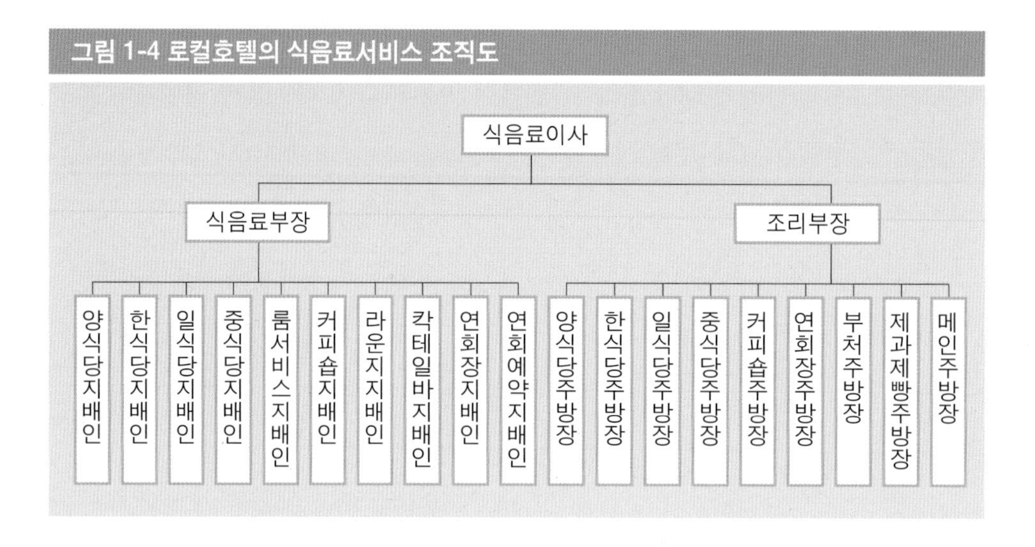

서비스 조직의 구성은 레스토랑의 성격과 그 규모에 따라 모두 다르지만, 기능과 역할에 따라 주방(food production), 음식서비스(food service), 음료서비스(beverage service), 연회서비스(banquet service) 영역으로 구분할 수 있다.

1) 주방

주방(food production)은 메뉴를 개발하고 음식을 생산하는 곳으로 대규모 호텔에서는 지원 주방[6]과 영업 주방을 갖추고 있으며, 소규모 호텔에서는 메인 주방 하나로 전체 업장을 관리한다. 서비스 조직은 주방장, 조리장, 조리사 등으로 구성되어 있다.

2) 음식서비스

음식서비스(food service)는 주방에서 생산된 음식상품에 인적 서비스를 가해 상품적 가치를 부여하여 고객의 욕구에 충족하도록 서비스를 담당한다. 서비스 조직은 지배인, 캡틴, 리셉션니스트, 웨이터/리스 등으로 구성되어 있다.

6) 1차적인 음식을 생산하여 영업 주방에 지원하는 메인 주방, 부처주방, 제과제빵 주방이 해당된다.

3) 음료서비스

음료서비스(beverage service)는 레스토랑, 바, 연회 등에 와인을 비롯한 각종 주류 및 칵테일 등의 음료를 제공하고 관리한다. 일반적으로 음식서비스 부문과 통합하여 식음료부서(food & beverage dept)로 운영하고 있다. 서비스 조직은 음료지배인, 헤드 바텐더, 소믈리에[7], 바텐더/리스 등으로 구성되어 있다.

4) 연회서비스

연회서비스(宴會, banquet service)는 별도의 공간에서 식음료 판매시설을 갖추고, 고객이 요청하는 행사의 목적을 달성할 수 있도록 하는 서비스이다. 대부분 식음료서비스부문에 소속되어 있으나, 별도로 독립된 조직체계를 갖추고 있다. 연회는 음식서비스의 조직과 체계가 동일하다.

▲ 매니저와 쉐프

매니저

매니저(manager)는 레스토랑 서비스의 책임자로 고객 서비스 관리, 원가관리, 업장시설관리, 인력관리 및 교육훈련 등 종사원과 경영진간의 중간역할을 한다.

주방장

주방장(sous chef)은 음식생산을 위한 식재료 구매서 작성, 메뉴개발, 경쟁사 및 시장조사, 조리부문 단위부서의 교육훈련 등의 책임과 의무가 있다.

7) 와인의 저장관리와 요리에 맞는 와인을 추천하고 서비스하는 와인 전문가(sommelier)이다.

3. 서비스 조직의 요건

식음료서비스에서 가장 중요한 것은 서비스 제공자의 고객 지향적인 정신이다. 즉 고객을 진심으로 환대하는 마음과 근무자세가 확고해야만 수준 높은 서비스의 공급이 가능하다. 그 결과 고객은 서비스 제공자의 올바른 마음가짐과 행동에 더욱 신뢰하게 되고, 서비스에 만족하며 매출신장과 지속적인 발전에 크게 기여하게 된다. 따라서 서비스 제공자는 다음과 같은 내적, 외적 요건을 갖추어야 한다.

1) 내적 요건

(1) 환대성

서비스 제공자는 진심에서 우러나온 최상의 친절로 고객 서비스를 제공하여야 한다. 고객을 대할 때는 항상 미소와 함께 정중하고 공손한 태도로 맞이해야 한다. 환대(hospitality)정신에서 나오는 서비스 제공자의 예의바른 자세와 친절한 서비스는 고객으로부터 서비스의 가치를 인정받으며 새로운 고객을 확보하여 매출을 증대시키는 요인이 된다.

(2) 능률성

능률성(efficiency)이란 주어진 시간 내에 맡은 업무를 정확히 파악하고 최대의 능력을 발휘하여 얻을 수 있는 성과를 의미한다. 즉 모든 업무의 능률을 올리기 위하여 서비스 제공자들은 적극적이고 능동적인 자세로 상품의 수요를 늘려 나가기 위해 식음료 판매촉진 활동을 수행해야 하며, 업무의 흐름을 숙지하여 효과적으로 일을 처리할 수 있도록 전반적인 기능을 향상시켜야 한다.

(3) 경제성

경제성(economy)이란 최소의 경비지출로 최대의 영업이익을 얻는 것을 말한다. 일정한 수준의 경영성과를 얻기 위해서는 절약정신과 주인의식을 갖고, 레스

토랑 운영에 소모되는 경비의 지출을 최대한 절감할 수 있도록 해야 한다. 또한 식재료의 구매, 저장, 생산과정에서의 손실과 낭비를 줄이는 경제적인 운영도 중요하다.

(4) 위생과 청결성

레스토랑에서 위생(sanitation)과 청결(cleanliness)은 고객의 건강과 직결되는 것으로 매우 중요한 요소이다. 식재료의 위생적인 보관, 조리, 주방에서의 위생관리는 물론 식음료서비스 제공자들의 위생과 청결도 매우 중요하다. 그 밖에 주위의 환경이나 기물들의 청결을 유지하여 고객이 신선감과 쾌적함을 느낄 수 있도록 해야 한다.

(5) 정확성과 신속성

표준조리표(standard recipe)[8]에 의한 순서와 방법에 따라 주문된 메뉴가 정확하고 신속하게 조리되어져야 고객이 원하는 시간에 음식을 제공할 수 있게 된다. 그러나 모든 음식들이 적정한 시간에 준비되지 않아 온도가 낮아지거나 말라 음식의 질이 떨어지는 일이 없도록 해야 한다.

2) 외적 요건

식음료 상품에 부가된 서비스 제공자의 외적 요건이 서비스 만족에 큰 영향을 미친다. 즉 서비스 접점에서 종사원의 용모와 복장, 인사와 화법, 자세와 태도 등이 제대로 갖추어져야 고객에게 최상의 서비스를 제공할 수 있게 된다.

(1) 서비스직의 용모와 복장

서비스직의 용모와 복장은 레스토랑의 이미지를 그대로 나타낸다. 서비스직의 업무를 수행하는 데 있어 바른 몸가짐은 모든 행동의 기본이며, 단정한 용모는 고

8) 표준조리표는 식료 또는 음료의 1인분을 만드는 데 필요한 재료, 양, 원가 등을 기록한 표이다.

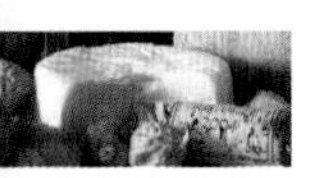

객으로부터 호감을 받는 첫 번째 조건이다. 근무를 하기 전에 반드시 거울 앞에 서서 복장을 고치고 용모를 점검하는 습관을 길들여야 한다. 그리고 고객 서비스 접점에서 감사의 마음을 표현하기 위하여 미소짓는 연습을 반복하는 것도 바람직한 자세이다.

레스토랑의 환경은 시설도 중요하지만 서비스직의 복장과 용모도 중요한 하나의 요인으로 작용하고 있다. 이와 같이 서비스직의 용모와 복장은 레스토랑의 이미지와 영업에 직접적인 영향을 미치므로 세련된 신사와 숙녀(ladies & gentlemen)의 자세가 요구된다. 다음은 서비스 제공자가 갖추어야 할 용모와 복장을 정리한 것이다.

▲ 보노보노 레스토랑의 서비스 제공자

표 1-4 서비스직의 용모와 복장

용모와 복장	남 성	여 성
머리	• 옆머리는 귀를 덮지 않는다. • 뒷머리는 와이셔츠가 깃에 닿지 않는다. • 앞머리는 이마를 덮지 않아야 한다.	• 긴 머리는 망에 넣는다. • 앞머리는 흘러내리지 않아야 한다. • 생머리가 원칙이다.
얼굴	• 면도를 매일하여 깨끗한 상태를 유지한다.	• 짙은 화장과 향수는 안 된다.
손	• 손은 항상 청결을 유지해야 한다. • 손톱은 짧고 단정해야 한다. • 약혼 또는 결혼반지만 착용한다.	• 짙은 색의 매니큐어는 하지 않는다. • 손톱은 짧고 단정해야 한다. • 약혼 또는 결혼반지만 착용한다.
유니폼	• 주름이 잡힌 유니폼으로 깨끗해야 한다. • 명찰은 유니폼의 정위치에 착용한다.	• 깨끗한 유니폼 착용을 한다. • 명찰은 유니폼의 정위치에 착용한다.
구두와 양말	• 검정색 구두로 윤택이 나야 한다. • 검정색 또는 청색양말을 착용한다. • 규정된 안전화를 착용한다.	• 검정색 구두로 높지 않아야 한다. • 스타킹이 짙은 색은 안 된다. • 규정된 안전화를 착용한다.
위생모	• 깨끗한 위생모 착용으로 근무한다.	• 깨끗한 위생모 착용으로 근무한다.

(2) 인사와 화법

① 인사

인사(人事)는 인간관계의 시작으로 상급자에 대하여는 존경심의 표현, 동료 간에는 우애의 상징이며, 고객에 대하여는 서비스를 바탕으로 한 직업정신의 표현이다. 따라서 인사는 고객을 맞이하는 첫 번째 동작으로 환영의 뜻을 나타내는 예의범절이다. 그러므로 인사는 자신의 인격과 교양을 외면적으로 표현하는 것으로서 고객에게는 정성과 감사하는 마음으로 예의바르고 정중하게, 밝고 상냥하게 이루어져야 한다. 인사의 종류를 살펴보면 다음과 같다.

- 가벼운 인사: 외국인 고객, 승강기내 고객, 직장 동료 간에 하는 인사법이다. 머리만 숙이거나 허리만 굽히지 않도록 주의한다.
- 보통인사: 가장 일반적인 인사법으로 고객을 영접하거나 환송할 때에 하는 인사법이다. 따뜻한 미소와 함께 고객의 시선과 접촉(eye contact)하여 관심, 환영을 표시한다.
- 정중한 인사: VIP고객, 마음을 담은 감사나 사과의 뜻을 전할 때에 표현하는 인사법이다.

그림 1-5 바른 인사법

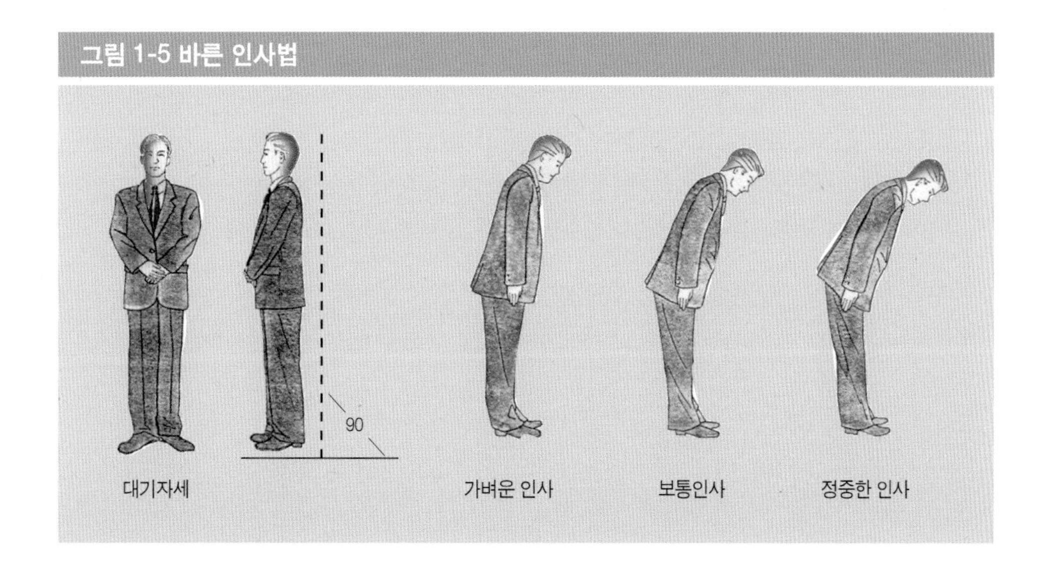

② 화법

화법(話法)은 마음을 나타내는 수단이므로 서비스 제공자는 바르고 정중한 언어를 사용해야 한다. 고객에게 편안함을 줄 수 있는 품위 있는 화법으로 표준어를 구사하고, 은어나 전문용어, 약어를 사용하여서는 안 된다. 따라서 서비스 접점에서 사용되는 모든 언어는 정중하게, 분명하게, 알기 쉽게 사용하도록 습관화해야 한다. 고객접점에서의 서비스화법은 다음과 같다.

- 바른 표현법 : 그렇습니다. ~입니다. ~아닙니다. ~입니까?~해도 되겠습니까?
- 나쁜 표현법 : 그렇죠. ~이죠. ~아니죠. ~예요?~해도 될까요?

(3) 자세와 태도

서비스 제공자의 자세와 태도(attitude)는 고객의 인상(impression)에 큰 영향을 미친다. 경쾌한 보행이나 밝은 표정은 고객과의 대화나 접촉이 활기를 띨 수 있다. 그리고 서비스 제공자는 고객의 입장을 생각하는 이해와 포용력을 지녀야 하며, 사적인 감정을 겉으로 표현해서는 안 된다. 또한 정 위치에서 고객의 시선을 의식하고 움직임을 관찰하면서 즉각 접근할 수 있는 대기 자세를 취하여야 한다.

- 영업장 내에서는 어떠한 경우에도 뛰지 않으며, 경쾌한 걸음걸이로 보폭은 적당히 하여 자연스럽게 걷는다. 발을 끌면서 걷지 않도록 한다.
- 보행 중에 뒷짐을 지거나, 주머니에 손을 넣거나, 팔짱을 끼고 걷지 않는다.
- 안내를 위한 설명을 할 때에는 인지만 사용치 않고, 손바닥 전체로 가리킨다.
- 고객용 엘리베이터, 에스컬레이터, 전화, 화장실 등을 사용하지 않는다.

서비스 제공자의 태도

"예"라고 하는 순응하는 마음, "제가 하겠습니다"라고 하는 봉사하는 마음, "감사합니다"라고 하는 감사의 마음, "죄송합니다"라고 하는 반성의 마음, "덕분입니다"라고 하는 겸허의 마음.

제7절 고객접점 서비스 관리

레스토랑 서비스를 고객에게 전달하기 위해서는 서비스 제공자와 고객과의 많은 접촉에 의해 가능하다. 고객접점 서비스란 고객과 서비스 제공자와의 접촉하는 순간으로, 상호작용 관계를 의미한다. 따라서 고객이 서비스 및 상품을 구매하기 위해서 레스토랑에 들어서면서부터 나갈 때까지 여러 서비스 제공자와 몇 번의 짧은 순간을 경험하게 되는데, 그때마다 서비스 제공자는 모든 역량을 동원하여 고객을 만족시켜주어야만, 재방문의 효과를 얻을 수 있다.

1. 접점서비스의 과정

접점서비스 과정(process)은 서비스 제공자와 고객이 직접적으로 상호작용하는 기간을 의미한다. 즉 고객을 맞이하여 환송에 이르기까지 지속적인 관계의 모든 서비스 과정으로 예약 · 영접 서비스(greeting service), 테이블 서비스(table service), 환송 서비스(farewell service), 그리고 기타부문 서비스 등의 접점 사이클로 이루어진다.

1) 예약 · 영접 서비스

(1) 방문예약

▲ 서양식 레스토랑의 내부모습 -르네상스호텔-

예약은 고객이 직접 방문하거나 인터넷, 팩스, 전화 등의 방법으로 접수한다. 예약은 고객이 계획하고 있는 행사를 차질없이 진행하기 위한 고객과 레스토랑간의 약속이므로 예약담당자는 고객의 모든 요구사항을 정확히 기록하여 철저한 사전준비와 효율적인 서비스로 고객에게 즐거움과 만족을 주도록 최선을 다해야 한다. 예

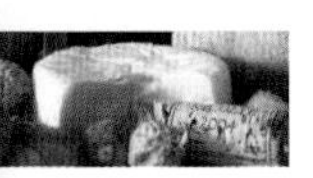

약접수 기재사항을 보면 다음과 같다.

- 행사일자, 시간, 인원수, 회사명, 예약자 성명, 연락처 등을 확인한 후 기재한다.
- 장소(room) 또는 테이블, 좌석배치를 결정한다.
- 요구사항(사진, 꽃, 케이크, 안내문, 테이블 메뉴 등) 또는 준비사항 유무를 확인 한다.
- 예약사항을 반복 확인한다.
- 취소통보접수 때는 취소자 성명, 취소일자, 시간, 연락처를 확인한 후 기재한다.

(2) 전화예약

전화는 레스토랑의 상품 및 서비스를 판매할 수 있는 의사전달 매개체이다. 고객은 음성만으로 상대를 평가, 판단하므로 서비스 제공자들은 몇 배의 주의가 필요하다. 항상 정확한 표현력과 적극적인 태도로서 고객의 문의에 신속하게 답변할 수 있도록 정성을 다해야 한다. 상황별 전화 응대 방법을 살펴보면 다음과 같다.

표 1-5 상황별 응대 방법

상 황	응대방법
인사	감사합니다. 커피숍 홍길동입니다.
성명	예약하시는 분 성함을 말씀해 주시겠습니까?
일시	원하는 날짜와 시간은 언제이십니까?
인원	몇 분이 오십니까?
연락처	연락처를 알려주시겠습니까?
준비사항	특별한 준비사항이 있으십니까?
반복 확인	예약상황을 확인해드리겠습니다. 홍길동님 앞으로 ○월 ○일 ○시에 ○분 준비해 놓겠습니다.

(3) 고객영접

고객영접 서비스는 레스토랑을 방문하는 고객을 서비스 제공자가 접근하여 환영하면서부터 시작된다. 고객의 예약된 성명을 확인하고, 요청한 테이블 혹은 선호하

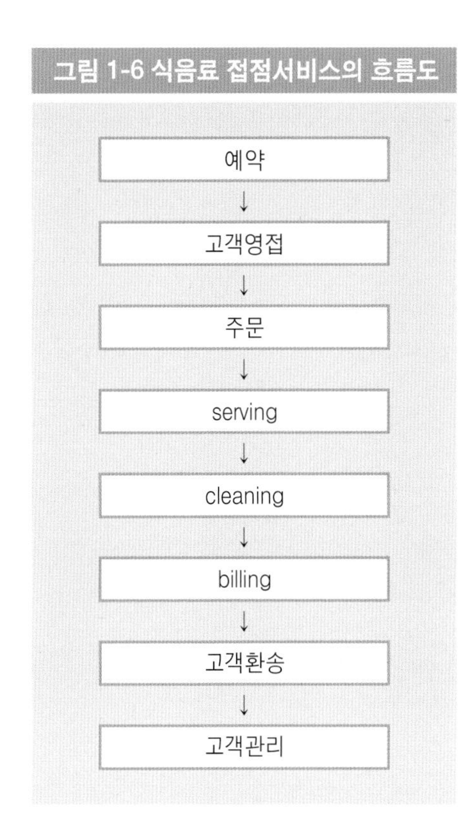

그림 1-6 식음료 접점서비스의 흐름도

는 테이블에 배정, 안내하는 과정이다. 특히 순간적인 테이블 배정시 고객의 특성과 주변 고객과의 관계를 파악하여 원하는 테이블에서 서비스를 제공받을 수 있도록 하는 것이 매우 중요하다. 가장 훌륭한 레스토랑의 인테리어는 이용고객의 수준, 테이블의 안내에서 비롯된다.

2) 테이블 서비스

테이블 서비스는 고객의 기호와 취향에 맞는 식음료를 주문받아 주방에서 혹은 테이블에서 조리되어, 고객에게 서빙 및 정산(billing)이 이루어지는 모든 과정을 의미한다.

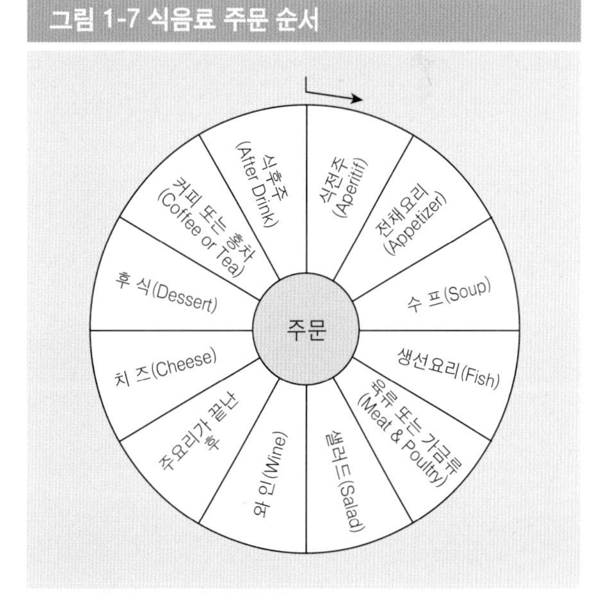

그림 1-7 식음료 주문 순서

자료: 호텔롯데, 식음료직무교재 p. 27.

주문(order taking)은 고객이 선택한 메뉴 상품을 제공하기 위해 레스토랑과 고객 상호간에 약속하는 행위이다. 따라서 서비스 제공자는 메뉴 상품지식과 판매기법을 갖추어 효과적이고 적극적인 판매활동의 자세를 갖추어야 한다. 고객에게 만족스런 주문 서비스를 받았을 때 매출에 직접적인 영향을 미치기 때문이다. [그림 1-7]은 양식 풀 코스요리의 주문을 기준으로 나열한 것으로 레스토랑의 종류, 메뉴의 종류 및 내용, 고객의 선택 등에 따라 주문순서와 서비스가 달

식음료 주문할 때의 실제상황

▲ 메뉴 드릴 때의 자세

▲ 메뉴 설명할 때의 자세

▲ 주문받을 때의 자세

라질 수 있다.

일반적으로 테이블서비스는 주문에 따라 테이블세팅, 식 · 음료제공, 치우기(cleaning), 정산(billing) 등의 서비스를 포함하고 있다.

3) 환송 서비스

환송 서비스는 고객과의 직접적인 접촉이 종료되는 시점이므로 감사의 말과 함께 만족도를 확인하여야 한다. 이 과정에서 고객으로서는 만족과 불만족을 나타낼 수 있는데, 불만족 표시는 서비스의 차별화와 경쟁력을 가질 수 있는 매우 중요한 자료가 된다는 것을 인식하여야 한다. 고객이 불만족을 표시할 때에는 끝까지 고객의 말을 겸손하게 듣고, 향후 검토를 위하여 메모를 하도록 한다. 고객의 불만족은 상황에 따라서 재방문의 효과를 얻을 수 있기 때문에 기꺼이 받아들여야 한다.

4) 기타부문 서비스

기타부문 서비스는 고객의 차량과 관련된 주차관리 서비스, 고객의 분실물과 습득물(lost & found)[9]처리 서비스, 전화응대서비스, 지속적인 단골고객으로서의

9) 고객이 소지품이나 수화물을 분실하거거나 종사원 및 고객이 습득하여 신고했을 때 그 습득물을 보관하여 소유주가 나타나면 확인하고 반환하여 주는 서비스이다.

관계를 유지토록 하는 관계서비스 등이다. 이 중 전화응대서비스는 보이지 않는 음성서비스이지만 서비스의 질에 따라 호텔 전체에 미치는 영향이 크므로 최상의 서비스가 될 수 있도록 해야 한다.

2. 고객의 불평처리

미국의 호텔경영인 스타틀러는 'Guest is always right'라고 강조한다. 이것은 고객의 지적이나 불평사항을 주의깊게 경청하여 개선하는 것이 기업발전의 원동력임을 의미하고 있다.

고객으로부터 불평(complaint)이 발생하는 경우 고객의 입장에서 원인을 파악하여 해결방안을 찾음으로서 기업과 고객 간의 관계를 더욱 강화시키고, 기업의 경영성과에 직접적인 영향을 미치게 한다. 서비스에 대한 평가는 고객의 주관적인 판단에 따라 달라지기 때문에 섬세한 부분까지도 배려하는 자세가 필요하다.

1) 고객의 불평사항

고객의 불평은 식음료 상품에 대한 불평보다는 서비스 제공자의 부주의와 조리도중 발생하기 쉬운 실수가 대부분으로 지적되고 있는데 다음과 같다.

표 1-6 고객의 불평사항

구 분	항 목
서비스	• 서비스 제공자의 태도, 언어의 사용이 불량한 경우
	• 고객의 접대순서가 틀렸을 경우
	• 주문한 메뉴와 다른 메뉴가 나왔을 경우
상품	• 음식의 질이 떨어지고 음식의 온도가 부적당한 경우
	• 음식에 머리카락, 벌레 등 이물질이 나왔을 경우
	• 음식이 늦게 나왔을 경우

2) 고객의 불평처리자세

서비스란 불평하는 고객을 위해 필요한 것이다. 높은 수준의 서비스를 제공하는 기업일수록 불평을 소중히 다룬다. 고객의 불평처리를 위한 5단계를 살펴보면 다음과 같다.

표 1-7 고객의 불평처리 5단계

단 계	대응 요령
고객불평	• 선입견과 감정없이 고객의 입장에서 듣는다. • 중요한 사항과 불평내용을 기록한다.
↓	
불평의 원인 파악	• 문제점을 해명하거나 변명하지 않는다. • 솔직하게 긍정적으로 받아들인다. • 문제의 원인을 파악한다.
↓	
불평의 해결책 검토	• 본인이 해결할 것인가, 상사에게 보고할 것인가를 검토한다. • 고객에게 신속하게 만족시킬 수 있는 해결방안을 검토한다.
↓	
해결책 제시 및 사과	• 정중하게 성의를 갖고 사과한다. • 해결책을 신속하게 제시하고 설득한다.
↓	
처리결과 보고 및 기록	• 고객반응, 불평내용 처리결과, 재발 방지책, 사후의 고객 만족도를 확인한다.

Study Questions

1. 식음료의 개념을 정의하고 역할은 어떠한 것들이 있는가?
2. 식음료 상품의 특성은 어떻게 구분하며 왜 중요한가?
3. 서비스 제공자가 갖추어야 할 내적 요건은 무엇인가?
4. 호텔 · 레스토랑에서 고객은 어떠한 존재인가?
5. 테이블 서비스의 형태 및 방법에는 어떠한 것들이 있는가?

사례

항상 고객들에게 서비스할 준비가 완벽히 되어 있어야 한다. 서비스를 제공할 때에는 고객간의 차별화된 서비스를 결코 제공해서는 안 된다.

미소 띤 얼굴을 해야 한다. 그리고 상대방과 눈을 마주쳐야 한다.

고객들의 이름을 기억하고 불러주어야 한다.

종사원은 고객을 먼저 알아보아야 한다. 고객들보다 한걸음 앞서 생각하고 행동하며, 고객들이 원하는 서비스를 먼저 제공해야 한다(one step ahead).

서비스는 신속하고 정확해야 한다. 이것을 위해서는 동료간 또는 부서간의 팀워크를 강화하고 최고의 서비스를 위해 서로 협력해야 한다.

항상 정직하게 대답하고 행동해야 한다.

풍부한 상품지식을 가지도록 노력한다. 그럼으로써 고객의 어떠한 질문이나 도움요청에도 자신감 있게 대처할 수 있게 된다.

고객들이 더욱 만족할 수 있도록 추가 서비스(extra service)를 제안한다.

긍정적이고 적극적인 사고를 가지고 업무에 임한다. 그러한 종사원의 서비스를 고객들은 더 즐거워하게 된다.

모든 고객을 '나의 고객'으로 대한다. 그 고객은 분명 '특별한 사람'으로 대접받고 있음을 감사하고 우리의 영원한 고객이 될 것이다.

제2장
음식서비스

제1절 서양식 레스토랑
제2절 동양식 레스토랑
제3절 연회장

제 2 장 음식서비스

학습목표

동, 서양음식의 개념 및 분류, 특징 등을 이해하고 이를 음식서비스에 적용한다.

- 음식서비스에 대한 동, 서양요리의 종류 및 특징을 설명한다.
- 서양식(프랑스식, 이탈리아식)의 메뉴구성과 식사코스를 설명한다.
- 동양식(일식, 중식, 한식)의 메뉴구성과 식사코스를 설명한다.
- 연회에 대한 개념을 이해하고 연회행사 목적에 따른 분류와 연회서비스에 대한 전반적인 내용을 설명한다.

제1절 서양식 레스토랑

1. 프랑스식 레스토랑

서양요리는 프랑스와 이탈리아를 중심으로 발달한 요리의 총칭이다. 동양요리가 농경문화에 바탕을 두고 있다면 서양요리는 목축문화에 그 뿌리를 두고 있다. 농경문화에 바탕을 둔 요리는 가공단계가 단순하고 요리의 성격이 섬세하다. 반면 서양요리는 목축에 기반을 둔 유제품과 육류요리가 상대적으로 많다. 이렇게 목축에서 생성된 식재료는 가공단계를 거치지 않으면 부패를 가져오기 때문에 여러 공정을 거쳐 가공함으로써 다양한 부산물이 생겨나고, 이것들이 다시 새로운 요리의 재료로 제공되기도 한다.

서양요리의 일반적인 특징은 육류나 유지(乳脂) 등의 주재료에 여러 가지의 향신료와 포도주를 많이 사용한다. 이러한 식재료에서 비롯되는 소스는 음식의 향미를 좋게 하며, 맛과 영양을 보충해 준다. 또한 오븐을 이용한 건열조리가 발달하여 식품의 맛과 향을 살려 조리하는 것도 독특하다. 식사예법에서는 한식과 같이 음식을 한 상에 차려 놓고 먹는 공간전개형 식사법이 아니라 음식을 한 가지씩 차례로 먹는 시간전개형의 식사법이 발달하였다. 음식서비스를 위한 프랑스요리의 메뉴구성을 살펴보면 다음과 같다.

표 2-1 프랑스 식사코스

순 서	영 어	프랑스어
전채	Appetizer	Hors d'oeuvre
수프	Soup	Potage
생선요리	Fish	Poisson
주요리	Main dish	Entree
샐러드	Salad	Salade
치즈	Cheese	Fromage
후식	Dessert	Dessert

※ 음료는 음식을 고려하여 식전주 식중주, 식후주[1]로 조합하여 제공한다.

이상과 같은 7가지를 흔히 풀코스(full course, table d'hote)라고 말한다. 각 코스의 요리는 음식을 섭취할 때의 맛과 소화를 고려하여 인체에 맞도록 합리적으로 정착되었다.

1) 전채 Appetizer

(1) 전채의 개요

전채는 식욕을 돋우기 위한 소품요리이다. 첫 코스의 요리로서 짠맛과 신맛이 적절히 가미되어 타액분비를 촉진시키고, 주요리를 더욱 맛있게 먹을 수 있도록 도와주는 역할을 한다. 일반적으로 전채는 특정 식재료에 국한하거나 제한

▲ 식전주(apéritif) '캄파리 소다'

1) 식전주(apéritif)는 식사 전 식욕을 돋우기 위해 마시는 음료를 총칭한다. 식중주는 기포가 없는 테이블와인(레드, 화이트 와인), 식후주는 향미가 강한 브랜디(코냑, 알마냑)가 일반적이다.

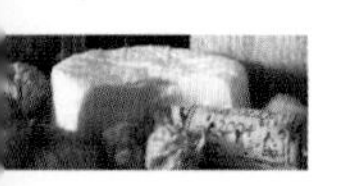

▲ 자몽소스의 새우와 아보카도 '전채요리'

된 것이 아니라 어패류, 육류, 야채, 유제품과 치즈 등을 이용하여 조리를 하거나, 이들의 조합으로 만든다. 식사 전에 가벼운 식전주(apéritif)가 있는 경우에는 안주의 성격으로 제공되기도 한다. 전채는 식욕을 돋우기 위하여 다음과 같은 조건을 갖추어야 한다.

- 색채의 대조를 이루어 식욕을 자극할 수 있어야 한다.
- 짠맛, 신맛이 가미되어 식욕이 높아지게 해야 한다.
- 다음 코스의 메뉴에 부담을 주지 않도록 분량이 적어야 한다.
- 맛과 풍미를 갖추고 주요리와 균형을 이루어야 한다.

(2) 전채의 종류

전채는 가공하지 않고 재료 그대로 만들어 모양과 형태, 맛이 유지되는 플레인(plain)과 조리사에 의해 가공되어 모양이나 형태가 변형된 드레스드(dressed)로 나뉜다. 또한 온도에 따라 더운 것, 찬 것으로 분류할 수 있다. 세계 3대 진미의 전채요리는 철갑상어 알(caviar), 거위 간(foie gras), 송로버섯(truffle) 등이 있다. 캐비아는 흑해와 카스피(caspi)해에 서식하는 철갑상어의 알을 채취하여 가염한 것이다. 푸아그라는 강제 사육으로 비대하여진 거위 간을 채취하여, 향신료와 와인을 넣고 절인 다음 일정한 모형의 틀에 넣고 오븐에서 익혀낸다. 흑진주의 애칭을 가진 트뤼프는 바닷가 솔밭 모래 속에서 자라는 버섯으로, 향에 의하여 그 가치가 결정된다. 또 전채는 물론 수프, 소스, 주요리, 드레싱에도 사용된다.

표 2-2 전채의 종류

온도에 의한 구분	더운 전채 Hot Appetizer	Escargot : 식용 달팽이요리
		Frog legs : 식용 개구리다리요리
	찬 전채 Cold Appetizer	Relishes : 모듬 야채
		Shrimp cocktail : 새우칵테일
형태에 의한 구분	플레인 전채 Plain Appetizer	Smoked salmon : 훈제연어
		Fresh oyster : 생굴요리
	드레스드 전채 Dressed Appetizer	Mousse : 각종 무스
		Canape : 빵조각에 캐비아, 치즈 등을 얹은 전채

2) 수프 Soup

(1) 수프의 개요

수프는 육류나 생선의 뼈를 야채와 향신료를 넣고 끓여 우려낸 육수(stock)[2]에 각종 재료를 가미하여 만든다. 스톡은 주재료에 따라 비프 스톡(beef stock), 피쉬 스톡(fish stock), 치킨 스톡(chicken stock), 게임 스톡(game stock) 등으로 분류된다. 스톡은 수프와 소스의 기본이며 모든 요리의 맛을 결정하는 매우 중요한 역할을 한다. 수프는 스톡을 다시 조리하거나 곁들임을 첨가하여 국물이 주가 되는 것과 건더기가 주가 되는 것이 있다. 진한 수프는 담백한 생선요리 그리고 맑은 수프는 육류요리에 잘 조합된다.

(2) 수프의 종류

수프는 온도에 따라 더운 수프와 찬 수프, 농도에 따라 맑은 수프와 진한 수프로 구분한다. 그리고 스톡이나 내용물에 따라 그 성격과 명칭이 달라진다.

① 맑은 수프 Clear Soup

맑은 수프는 전분을 사용하지 않으며, 스톡에 주재료와 향신료를 넣고 끓여 정제한 것으로 맑고 진한 갈색을 띤다. 대표적인 수프가 콘소메(consomme)인데 투명한 국물 안에 맛이 스며들어 있고, 가미한 가니쉬(garnish, 고명)재료에 따라 명칭이 달라진다.

- 콘소메 셀레스틴(Consomme Celestine): 크레페(crepe, 얇은 팬케이크)를 구워 좁게 잘라 콘소메에 띄운 것이다.
- 콘소메 줄리엔느(Consomme Julienne): 야채(당근, 무, 셀러리)를 성냥개비 모양으로 가늘게 썰어 콘소메에 띄운 것이다.
- 콘소메 알 라 로얄(Consomme A La Royale): 로얄(royale, 계란찜의 일종)을 마름모꼴로 잘라 콘소메에 띄운 것이다.

▲ 콘소메 '줄리엔느'

2) 스톡(stock)은 우리말로 육수, 프랑스어의 퐁드(fond) 혹은 뷔용(bouillon, fond보다 1/2농축한 것), 일어의 다시와 같은 의미이다.

표 2-3 수프의 종류

맑은 수프 Clear Soup	콘소메 셀레스틴 Consomme Celestine
	콘소메 줄리엔느 Consomme Julienne
	콘소메 알 라 로얄 Consomme A la Royale
진한 수프 Thick Soup	크림 수프 Cream Soup
	퓌레 수프 Puree Soup
	벨루테 수프 Veloute Soup
	비스큐 수프 Bisque Soup
	차우더 수프 Chowder Soup

② 진한 수프 Thick Soup

진한 수프는 스톡에 주재료를 넣어 익힌 다음 걸러낸 국물에 루(Roux, 밀가루와 버터를 1 : 1로 볶은 것)를 타서 걸쭉하게 하고 우유, 크림 등을 첨가하여 묽게 만든 수프이다. 진한 수프는 크게 5가지로 구분된다.

▲ 버섯 크림 수프

- 크림 수프(Cream Soup) : 크림 수프는 스톡에 루와 우유나 크림을 넣어 끓인 수프이다. 주재료에 따라 명칭이 달라지는데, 당근 크림 수프, 토마토 크림 수프 등이 있다.
- 퓌레 수프(Puree Soup) : 퓌레 수프는 완두콩, 토마토, 감자 등의 야채를 스톡에서 익힌 다음 갈아서 굵은 체로 걸러내 걸쭉하게 만든 수프이다. 퓌레는 야채수프(vegetable soup)가 대표적이다.
- 벨루테 수프(Veloute Soup) : 벨루테 수프는 스톡에 루를 넣고 야채와 고기를 함께 끓여서 만든 수프이다. 헝가리안 굴라쉬(hungalian goulash)가 대표적인 수프이며, 생선 벨루테 등이 있다.
- 비스큐 수프(Bisque Soup) : 새우, 게, 바다가재 등의 갑각류를 사용하여 진하고 걸쭉하게 만든 수프이다. 비스큐 수프는 새우(shrimp), 바다가재(lobster) 등이 있다.
- 차우더 수프(Chowder Soup) : 조개, 새우, 게, 생선류 등과 감자를 이용하여

만든 크림 수프이다. 조갯살 차우더(clan chowder), 옥수수 차우더(corn chowder) 등이 있다.

3) 생선요리 Fish

생선은 육류보다 섬유질이 연하고 맛이 담백하다. 또한 소화가 잘되고 열량이 적어 육류 이전의 코스로 제공된다. 생선의 종류는 크게 어류와 패류로 나눈다. 어류는 서식 장소에 따라 해수어와 담수어로 나누며, 패류는 갑각류와 연체동물로 분류한다. 서양요리에서 주로 사용되는 어패류는 다음과 같다.

표 2-4 어패류의 종류

어패류	어류	해수어	대구, 도미, 참치, 혀넙치, 청어
		담수어	연어, 농어, 송어, 철갑상어, 장어
	패류	갑각류	새우, 바다가재, 게, 가재
		연체류	굴, 홍합, 대합, 가리비, 달팽이

생선은 정찬요리에서 육류보다 지방 성분이 적고, 비타민과 칼슘 등이 풍부하여 건강식으로 선호도가 높아가는 추세이다. 그러나 생선은 다른 요리와는 달리 결합 조직이 약해 서비스할 때에는 조심스럽게 다루어져야 한다. 생선요리 서비스에 대한 일반적인 내용을 살펴보면 다음과 같다.

- 생선요리는 빨리 식으므로 신속한 동작으로 필레팅(filleting, 생선의 뼈나 비늘을 발라내는 작업)한다.
- 생선을 필레팅할 때에는 스푼 또는 포크로 살짝 찌르거나 눌러서 뭉그러지지 않도록 한다. 그리고 불필요한 말을 해서는 안 되며, 단정한 자세의 동작을 취한다.
- 생선요리는 필레팅한 후에 머리 부분이 고객의 왼쪽, 배 부분이 고객 쪽으로 향하도록 서브한다. 생선요리는 레몬을 서브하여야 한다.

▲ 스팀드한 연어와 블랙빈 소스 (steamed salmon with black bean sauce)

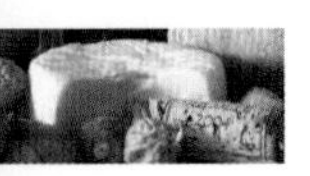

- 레몬을 곁들이면 신선한 향과 새콤한 맛으로 미각을 돋우기도 하며, 생선의 살을 단단하게 하여 먹을 때 최상의 상태를 만들어준다.

일반적으로 생선은 화이트 와인과 잘 조합된다. 그러나 와인과 요리의 조합은 재료만으로 결정되는 것은 아니다. 조리법에 의해 요리의 맛, 소스 등이 달라지므로 이에 대한 세심한 서비스가 요구된다. 예를 들어 흰 살 생선에는 화이트 와인이지만 연어나 참치의 붉은 살은 가벼운 레드 와인이 잘 조합되는 경우도 있다. 또 생선의 담백한 맛은 상쾌한 맛의 화이트 와인이지만 기름진 맛은 레드 와인이 잘 조합된다.

4) 주요리 Main Dish

양식에서 주요리는 식사의 코스 중에서 가장 중심이 되는 육류로 제공되는 요리를 의미한다. 육류에는 칼로리, 단백질, 지방, 무기질, 비타민이 풍부한 음식으로 조리법에 따라 독특한 맛을 낸다. 주 요리로 가장 많이 제공되는 육류는 소(beef), 송아지(veal), 양(lamb), 돼지(pork)고기가 주로 사용되고, 그 외의 가금류, 엽조류, 엽수류 등이 있다.

(1) 쇠고기 Beef

육류요리로서 가장 많이 쓰이는 것이 비프스테이크(beef steak)이다. 비프스테이크는 연한 쇠고기를 적당한 두께로 썰어서 요리한 것으로 고기의 부위별에 따라 명칭이 다르다. 쇠고기의 등급은 크게 최상급(prime), 상급(choice), 중급(good), 보통급(standard)순이다.

① 안심 스테이크 Tenderloin

안심이란 소의 등뼈 안쪽으로 콩팥에서 허리부분까지 이르는 가느다란 양쪽 부위를 말한다. 좌우로 하나씩 모두 2개가 있는데, 무게는 평균 4~5kg 정도이다. 쇠고기 부위 중 가장 인기가 높으며, 지방이 거의 없고 부드러운 육질을 갖고 있다. 부위를 세분화하면 아래와 같다.

그림 2-1 안심분류법

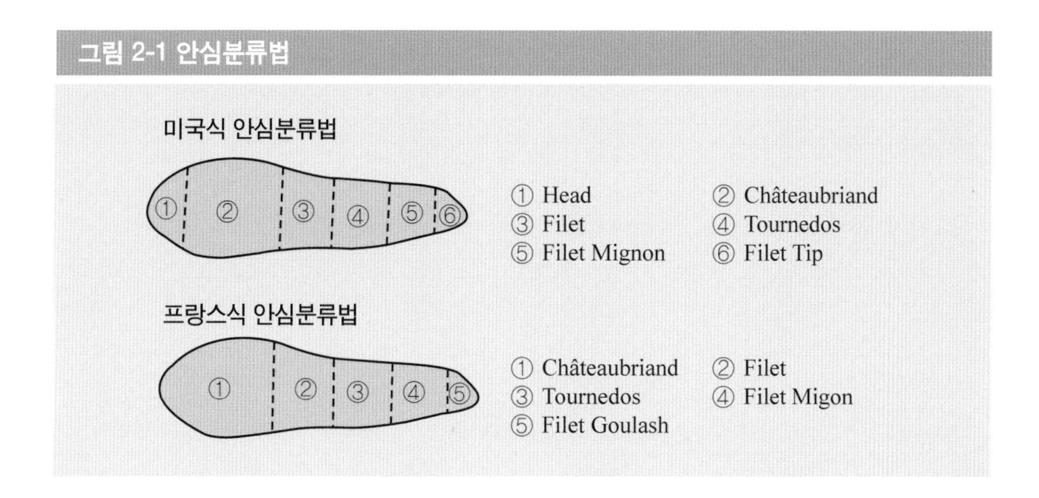

- 샤토브리앙(Châteaubriand): 소의 안심부위 중 가운데 부분을 두껍게 잘라 굽는 스테이크로 최상품이다. 19세기 프랑스 귀족인 샤토브리앙 남작이 즐겨 먹었다하여 붙여진 이름이다.
- 투르네도(Tournedos): 1855년 프랑스 파리에서 처음으로 요리된 투르네도는 '눈 깜박할 사이에 다 된다'라는 의미로, 안심의 중간 뒤쪽 부분을 잘라 요리한 것이다.
- 필렛미뇽(Filet Mignon): 안심의 뒤쪽 부분으로 만든 작고 예쁜 스테이크라는 의미이다. 이같이 안심을 크게 세 종류로 구분해 놓고 있는데, 모두가 연하며 최고의 맛을 지니고 있다.

▲ 안심 스테이크 '필렛미뇽'

② 등심 스테이크 Sirloin

소의 등뼈에 붙은, 기름기가 많고 연한 고기로 영국왕 찰스 2세가 즐겨먹던 것인데, 스테이크에 남작의 작위를 수여할 만큼 훌륭하다 하여 loin에 sir를 붙여 써로인이라 불린다.

③ 포터하우스 스테이크 Poter House Steak

쇼트로인(short loin, 갈비에 가까운 허리고기)의 안심과 뼈를 함께 자른 크기가 큰 스테이크이다.

④ 티본 스테이크 T Bone Steak

허리 부분의 안심과 등심 사이 T자형의 뼈에 붙어있는 부위를 익힌 스테이크이다. 350g 정도의 크기로 요리되어 안심과 등심을 동시에 맛볼 수 있다.

⑤ 립 스테이크 Rib Steak

소의 등쪽에 있는 부위로서 립 아이(rib eye), 프라임 립(prime rib) 등이 있다. 프라임 립은 총 13개의 갈비 중 6번부터 12번째 갈비까지 7개의 갈비로 이루어진다.

⑥ 스테이크의 굽기 정도

스테이크는 굽기 정도에 따라 맛이 달라진다. 대체로 적게 구울수록 육즙이 많아지며, 스테이크의 진미를 느낄 수 있다. 반면에 굽는 시간이 길어지면 육즙이 증발하여 맛이 떨어지고, 씹을 때 육질이 다소 질기게 느껴진다. 또 스테이크를 전부 잘라 놓고 먹으면 육즙이 흘러 내려 스테이크의 맛이 떨어질 뿐만 아니라 식게 되어 스테이크의 본래의 맛이 줄어든다. 스테이크의 굽기 정도는 다음과 같다.

표 2-5 스테이크의 굽기 정도

굽기 정도	상 태
레어 Rare	표면만 구워 중간은 붉은 날고기 상태
미디엄 레어 Medium Rare	중간부가 핑크인 부분과 붉은 부분이 섞여져 있는 상태
미디엄 Medium	레어와 웰던의 절반정도로 익힌 것이며, 중간부가 모두 붉은색이 된 상태
미디엄 웰던 Medium Well Done	고기를 잘랐을 때, 가운데 부분만 약간 붉은 상태
웰던 Well Done	표면이 완전히 구워지고 중심부도 충분히 구워져, 갈색을 띤 상태

(2) 송아지고기 Veal

송아지 지육분류는 연령과 사료의 두 가지 요인에 의해 결정된다. 밥 빌(bob

veal, 어린 송아지), 캐프 빌(calf veal, 큰 송아지), 페드 빌(fed veal, 특수사육 송아지) 등의 세 가지 종류가 있다. 밥 빌은 3개월 미만의 어린 송아지로 우유를 먹여 사육되며, 적은 지방층과 많은 수분을 갖고 있어 연하고 부드럽다. 지육은 70kg 정도이며, 조직은 부드럽고 밝은 핑크색을 띤다. 그러나 캐프 빌은 5~12개월 사이의 송아지고기로 건초, 곡물 및 기타 영양성분을 섞은 사료로 사육되며 붉은 핑크색을 띤다. 지육은 150kg 정도이고 조직감이 다소 단단하다.

페드 빌은 송아지가 160~220kg될 때까지 영양학적으로 완전한 성분을 지닌 사료를 먹여 사육한 것이다. 그 결과 살코기는 핑크색을 띠고 고기는 단단하고 부드러운 조직감을 지니게 된다. 일반적으로 송아지 고기는 연하고 얇기 때문에 쇠고기 스테이크와 같이 굽기 정도는 주문받지 않는다.

① 스위트 브레드(Sweet Breads): 송아지의 췌장 또는 흉선(胸線)으로 만든 요리로 전 세계의 미식가들에게 인정받고 있다. 심장과 가까운 쪽에 있는 흉선이 섬세한 맛과 단단하고 크림처럼 부드러운 질감 때문에 더 맛이 있다. 특히, 젖을 먹여 키운 송아지의 흉선이 가장 맛있는 것으로 평가된다.

② 스칼롭핀(Scaloppine): 송아지 다리부분에서 잘라낸 작고 얇은 고기를 소금, 후추로 양념하여 밀가루를 뿌리고 기름에 튀긴 후 와인 소스로 맛을 낸 요리이다.

③ 빌 커트렛(Veal Cutlet): 뼈를 제거한 송아지 고기를 얇게 저민 후 소금, 후추를 뿌리고 밀가루를 묻힌 다음 계란, 빵가루를 입혀 기름에 튀긴 요리이다.

▲ 빌 커트렛(veal cutlet)

(3) 양고기 Lamb

양고기는 근섬유가 가늘고 조직이 약하기 때문에 소화가 잘 되고 특유의 향이 있다. 이 특유의 향을 약화시키기 위하여 조리할 때 박하(mint)나 로즈마리(rosemary)를 많이 사용한다. 생후 12개월 이내의 어린 양을 램(lamb)이라 하며, 12개월 이상된 양을 머튼(mutton)이라 한다. 양고기 요리는 서남 아시아인들이 즐겨 찾는 요리로서 제공시에는 박하 소스를 따로 제공한다.

① 램찹(Lamb Chop): 양 갈비를 뼈가 붙어 있는 채로 잘라 기름기 및 힘줄을 제거하여 와인 및 각종 향신료에 절인 후 그릴에서 구워낸 요리이다.

② 필렛 램(Fillet of Lamb): 양고기를 통째로 소금, 후추를 뿌리고 기름에 튀겨, 다시 양념한 후 오븐에 넣어 만든 요리이다.

③ 로스트 오브 램(Roast of Lamb): 양고기의 허리부위를 얇게 잘라 적포도주, 당근, 셀러리, 올리브 등으로 양념한 후 오븐에서 구워낸 요리이다.

▲ 램 찹(lamb chop)

(4) 돼지고기 Pork

돼지고기의 주성분은 단백질과 지방질이며, 무기질과 비타민도 소량 함유되어 있다. 돼지고기의 부위는 안심, 등심, 볼깃살, 어깨살, 삼겹살과 내장 그리고 족과 머리 등의 부산물로 분리된다. 돼지고기는 쇠고기 다음으로 많이 쓰이는 육류이지만 주로 중식요리에 많이 사용되고 있다. 또 돼지고기는 소시지(sausage), 햄(ham), 베이컨(bacon) 등으로 가공하여 저장되기도 한다. 베이컨은 삼겹살을 절각한 다음 소금과 향신료에 절여서 건조와 훈연을 한 것으로 지방이 많은 것이 특징이다. 햄은 볼깃살인 허벅다리 살을 소금과 향신료에 절여서 훈연한 것으로 지방이 적고 담백하다. 소시지는 돼지고기의 지육을 주로 사용하지만 쇠고기나 다른 육류를 섞어서 만들기도 한다. 베이컨, 햄, 소시지는 미국식 조식메뉴에 계란요리와 함께 많이 사용되고 있다. 그리고 돼지고기는 기생충에 노출될 확률이 높으므로 충분히 익혀 조리하여야 한다.

▲ 그릴한 폭찹(grilled pork chop)

① 폭찹(Pork Chop): 돼지갈비를 소금과 후추로 양념한 후 밀가루를 묻혀 프라이팬 또는 오븐에서 구워낸 요리이다. 바비큐 소스와 함께 제공한다.

② 폭 커트렛(Pork Cutlet): 돼지고기 등심을 얇게 잘라 힘줄을 제거한 다음 밀가루, 계란, 빵가루를 입히고 기름에 튀긴 요리이다.

(5) 주요리 서비스

식사의 중심이 되는 요리는 대부분 육류이다. 이는 식품의 성질이 산성이므로 알칼리성인 야채를 곁들여서 영양의 균형을 조절할 수 있어야 한다. 또 육류요리를 더욱 돋보이게 할 수 있도록 와인과 함께 제공되어야 한다. 일반적으로 레드 와인에 있는 타닌 성분이 육류의 지방을 중화시켜 느끼한 맛을 줄여주므로 잘 조합된다. 그러나 육류에서도 담백한 맛이나 송아지, 돼지, 닭고기 등의 흰 살 육류는 화이트 와인과 잘 조합된다. 그리고 음식서비스에서 육류요리는 따뜻하게 제공되어야 제맛을 느낄 수 있다. 따라서 사전에 주요리 접시를 따뜻하게 데워 놓고 고객에게 제공할 때는 음식커버(food cover)를 씌워서 적정온도가 유지되도록 세심한 배려의 서비스가 요구된다.

(6) 소스 Sauce

소스란 음식의 맛이나 빛깔을 더 좋게 하기 위해 식품에 넣거나 위에 끼얹는 액체 또는 반유동상태의 조미료를 총칭한다. 주로 스톡에 향신료를 넣고 풍미를 낸 뒤 농후제[3]로 농도조절을 하여 음식에 뿌리는 것을 말한다. 음식의 풍미를 더해주고 음식의 맛과 외관, 그리고 수분을 제공하는 등 소스의 중요성

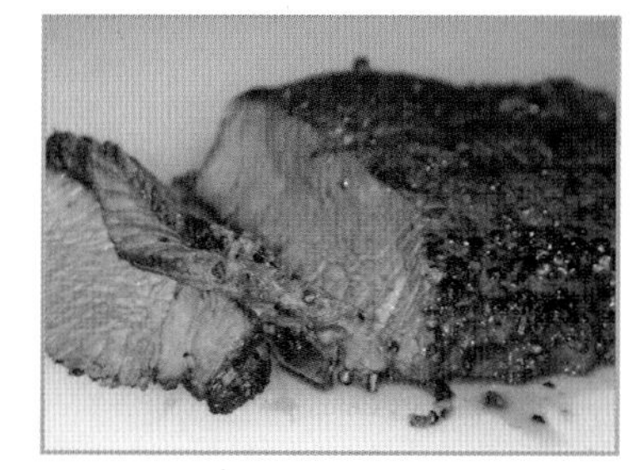

▲ 후추 스테이크와 포트와인 소스

그림 2-2 소스의 분류

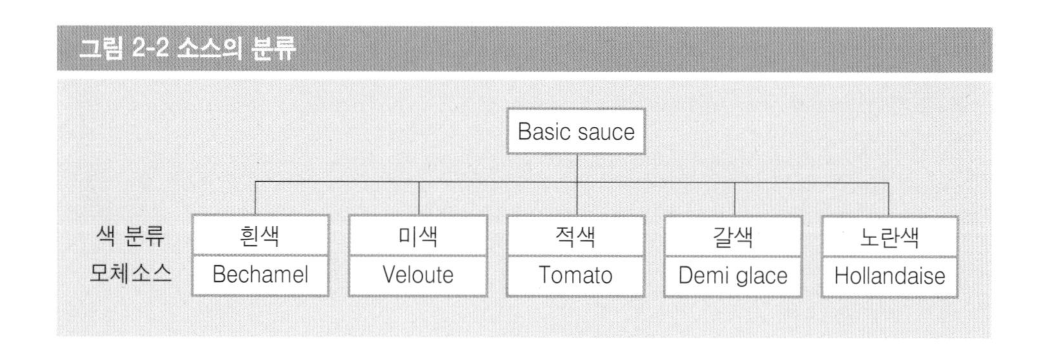

3) 농후제(thickening agents)는 소스의 농도를 조절하는 데 쓰이는 식품을 총칭하며 루, 녹말, 크림, 계란 노른자 등이 있다. 농후제는 입 안에서 음식의 풍미를 연장시키고 음식의 외관에 영향을 주며, 최소의 양으로 최대의 효과를 내야 한다.

이 강조되고 있다. 기본적인 모체 소스는 베사멜 소스, 벨루테 소스, 데미글라스 소스, 토마토 소스, 홀랜다이즈 소스 등 5가지로 구분한다. 이 모체 소스에 의해 수많은 소스가 파생되어 만들어진다.

① 베사멜(Bechamel) : 밀가루를 버터에 볶은 흰색 루(white roux)에 우유를 넣고 끓이면서 소금, 후추, 양파 등을 넣어 만든 소스이다. 주로 닭, 생선, 야채요리에 많이 사용된다.

② 벨루테(Veloute) : 야채를 버터에 볶은 후 흰색 루를 넣고, 화이트 스톡(white stock)을 넣어 끓인 소스이다. 주로 생선이나 닭 요리에 많이 사용된다.

③ 데미글라스(Demi Glace) : 육류의 뼈, 야채를 물과 함께 저온에서 끓여 낸 브라운 스톡(brown stock)을 농축시켜 만든 소스이다. 여러 다른 소스의 기초로 사용된다.

④ 토마토(Tomato) : 화이트 스톡에 토마토 페이스트[4](paste)와 야채를 넣고 끓여 만든 소스이다. 주로 피자, 파스타요리에 많이 사용된다.

⑤ 홀랜다이즈(Hollandaise) : 계란 노른자와 정제버터를 주재료로 한 소스인데 주로 생선, 야채, 계란요리 등에 사용된다.

이 밖에도 기성소스가 있다. 이미 만들어져 병 속에 담겨져 있는 소스로 테이블 소스(table sauce) 혹은 보틀 소스(bottle sauce)라고도 한다. 여러 가지의 제품들이 있으며 고객서비스를 위해 항상 청결하게 유지되어야 한다.

① 에이 원 소스(A-1 Sauce) : 육류요리에 곁들이는 소스로 토마토, 식초, 건포도, 소금, 오렌지, 마늘, 향초(香草) 등으로 맛을 낸 소스이다.

② 핫 소스(Hot Sauce) : 각종 요리에 매운 맛을 낼 때 사용하는 소스로 고추, 식초, 소금 등을 흰 오크통에 숙성하여 만든 것이다.

③ 타바스코 소스(Tabasco Sauce) : 핫 소스와 비슷하나 더 매운 맛을 내는 것으로 치킨요리와 멕시코요리에 많이 사용된다. 고추를 주재료로 하여 맵고 시게 만든 소스이다.

▲ 핫 소스 'tabasco'

④ 우스터 소스(Worcestershire Sauce) : 우스터 소스는 주로 마늘,

---

4) 페이스트(paste)란 토마토를 썰어 조린 다음 체에 걸러 씨와 껍질을 뺀 것이다.

간장, 양파, 당밀, 라임, 안초비, 식초와 다양한 향신료를 포함하고 있다. 수프, 그래비, 고기 등의 맛을 내는 데 사용된다.

⑤ 토마토케첩(Tomato Ketchup): 토마토를 기본재료로 식초, 양파 등을 첨가하여 만들며 감자튀김, 햄버거 등에 많이 곁들인다.

5) 샐러드 Salad

샐러드는 라틴어의 'sal(소금)'에서 그 어원을 찾을 수 있다. 신선한 야채에 소금만을 뿌려 먹던 것에서 유래한다. 샐러드는 지방분이 많은 육류요리의 소화를 돕고 영양에 필요한 필수 비타민과 미네랄이 함유되어 있어 건강의 균형을 유지시켜 주는 데 좋은 역할을 하고 있다. 대부분 육류 코스 이후에 샐러드를 먹는데, 육류와 샐러드는 번갈아 먹는 것이 더욱 효과적이다. 영국과 미국인들은 샐러드를 육류요리와 같이 먹거나 그 전에 먹는 반면, 프랑스인들은 육류요리가 끝난 다음에 먹는 습관이 있다.

(1) 샐러드의 분류

샐러드는 주요리를 먹을 때 전채나 곁들임으로 먹는 것이 일반적이었지만 현재는 완성된 하나의 요리로 독립한 상태이다. 샐러드만으로도 충분한 한 끼의 식사가 될 만큼 재료와 먹는 방법이 다양해지고 있다. 샐러드는 형태에 따라 단순 샐러드(simple salad)와 복합 샐러드(combined salad)로 크게 나뉘어진다.

표 2-6 샐러드의 분류

샐러드 Salad	단순 샐러드 Simple Salad	그린 Green 샐러드	신선한 야채로만 만든 샐러드로서 코스요리나 곁들임 요리로 사용한다.
		양상추 Lettuce 샐러드	
		허브 Herb 샐러드	
	복합 샐러드 Combined Salad	씨푸드 Seafood 샐러드	여러 가지의 야채와 함께 해산물, 파스타, 육류 등을 혼합하여 만든 샐러드로 전채나 주요리 등에 제공된다.
		파스타 Pasta 샐러드	
		가금류 Poultry 샐러드	
		육류 Beef 샐러드	

(2) 드레싱 Dressing

드레싱은 샐러드의 맛을 증가시키고 소화를 도와주는 역할을 한다. 유럽에서는 소스라고 하며, 끓이지 않고 여러 가지의 재료를 혼합하여 만들므로 냉소스로 분류된다. 드레싱의 종류에는 크게 마요네즈(mayonnaise)계열과 오일 비네가(oil & vinegar)계열 등이 있다.

▲ 샐러드와 드레싱

① **프렌치 드레싱(French Dressing)**: 오일에 식초, 겨자, 마늘 등을 넣고 다양한 종류의 허브를 첨가시킨 드레싱이다.

② **이탈리안 드레싱(Italian Dressing)**: 오일에 와인, 식초, 레몬주스, 마늘, 바질, 회향 등의 허브로 만든 드레싱이다.

③ **블루치즈 드레싱(Blue Cheese Dressing)**: 프렌치 드레싱에 푸른곰팡이로 숙성시킨 블루치즈(다나 블루, 고르곤 졸라, 로케포트, 스틸톤)를 넣은 드레싱이다.

④ **1000 아일랜드 드레싱(Thousand Dressing)**: 마요네즈, 올리브, 피망, 피클, 양파, 삶은 계란, 칠리 소스 등으로 만든 드레싱이다.

⑤ **러시안 드레싱(Russian Dressing)**: 1000 아일랜드 드레싱에 캐비아(caviar)를 넣은 드레싱이다. 미국이 기원인 이 드레싱은 러시아의 특산품인 캐비아를 넣은 것에서 붙여진 이름이다.

6) 치즈 Cheese

소젖, 양젖 등의 원료를 유산균에 의해 발효시키고 효소의 작용에 의하여 응고현상이 일어난 것을 가열, 압착, 숙성과정을 거쳐 만들어진 것을 치즈라 한다.

치즈는 단백질, 칼슘과 인체에 필수적인 무기질 성분 등이 우유에 비해 8~10배 농축되어 있으며 발효 식품 중에서 그 역사가 가장 오래된 식품이다. 우리나라는 1967년 프랑스인 신부가 기술을 보급하여 생산되기 시작하였고, 식생활의 서구화로 인해 치즈의 소비가 증가 추세에 있다. 치즈는 주요리와 디저트 코스 사이에 제공되는데 품격 있는 정찬에서는 메뉴에 포함시키고 있다. 치즈의 고유한 맛과 풍미를 증진시키기 위해서는 1시간 전에 실온에서 보관하였다가 먹는 것이 맛이 좋다. 그러나 생치즈나 연질치즈는 저온상태가 맛과 질감이 좋다. 일반적으로 치즈는 제조 상태에 따른 분류와 수분함량에 의한 강도에 따라 분류하는데 다음과 같다.

(1) 제조 상태에 따른 분류

① **자연치즈(Natural Cheese)**: 치즈를 숙성시킨 미생물이 온도 또는 습도의 영향으로 숙성을 계속하게 되므로 같은 종류라도 먹는 시기에 따라 독특한 맛이나 향취가 다르게 된다. 유통되고 있는 대부분이 자연치즈이다.

② **가공치즈(Process Cheese)**: 자연치즈에서 강하게 느껴지는 특유의 향취를 약하게 유화시켜 사람의 기호에 맞도록 가공한 치즈이다. 가공치즈는 품질이 안정되어 있기 때문에 보존성이 높으며, 소비자가 용도에 알맞은 제품을 선택할 수 있는 장점이 있다.

▲ 와인과 치즈

(2) 강도에 따른 분류

① **연질치즈(Soft Cheese)**: 연질치즈는 수분함량이 45~75% 정도이며, 맛이 순하고 조직이 부드럽기 때문에 습도가 높고 건조한 곳에 보관하여야 한다. 숙성방법에 따라 비숙성, 곰팡이 숙성, 세균 숙성으로 분류한다. 비숙성치즈는 스푼으로 떠서 먹을 수 있고 음식에도 발라서 사용한다. 연질치즈 종류로 비숙성은 크림(cream), 코타지(cottage), 모차렐라(mozzarella)치즈, 곰팡이 숙성은 브리에(brie), 카망벨(camembert)치즈, 세균 숙성은 두핀(dauphin)치즈가 있다.

② **반경질치즈(Semi Hard Cheese)**: 반경질치즈는 수분함량이 40~45% 정도로 대부분 응유를 익히지 않고 압착하여 만든다. 숙성 방법에 따라 곰팡이 숙성, 세균 숙성으로 분류한다. 반경질치즈 종류로 곰팡이 숙성은 고르곤졸라(gorgonzola), 로케포트(roquefort) 스틸톤(stilton)치즈, 세균숙성은 브릭

(brick)치즈가 있다.

③ **경질치즈(Hard Cheese)**: 경질치즈는 수분함량이 30~40%로 대부분 산악지대에서 생산되며, 운반과정을 용이하게 하기 위해 일반적으로 큰 바퀴 형태로 만들어진다. 제조과정에서 응유를 끓여 익힌 다음 세균을 첨가하여 3개월 이상 숙성시켜 만든다. 경질치즈의 종류로는 에담(edam), 에멘탈(emmental), 고다(gouda), 체다(cheddar), 파마산(parmesan)치즈 등이 있다.

7) 후식 Dessert

코스 메뉴에서 전채요리로 입맛을 돋우고, 본 요리로 식욕을 채우고 후식으로 입맛을 정리한다는 기본 원칙이 있다. 디저트는 후식으로 입 안에 남아있는 기름기를 없애주고 소화 작용을 돕는 음식이다. 일반적으로 단맛(sweet), 풍미(savour), 과일(fruit)의 3요소가 모두 포함되어야 디저트라 할 수 있다. 디저트의 어원은 프랑스어 데세르비르(desservir)에서 유래된 말로서 「치우다」, 「정리하다」라는 뜻이다. 현재에도 디저트를 제공하기 전에 글라스(glass)류를 제외하고 테이블 위의 모든 것을 치우고 나서 제공한다. 디저트의 종류는 더운 후식과 찬 후식으로 구분한다.

(1) 더운 후식 Hot Desserts

▲ 크레페와 키위, 딸기, 카시스 잼

① **크레페(Crepes)**: 밀가루, 우유, 계란, 버터, 설탕으로 만든 얇은 팬케이크이다. 팬에 설탕, 오렌지 주스, 레몬주스 등을 붓고 끓여 시럽을 만들어 크레페를 넣고 리큐르, 브랜디 등으로 프람베(flambée, 고기, 생선, 과자에 브랜디를 붓고 불을 눋게 한 요리)하여 만든 디저트이다.

② **수플레(Souffle)**: 푸딩류에 속하는 고급 케이크의 일종이다. 향신료와 리큐르를 첨가한 것과 과즙으로 만든 것이 있다. 수플레는 부풀어 오른 모양이 그대로 유지되어야 생동감 있게 보인다.

③ **프람베(Flambée)**: 팬에 과일, 설탕, 버터, 과일 주스 등을 넣고 졸이다가 리큐르나 코냑으로 프람베하여 만든다.

(2) 찬 후식 Cold Desserts

① 파르페(Parfait) : 과일퓌레, 계란, 크림과 리큐르를 혼합하여 동결시킨 것이다. 프랑스어로 'parfait'는 완전한 이라는 의미이다.

② 사 롯데(Charlotte) : 과즙, 생크림, 찐 과일 등을 빵, 스펀지케이크로 싼 푸딩의 일종이다.

③ 셔벳(Sherbet) : 과즙과 리큐르를 사용하여 만든 빙과이다. 생선요리 다음에 제공하거나 후식으로 제공하는데, 이는 소화를 돕고 입맛을 상쾌하게 해주기 때문이다.

▲ 망고와 코코넛을 혼합한 셔벳

2. 이탈리아식 레스토랑

피자와 파스타의 나라 이탈리아는 로마제국 분열 후 작은 국가들로 나뉘어 독립적인 문화의 영향으로 향토음식이 발달하였다. 밀라노, 베네치아를 중심으로 하는 북부지방은 알프스 산맥에 접해 있고 추운 겨울 때문에 육류와 치즈를 이용한 요리가 많다. 로마, 피렌체를 포함하는 중부지방은 송아지, 햄 요리가 유명하다. 나폴리와 시칠리아 섬의 남부지방은 피자, 파스타, 해산물 등의 향토음식이 이탈리아의 독특함을 유지하고 있다. 이탈리아식의 코스 구성은 안티파스티(antipasti, 전채), 프리미 피아티(primi piatti, 첫 번째 접시, 『수프, 파스타, 리조토』), 세콘디 피아티(secondi piatti, 두 번째 접시, 『생선, 육류요리』), 인살라타(insalate, 샐러드), 포르마지오(formaggio, 치즈), 돌체(dolce, 디저트), 카페(cafe, 커피) 순으로 구성되어 있다. 그러나 이탈리아 요리는 특별히 코스가 정해져 있지 않으므로 세콘디 피아티를 중심으로 취향에 따라 메뉴를 선택하면 된다.

1) 안티파스티 Antipasti

(1) 카르파치오(Carpaccio) : 얇게 포를 뜬 날쇠고기 필레(fillet)살로 만든 전채요리이다. 여기에 올리브유, 레몬주스, 르코라(깻잎처럼 향이 나는 야채), 파마산 치즈 등을 뿌려 먹는다.

(2) 파마풍기(Pama Funghi) : 달콤한 멜론에 돼지 엉덩이살을 말린 파르마(parma, 지역 명)햄을 얹은 전채요리이다.

▲ 카르파치오(carpaccio)

2) 프리미 피아티 Primi Piatti

(1) 수프(Zuppa) : 새우, 조개, 흰살생선 등의 어패류를 올리브유로 볶은 후 화이트 와인을 넣어 만든 생선 수프가 유명하다. 그리고 각종 야채와 베이컨, 파스타를 넣어 만든 야채 수프(minestrone soup)가 있다.

(2) 파스타(Pasta) : 밀가루 반죽으로 만든 면류를 총칭하는 것으로 피자와 함께 이탈리아를 대표하는 음식이다. 코스요리는 전채와 주요리 사이에 구성된다. 파스타는 면의 형태에 따라 명칭이 달라지는데 [표 2-7]과 같다.

(3) 리조토(Risotto) : 육수에 쌀을 익혀 만든 요리이다. 리조토는 닭고기, 갑각류 생선, 소시지, 야채, 치즈, 화이트 와인 그리고 허브 등의 다양한 재료로 맛을 낼 수 있다.

표 2-7 파스타의 종류

구 분	형 태
스파게티 Spaghetti	국수모양의 파스타
페투치네 Fettucelle	얇게 편 반죽을 7~8mm로 홀쭉하게 잘라 만든 파스타
라자냐 Lassagna	작은 널빤지 모양의 파스타
펜네 Penne	끝을 비스듬히 자른 원통형의 파스타

3) 세콘디 피아티 Secondi Piatti

(1) 베르무트 연어(Vermouth Salmon): 베르무트는 스틸 와인에 여러 가지 약초 성분의 허브를 넣어 만든 가향와인이다. 이 베르무트와인과 버터 소스를 연어에 뿌린 요리가 베르무트 연어이다.

(2) 살팀보카(Saltimbocca): 어린 송아지고기를 얇게 저며 밀가루를 발라 살짝 구운 후 햄과 소시지를 얹은 로마풍의 요리이다.

(3) 오소부코(Ossobucco): 송아지 뒷다리살을 스톡, 올리브유, 화이트 와인, 양파, 마늘, 당근, 셀러리, 토마토 등과 함께 삶아낸 요리이다. 오소부코 요리는 대개 밀라노풍의 리조토가 곁들여 나온다.

▲ 페투치네(fettuccini)

▲ 송아지 뒷다리살요리 '오소부코'

4) 치즈 Formaggio

이탈리아 치즈는 모차렐라(mozzarella), 골곤졸라(gorgonzola), 파마산(parmesan) 등이 있다. 일반적으로 파스타, 레드 와인과 함께 곁들여 먹는다.

5) 디저트 Dolce

이탈리아어로 돌체(dolce, 달다)는 캔디 혹은 다른 단 종류의 음식을 지칭한다. 케이크는 트롤리(trolley)에 얹어 고객이 선택할 수 있도록 준비한다.

6) 커피 Cafe

이탈리아의 진한 커피로 에스프레소(espresso) 커피와 그 위에 우유의 거품을 얹은 부드러운 맛의 카푸치노(cappuccino)가 있다. 이 밖에 널리 알려진 식후주로 그라파(grappa, 찌꺼기 브랜디), 허브의 맛이 강한 삼부카(sambuca) 등이 있다.

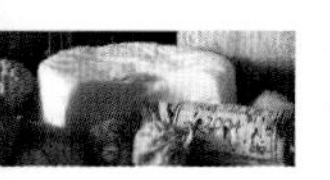

그림 2-3 식음료서비스의 기본 사이클

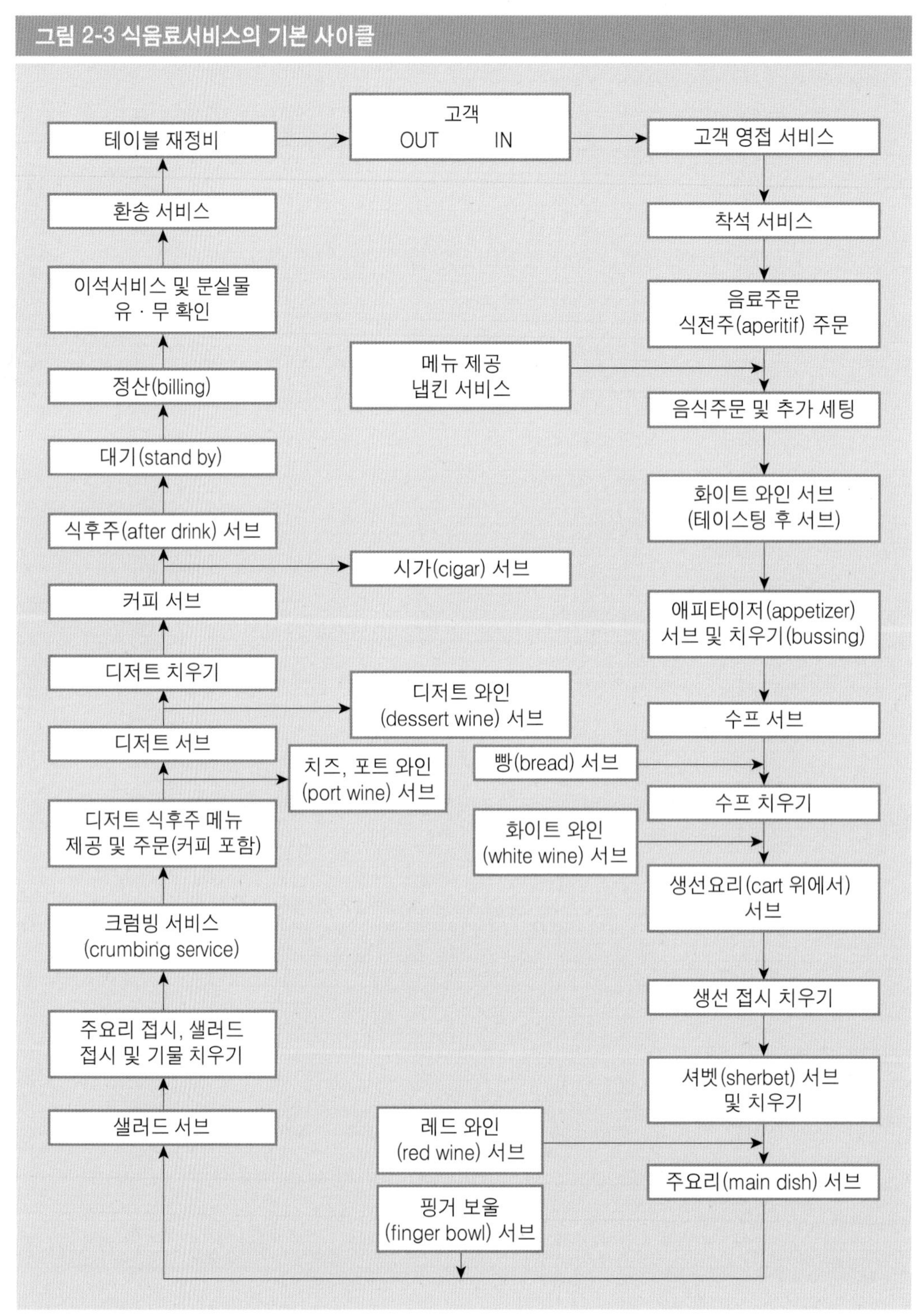

자료: 호텔 인터콘티넨탈, 식음료서비스의 흐름도, p. 117.

제2절 동양식 레스토랑

1. 일식 레스토랑

일본의 지형은 북동에서 남서로 길게 뻗어 있어 기후의 변화가 많다. 따라서 4계절에 생산되는 재료가 다양하고, 사면이 바다로 둘러싸여 있어 해산물이 풍부하다. 일본요리는 쌀을 주식으로 하고 농산물과 해산물을 부식으로 형성되었는데 일반적으로 맛이 담백하고 색채와 모양이 아름다우며 풍미가 뛰어난 것이 특징이다. 지역적 분류에서는 관서요리(關西料理)와 관동요리(關東料理)로 크게 나눈다. 관서요리는 교토, 오사카를 중심으로 발달한 요리로 식재료의 맛을 최대한 살리기 위해 조미료의 사용을 줄이고 색, 형태, 맛을 그대로 살려 조리하는 것이 특징이다. 관동요리는 도쿄를 중심으로 발달한 요리로 진한 간장과 설탕을 사용해 관서요리보다 맛이 더 진하다. 일본요리의 특성을 살펴보면 다음과 같다.

- 어패류를 재료로 하는 생식요리(生食料理)가 발달하였다.
- 요리를 담을 때 공간과 색상의 조화를 매우 중요시한다.
- 향신료의 사용이 적고, 재료 본래의 맛을 살린 조리법이 발달하였다.

일본요리는 형식에 따라 크게 세 가지로 구분하는데 본선요리(本膳料理), 정진요리(精進料理), 회석요리(會席料理) 등이 있다. 본선요리는 관혼상제 등의 의식에 이용되는 요리로 식단의 기본은 일즙삼채(一汁三菜), 이즙오채(二汁五菜), 삼즙칠채(三汁七菜) 등이 있다. 일즙삼채란 한 가지 국에 세 가지 야채란 뜻이다. 정진요리는 사찰에서 발달한 요리로, 야채, 곡류, 두류, 해초류 등의 식물성으로 조리한 것이다. 회석요리는 본선요리를 개선하여 연회(宴會)에서 차리는 요리로 현재의 일본 대중요리의 형태이다. 요리구성을 보면 삼채(三菜)부터 시작하고, 오채(五菜), 칠채(七菜), 구채(九菜), 십일채(十一菜) 등의 홀수로 증가된다. 밥은 채(菜)의 가지 수에 포함되지 않는다. 회석요리의 코스구성을 살펴보면 다음과 같다.

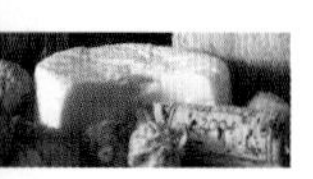

그림 2-4 회석요리의 코스

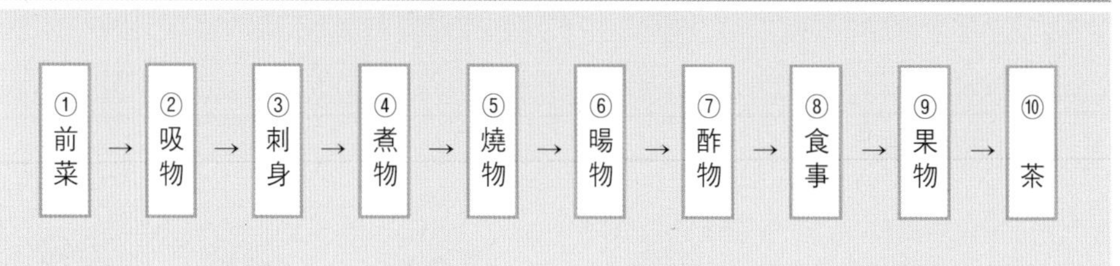

① 전채요리[5] ② 맑은 국[6] ③ 생선회 ④ 조림요리 ⑤ 구이요리
⑥ 튀김요리 ⑦ 초회 ⑧ 식사(면,밥) ⑨ 과일 ⑩ 차

표 2-8 조리법에 의한 분류

구 분	일본명	요리 종류
국물요리	しるもの(汁物)	조개국, 흰살생선국, 계란국, 백된장국, 닭다시국
생선회	さしみ(刺身)	활어회, 참치회, 모듬생선회
구이요리	やきもの(燒物)	소금구이, 된장구이, 데리야키
조림요리	にもの(煮物)	생선조림, 쇠고기간장조림, 야채조림
튀김요리	あげもの(暘物)	새우튀김, 생선튀김, 야채튀김, 쇠고기튀김
찜요리	むしもの(蒸物)	계란찜, 생선술찜, 닭고기술찜, 바다가재찜
초회	すのもの(酢の物)	해물초회, 해초초회, 문어초회, 해삼초회
절임류	つけもの(漬物)	우메보시, 락교, 배추절임
냄비요리	なべもの(鍋物)	샤부샤부, 스키야키, 지리냄비, 모듬냄비, 냄비우동
면요리	めんるい(麵類)	우동, 소바, 소면
밥	ごはん(ご飯)	초밥(すし, 壽司) 덮밥(どんぶり, 丼物)
음료	のみもの(飮み物)	차(茶), 청주(サケ)

5) 전채(前菜, ぜんさい)는 산과 들과 바다에서 나는 제철 재료를 3가지나 5가지 종류로 담아낸다. 다음 코스의 요리를 위해 입맛을 돋우는 역할을 한다.
6) 차가운 사시미를 먹기 전 속을 데워 주는 국물요리이다.

1) 일식의 종류

(1) 시루모노(汁物, 국)

국물요리는 맑은 다시(맛국물)를 그대로 써서 재료 자체의 맛과 향을 내는 스마시지루(淸汁, 맑은 국)와 된장을 풀어서 끓인 미소시루(味噌汁, 된장국)가 있다. 어떤 형태로든 본 요리 전에 식욕을 돋우고 요리의 제 맛을 느낄 수 있게 만드는 역할을 한다. 내용물이 충실하고 아름답게 작성되어 있으며 풍부한 향미를 가진 것을 최고의 국으로 친다.

(2) 사시미(刺身, 회)

일본의 대표적인 음식으로 어패류를 익히지 않고 양념도 하지 않은 채 생식하는 요리이다. 생선회에 와사비를 조금 붙인 후에 간장을 찍어 먹어야 제 맛을 느낄 수 있다. 또 여러 가지 생선이 있을 때는 흰살생선과 기름지지 않은 것부터 먹고 난 다음에 기름이 많은 생선과 붉은살 생선을 먹어야 맛의 조화를 느낄 수 있다.

▲ 생선회와 초밥모듬

표 2-9 사시미에 적합한 생선

구 분	종 류
흰살 생선	도미, 옥돔, 넙치, 가자미, 광어, 농어, 복어, 학공치
붉은살 생선	참치, 연어, 송어, 가다랑어
등푸른 생선	고등어, 전어, 장어, 방어, 전갱이
기타	오징어, 문어, 새우, 전복, 피조개

(3) 야키모노(燒物, 구이)

주로 생선구이를 이용하며, 재료가 지닌 독특한 맛의 성분이나 영양분을 상실하지 않는 조리법이다. 굽는 방법에 따라 스야키(素燒, 아무 것도 바르지 않고 불에서 구워내는 요리), 쇼야키(塩焼, 소금구이), 테리야키(照り焼き, 간장양념구이) 등이 있다.

(4) 니모노(煮物, 조림)

'니(煮)'는 다양한 식재료를 맛국물과 술, 미림, 설탕, 간장, 된장 등의 첨가된 양념간장으로 조려내는 요리이다. 일반적으로 지역의 전통에 따라 관동지방은 물기가 적고 진한 맛이며, 관서지방은 물기가 많고 담백한 맛이 특징이다.

(5) 아게모노(暘物, 튀김)

튀김은 재료의 색과 모양 그리고 맛을 그대로 살릴 수 있는 조리법이다. 재료에 튀김옷을 입힌 코로모아게(衣揚げ, ころもあげ)와 재료에 튀김옷을 입히지 않고, 튀겨낸 스아게(素揚, すあげ) 등이 있다. 튀김요리는 육류, 어패류, 야채류 모두 이용하며 코로모아게의 덴뿌라(天婦羅)가 대표적이다.

▲ 코로모아게의 '덴뿌라'

(6) 무시모노(蒸物, 찜)

재료를 찜통이나 시루 등의 찜틀을 사용하여 증기로 찌는 것으로 재료가 지닌 영양이나 풍미를 살리는 조리법이다. 대표적인 요리는 재료에 술을 뿌려 쪄낸 도미머리술찜, 대합술찜 그리고 계란찜 등이 있다.

(7) 스노모노(酢の物, 초회)

새콤달콤한 혼합초를 재료에 곁들여 식욕을 돋구어주는 초무침 요리이다. 식사의 중간이나 구이요리의 곁들임으로 사용하며 해초초회, 문어초회, 해삼초회 등이 있다.

(8) 츠케모노(漬物, 절임류)

츠케모노는 식품을 식염이나 간장 등에 절여서 저장성과 맛을 향상시킨 조리법이다. 수분이 많은 엽채류는 소금에 절이는 경우가 많은데, 이것에 의해 수분이 탈수되고 염분이 침투하여 맛이 좋아진다. 대표적인 요리는 우메보시, 락교, 배추절임 등이 있다.

(9) 나베모노(鍋物, 냄비요리)

냄비에 여러 가지의 재료를 넣고 식탁에서 직접 끓여내는 다채로운 요리이다. 스키야키 같은 쇠고기 냄비요리를 비롯하여 샤부샤부, 생선지리, 냄비우동 등이 포함된다.

(10) 멘류(麵類, 면요리)

일본의 면요리는 지역에 따라 만드는 재료와 맛이 다른데 관동지방은 국물이 진하고 강한 맛의 메밀국수(そば), 관서지방은 연한 맛의 우동(うどん)을 즐겨 먹는다.

▲ 자루소바(ざるそば)

(11) 고항(ご飯, 밥)

일본에서 주식으로 먹는 음식이며, 쌀만으로 지은 밥과 별도로 재료의 맛을 들여 지은 밥 그리고 응용하는 형태와 방법에 따라 다양하다.

▲ 스테이크 돈부리와 미소시루

- 고항(ご飯, 밥): 송이밥, 밤밥, 굴밥, 콩밥, 솥밥
- 돈부리(丼物, 덮밥): 튀김덮밥, 쇠고기덮밥, 닭고기덮밥
- 스시(壽司, 초밥): 스시에는 생선초밥, 김초밥, 유부초밥 등이 있다. 초밥에는 이미 간이 되어 있으므로 간장을 생선 쪽에 살짝 묻혀 먹는다. 여러 가지 생선의 초밥일 경우에는 흰살 생선의 담백한 맛을 즐기고, 그 다음 맛이 강한 등푸른 생선이나 참치뱃살, 익힌 생선 등의 초밥 순서로 먹는 것이 좋다. 생선초밥을 한 가지 먹은 다음에 초절임 생강을 한 조각 먹어 입 안을 개운하게 한다.

(12) 노미모노(飲み物, 음료)

음료는 음식의 맛을 돋보이게 하고, 식욕증진과 함께 기분전환 등의 역할을 포함한다. 코스의 요리가 제공될 때마다 차(茶)를 마시고 다음 코스요리의 새로운 맛을 느낄 수 있도록 한다. 그리고 쌀을 원료로 발효시킨 일본의 전통주의 청주(サケ)가 있다. 일반적으로 식전주나 식사 중에 요리와 함께 곁들여 마신다.

▲ 코스요리가 바뀔 때마다 따뜻한 차를 제공한다.

(13) 데판야키(鐵板燒, 철판구이)

철판에서 구운 요리로, 넓은 철판에서 각종 식재료(해산물, 야채, 육류) 등을 올려놓고 주로 고객 앞에서 조리사가 직접 요리하는 과정을 보여주며 완성된 요리를 즉석에서 카운터 형식으로 제공되는 서비스이다.

▲ 일식 레스토랑 '이로도리의 데판야키' -르네상스호텔 -

2) 일식서비스

① 회석요리는 한꺼번에 제공하지 않고 메뉴에 따라 코스요리의 순서에 의해서 제공한다. 또 일식요리에 대한 설명을 할 수 있도록 충분한 메뉴지식을 갖추도록 한다.

② 코스의 요리가 제공될 때마다 따뜻한 오차 서비스를 한다. 일반 코스 요리일 경우, 오차 컵은 3~4회 정도 교환해 준다.

③ 사시미나 모듬요리가 2인분 이상일 때는 앞 접시(取皿: どりさら)를 언제나 곁들인다. 사시미는 흰살 생선, 조개류, 붉은살 생선 등의 순서이다.

④ 냄비요리(샤부샤부, 스키야키, 생선지리)는 고객의 식탁에서 직접 끓이면서 조리하므로 고객과 대화를 나누는 것이 좋다.

⑤ 도미구이, 왕새우구이, 복냄비 등, 뼈가 있는 생선의 음식에는 물수건을 별도로 준비한다. 그릇을 들 때는 입을 대지 않는, 한쪽 가장자리를 잡는다.

▲ 사케(sake)청주

⑥ 일본 청주(サケ)는 차갑게 마시는 방법과 중탕으로 데워서 뜨겁게 마시는 방법 그리고 말린 복어 지느러미를 띄워 마시는 히레사케(ひれサケ)가 있다. 도쿠리(とくり, 도자기 술병)나 맥주 등 술을 제공할 때는 오른손으로 술병을 들고, 왼손으로는 병머리 쪽을 가볍게 대고 따른다.

2. 중식 레스토랑

중국은 광대한 영토와 넓은 영해에서 다양한 산물과 해산물 등의 풍부한 식재료를 얻을 수 있다. 이와 같이 폭넓은 식재료의 이용, 맛의 다양성, 손쉽고 합리적인 조리법, 풍부한 영양, 풍성한 외관 등은 중국요리가 세계적인 요리로 발달하게 하였다. 또한 넓은 영토를 지닌 중국은 지역적으로도 풍토, 기후, 산물, 풍속, 습관이 다른 만큼 지방색이 두드러진 요리를 각각 특징 있게 독특한 맛을 내는 요리로 발전시켰다. 이처럼 독특한 개성을 지니고 발전해 온 각 지방의 요리는 북경요리(北京料理), 남경요리(南京料理), 광동요리(廣東料理), 사천 요리(四川料理) 등으로 분류한다.

1) 중식의 분류

(1) 북경요리 北京料理

중국 북부를 대표하는 요리로 남쪽으로 산동성, 서쪽으로 태원(太原)까지의 요리를 포함한다. 지리적으로 한랭한 북방에 위치하여 높은 열량을 요구하기 때문에 육류를 이용한 튀김과 볶음요리가 많다. 북경요리의 대표적인 것은 북경오리구이, 양고기구이 등이 있다.

▲ 북경오리를 카빙하고 있는 조리팀

(2) 남경요리 南京料理

중국 중부를 대표하는 요리로 남경, 상해, 소주, 양주 등의 요리를 총칭한다. 남경요리 중 유럽풍으로 국제적인 발전을 이룩한 것은 상해요리이다. 상해는 따뜻한 기후의 영향으로 농산물과 해산물이 풍부하여 다양한 요리를 발달시켰다. 특히 이 지방의 특산물인 장유(醬油, 간장)와 설탕으로 달콤하게 맛을 내는 찜이나 조림이 발달하였고, 기름기가 많고 진한 것이 특징이다. 남경요리의 대표적인 것은 소동파가 즐겨 먹었다는 동파육(東坡肉), 상해 게요리, 꽃빵(花捲) 등이 유명하다.

(3) 광동요리 廣東料理

중국 남부를 대표하는 요리로 광주를 비롯한 복건요리, 조주요리, 동강요리 등의 지방요리 전체를 말한다. 광주는 외국과의 교류가 빈번하여 이미 16세기에 스페인, 포르투갈의 선교사와 상인들이 많이 왕래하였기 때문에 서양 요리의 특징이 잘 혼합된 독특한 요리로 발전하였다. 이에 따라 쇠고기, 서양야채, 토마토케첩, 우스터소스 등 서양요리의 재료와 조미료를 받아들인 요리도 있다. 광동요리의 대표적인 것은 탕수육, 상어지느러미, 곰발바닥, 제비집 등이 있다.

(4) 사천 요리 四川料理

중국의 서쪽과 양자강 상류 산악지대의 요리를 대표하는 사천요리는 운남(雲南), 귀주(貴州)지방의 요리까지를 포함한다. 사천지방은 바다가 멀고 더위와 추위가 심한 지역으로 예로부터 악천후를 이겨내기 위해 향신료를 많이 사용한 요리가 발달해 왔다. 따라서 마늘, 파, 생강과 매운 고추 등의 향신료를 사용하는 요리가 많아, 맵고 짜지만 느끼하지는 않아 우리의 입맛에도 잘 맞는다. 사천요리의 대표적인 것은 새우칠리소스, 마파두부 등이 있다.

▲ 새우 칠리소스

2) 중식의 일반적인 특징

① 식재료의 선택이 자유롭고 광범위하다.

중국요리에는 거의 모든 일반적인 식품뿐만 아니라 제비집, 상어지느러미 같은 특수 재료도 일품요리로 이용되고 있다.

② 맛이 다양하고 풍부하다.

오미(五味)의 단맛, 짠맛, 신맛, 매운맛, 쓴맛 등 5가지 맛을 복잡 미묘하게 배합하여 다양한 맛을 창출한다.

③ 조리기구가 간단하고 사용하기가 쉽다.

다양한 요리의 종류에 비해 중화 팬, 볶음 · 튀김 팬, 찜통, 기름통, 칼과 도마, 망 국자, 뒤집게 등이 조리기구의 전부이다.

④ 기름을 사용하여 조리하며, 숙식(熟食)을 기본으로 한다.

중국음식은 대부분 기름에 튀기거나, 조리거나, 볶거나, 지진 것이다. 그리고 강한 불에서 짧은 시간 안에 음식을 만들 수 있어서 재료의 고유한 맛을 그대로 유지하고 영양소의 손실을 최소화한다.

⑤ 시각적으로 외관이 풍요롭고 화려하다.

육류, 해산물, 야채 등을 조화시켜 만든 음식을 개별적으로 나누어 담지 않고, 큰 그릇에 수북하게 담고 장식을 한다.

3) 중식의 종류

(1) 냉분류 冷盆類

고객의 식욕을 돋우기 위한 찬 전채요리로 '냉채'라고도 한다. 보통 2가지 이상의 재료를 사용하여 만들며 해파리냉채, 오리알, 새우, 전복 등이 있다.

◀ 오리알을 곁들인 해파리 냉채

(2) 어시류 魚翅類

전채요리의 하나로서 더운 요리 중에 가장 먼저 내는 것으로 양, 질, 맛이 강조되는 요리이다. 삭스핀은 상어 지느러미를 말린 것으로 중국요리에서 매우 소중하게 여겨지는 재료의 하나이다.

◀ 삭스핀 수프 (sharks fin soup)

(3) 어패류 魚貝類

해삼이나 전복, 새우, 도미 등의 어패류에 각종 양념 등을 넣어 다양한 요리를 만들어 낸다. 어패류 요리에는 탕수어, 도미찜, 해삼전복, 새우칠리소스, 바다가재 등이 있다.

▲ 북경오리 껍질요리(peking duck)

(4) 육류 鷄, 鴨, 豚, 牛

육류요리는 오리, 닭고기, 돼지고기, 쇠고기 등을 재료로 많이 이용한다. 북경의 오리껍질요리, 라조기(닭튀김), 탕수육, 난자완스[7], 중국식 스테이크 등이 있다.

▲ 감채류의 '찹쌀떡'

(5) 감채류 甘菜類

식사의 마지막 단계로서 단맛의 후식을 말한다. 감채류에는 찹쌀떡, 바나나튀김, 고구마튀김, 용안(龍眼, 인도 원산지), 과일 등이 있다. 이 밖에도 야채류, 두부요리, 제비집, 탕류, 만두, 면과 밥 등이 있다.

4) 중식의 메뉴구성

중국에서 메뉴는 차이단(菜單) 또는 차이푸(菜譜)라고 하는데, 홀수를 싫어하는 습관에 따라 가짓수를 짝수로 맞춘다. 메뉴는 크게 정탁요리, 일품요리, 특별요리 등으로 나뉜다.

(1) 정탁요리 定棹料理

정탁요리는 상(床)요리라고도 불리며, 정해진 순서에 따라 코스로 제공되는 정식요리 메뉴이다. 전채(前菜), 주채(主菜, 주요리), 덴신(點心, 간단한 식사 또는 후식)을 중심으로 고객의 기호, 가격에 따라 메뉴가 작성된다. 보통 2인 이상을 기준으로 하고 있다.

---

7) 난자완스(南前丸子)는 쇠고기 또는 돼지고기를 다져서 완자를 만들어 튀긴 다음 야채와 함께 볶은 요리이다.

표 2-10 정탁요리의 10코스

美點雙輝	딤섬전채 Dim Sum Combination
竹笙大排翅	죽생 상어지느러미 찜 Steamed Shark's Fin with Bamboo Piths
燕液百花球	새우볼 제비집요리 Steamd Minced Shrimp Balls with Bird's Nest
豉汁焗龍蝦	바다가재 두치소스 Braised Lobster in Black Bean Sauce
一品鮮鮑魚	일품 통 전복 Sauteed Whole Abalone with Chilli and Garlic Sauce
北京片皮鴨	북경식 오리요리 Roasted Duck 'Pecking' Style
瑤珠松茸露筍	송이버섯 아스파라거스 관자소스 Pine Mushrooms with Asparagus and Dry Scallop Sauce
清蒸鮮魚	생선찜 Steamed Fresh Market Fish
麵或飯	면 혹은 볶음밥 Fried Rice or Noodles
合時鮮菓	계절과일 Fresh Fruit in Seasonal

(2) 일품요리 一品料理

일품요리는 정탁요리처럼 순서에 따라 먹는 것이 아니라 냉분류, 어시류, 어패류, 육류 등의 요리를 식성과 양에 따라 자유롭게 선택해서 먹을 수 있는 메뉴이다.

(3) 특별요리 特別料理

식재료의 특성에 따라 구성되는 메뉴이며, 고객의 특별한 주문에 의하여 만들어지는 요리로 곰 발바닥, 사슴꼬리 찜, 자라요리 등이다. 이러한 특별요리는 일반적으로 3일 전에 별도의 사전예약으로 주문하여야 한다.

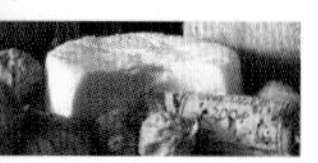

5) 중식서비스

중식요리는 1인분의 주문방법이 아니고 접시의 양에 따라 대(7~8인분), 중(4~5인분), 소(2~3인분)를 기본으로 한다. 따라서 고객 식탁의 접시에 1인분의 양을 직접 덜어주는 러시안 서비스가 이루어진다. 서비스 제공자는 서빙스푼과 포크를 가지고 음식을 정확하게 분배할 수 있는 숙련이 필요하다. 그리고 요리의 양이 인원수에 비해 너무 많지 않도록 주의한다. 고객이 주문을 망설일 경우 특별요리 또는 고객의 기호에 알맞은 요리를 추천하도록 한다. 술을 즐기는 고객에게는 튀김요리, 구이요리, 절임요리 등을 추천한다. 다음 코스의 새로운 요리를 제공할 때에는 접시를 교환하고 차(茶)를 서브한다. 서브를 하고 남는 요리는 회전판(lazy susan) 중앙에 올려놓거나 식탁 중간에 놓는다. 회전판은 시계방향으로 돌리는 것이 원칙이다.

▲ 중식서비스

중국에서는 쌀, 보리, 수수 등의 곡류를 원료로 하여 각 지방의 토속주를 생산해오고 있다. 북부지역은 추운지방이라 백주가 발달하였으며, 남부지역은 저 알코올의 발효주 그리고 산간 내륙지역은 초근목피를 이용한 한방차원의 혼성주를 생산하고 있다. 중국의 술은 크게 황주(발효주), 백주(증류주), 약주(혼성주) 등으로 구분한다.

① **황주(黃酒)**: 대표적인 술로 소흥주(紹興酒), 노주(老酒) 등이 있다. 주원료는 찹쌀과 쌀을 발효시켜 알코올 농도 10~15% 정도 함유하고 있다. 소흥지방의 황주가 유명하다.

② **백주(白酒)**: 대표적인 술로 마오타이(貴酒)가 있으며 주원료는 고량(수수)을 누룩으로 발효시켜 10개월 동안 9회 증류시킨 후 독에 넣어 밀봉하고, 최하 3년 숙성시켜 만든다. 중국 8대 명주에 포함되며 그 표시로 붉은색 띠나 리본을 부착하고 있다.

③ **약주(藥味酒)**: 대표적인 술로 죽엽청주, 오가피주 등이 있다. 주원료는 고량에 녹두, 대나무 잎 등 10여 가지의 천연약재를 사용하며, 연황빛을 띤 향기롭고 풍미가 뛰어난 술로 인정받고 있다.

3. 한식 레스토랑

한국음식은 지형과 기후의 특성 요인에 의해 조화롭게 발전해 왔다. 지리적으로 삼면이 바다로 둘러싸인 반도이면서 사계절의 구분이 뚜렷한 기후와 기름진 토질 때문에 고대부터 농경국가로 발전하였다. 여름의 고온 다습한 기후가 벼농사에 적합하여 쌀은 우리 음식문화의 중심이 되었다. 이후 밥을 주식으로 하고 여러 가지 반찬을 곁들여 부식으로 먹는 식사형태가 형성이 되었다. 이렇게 밥과 반찬을 같이 먹는 식사형태는 여러 가지 식품을 고루 섭취함으로써 영양의 균형을 상호 보완시켜주는 작용을 한다. 이러한 일상 음식 외에 떡, 한과, 화채, 수정과, 식혜, 차, 술 등의 음식도 다양하다. 예로부터 약식동원(藥食同原)의 식관념에 따라 마늘, 파, 생강, 고추, 참기름, 깨소금, 인삼 등의 재료가 음식에 많이 이용되고 있다. 또한 장류, 젓갈, 김치 등의 발효식품을 만들어 저장해 두고 먹었다. 그리고 절기에 따라 명절음식과 계절음식을 만들었고, 지역마다 특산물을 활용한 향토음식도 발달하였다. 절식(節食)은 제철에 나는 신선한 재료를 그 때에 맞게 조리해 먹는 음식이다. 한국의 절식 풍속은 인간과 자연의 지혜로운 조화를 이룬 것으로 한국의 전통적인 생활풍습을 잘 보여주고 있다. 향토음식은 그 지역의 특산물을 이용하여 고유하게 전승되어 온 비법으로 조리하거나 또는 그 지역의 문화적 행사를 통하여 발달된 음식을 말한다. 이와 같이 한식은 한국의 식재료를 바탕으로 한국 고유의 조리방법을 통해 한국 민족의 역사적, 문화적 특성을 가지고 창안되어 발전, 계승되어 온 음식을 가리킨다. 일생생활, 궁중음식, 통과의례, 세시풍속 등을 통한 고유의 역사적 배경과 문화적 특징을 지니면서 지역적 특성에 맞게 발전된 음식을 포함한다. 식사예법에서는 요리를 한 가지씩 차례로 먹는 시간 전개형 식사법이 아니라 모든 요리를 한 상에 차려 놓고 먹는 공간 전개형 식사법이 발달했다.

1) 한식의 일반적인 특징

한국음식은 다른 국가의 음식에 비해 상대적으로 건강식이고 육류 중심의 서양 음식에 비해 곡류, 채소류, 해산물, 어류를 주로 사용한다. 저 칼로리 기능성 식품으로 웰빙(well-being)트렌드에 부합하여 세계화 할 수 있는 건강식으로 발전하여 선호되고 있다.

(1) 한식조리의 특징

우리나라의 식생활은 곡류인 쌀을 주식으로 하고 부식을 곁들여 먹는 것을 기본으로 하여 다양한 조리법을 발전시켜 왔다.

- 농경문화로 곡물음식이 발달하였다.
- 곡물음식 중심의 식생활로 주식과 부식의 구분이 뚜렷하다.
- 음식의 종류와 조리법이 다양하다.
- 음식은 약식동원의 기본정신이 들어있다.
- 음식의 맛을 중히 여겨 조미료와 향신료를 많이 쓴다.
- 사계절이 뚜렷하여 저장식품 및 발효식품이 발달하였다.

(2) 한식문화의 특징

한국의 식생활 문화는 그 민족이 거주했던 곳의 기후 풍토와 사회 문화적 배경에 따라 형성되었다. 이처럼 우리나라 음식은 계절과 지역에 따른 특성을 살린 조화된 맛의 식문화가 이어져 오고 있다.

- 유교의례에 따른 상차림과 식사예법이 발달하였다.
- 향토음식, 계절음식, 궁중음식 등의 식문화가 형성되었다.
- 조반과 석반을 중히 여겼으며 독상차림을 기본으로 하였다.
- 24절기에 맞춰 먹는 절식(節食)과 시식의 풍습이 있다.

2) 한식의 분류

한식은 우리의 삶과 문화가 그대로 녹아있다. 우리 음식은 주식과 부식, 떡과 한과류 등으로 크게 나뉜다. 그리고 음식마다 어떻게 만들어졌는지 이야기를 담고 있다.

(1) 주식(主食)

밥과 죽으로 대표되는 한국음식은 쌀, 보리, 조, 콩을 주식으로 하고 여러 가지의 부식을 만들어 밥과 함께 먹었다. 식생활에서 끼니때마다 기본적으로 주요하게 먹는 음식이다.

① 밥

상차림의 기본 주식이다. 쌀밥, 콩 등을 넣은 잡곡밥, 밥에 여러 가지 채소와 고기를 얹은 비빔밥 등 그 종류가 다양하다.

② 죽, 미음

죽은 곡류에 5배가량의 물을 붓고 오래 끓인 유동음식으로 잣죽, 전복죽, 깨죽, 녹두죽, 호박죽 등이 있다. 미음은 곡류를 푹 고아서 체에 밭인 것이고 곡류의 전분을 말려두었다가 쑨 묽은 죽을 응이라 한다.

③ 국수, 만둣국, 떡국

밥 대신 간단한 주식으로 상에 내는 음식이다. 지방에 따라 먹는 방식이 조금 차이가 있다. 북부지방에서는 만둣국, 중부지방에서는 떡과 만두, 남부지방에서는 떡국을 중심으로 즐겨 먹는다.

- 국수: 냉면, 온면, 비빔면 등
- 만두: 밀만두, 메밀만두, 규아상, 편수 등
- 떡국: 흰 떡국, 조랭이 떡국 등

(2) 부식(副食)

주식에 곁들여 먹는 음식이나 반찬을 말한다. 밥 이외의 국, 반찬 등이 주로 해당된다. 해외에서 가장 인기가 있는 한국음식은 불고기, 갈비구이, 비빔밥, 김밥, 삼계탕, 배추김치, 호박떡 등이다.

① 국, 탕

밥과 함께 먹는 국물음식으로 토장국, 맑은 장국, 곰국, 냉국이 있다. 밥을 말아먹는 탕반(湯飯)은 갈비탕, 설렁탕, 곰탕 등이 있다.

② 찌개, 조치

국에 비해 국물을 적게 하여 끓인 국물음식으로 양념에 따라 된장찌개, 고추장찌개, 새우젓국찌개 등이 있다. 또 재료에 따라 김치찌개, 생선찌개, 두부찌개 등이 있다.

③ 전골

전골은 육류와 채소에 양념을 하여 냄비에 담아 식탁의 화로 위에 올려놓고 끓여 먹는 즉석음식이다. 신선로, 쇠고기전골, 낙지전골, 버섯전골, 해물전골 등이 있다.

④ 찜, 선

찜은 국물을 적게 하고 뭉근한 불에서 오래 익혀 만든 음식으로 쇠갈비찜, 돼지갈비찜, 닭찜, 도미찜, 송이버섯찜 등이 있다. 선은 주로 식물성 식품에 쇠고기 등을 넣어 찐 음식으로 호박선, 가지선, 두부선 등이 있다.

⑤ 구이, 적

육류, 어패류, 채소류에 소금간 또는 양념을 하여 불에 구운 음식으로 갈비구이, 불고기 등이 있다. 또한 쇠고기와 채소 등을 꼬치에 꿰어 구운 것을 적(炙)이라고 한다.

⑥ 전, 지짐

전(煎)은 기름에 지진다는 의미이다. 어육류, 채소 등을 다지거나 얇게 저며서 소금, 후추로 간을 하고 밀가루와 계란을 입혀서 지져낸다. 지짐은 빈대떡이나 파전처럼 밀가루를 푼 것에 재료들을 섞어서 기름에 지져낸 것이다.

⑦ 조림, 초

조림은 어육류 등의 재료에 간을 약간 강하게 한 후 간이 스며들도록 약한 불에서 오래 익힌다. 초(炒)는 조림국물에 녹말을 풀어 넣어 국물이 엉기게 만든다. 전복초, 홍합초, 해삼초, 마른조갯살초 등이 있다.

⑧ 나물, 생채

나물은 채소를 익혀서 만드는 숙채(熟菜)와 날것으로 무치는 생채(生菜)가 있다. 나물은 반상 차림에 필수적인 반찬이다. 생채는 제철에 나온 싱싱한 채소를 양념에 무친 것이다.

⑨ 회, 숙회

회는 육류나 어패류, 채소류를 날것으로 먹는 음식으로 신선함이 중요하다. 숙회는 살짝 데쳐서 초고추장이나 소금에 찍어 먹는 음식으로 어채와 두릅회 등이 있다.

⑩ 편육, 족편

편육은 쇠고기나 돼지고기를 통째로 삶은 수육을 얇게 썰어서 초간장이나 새우젓국에 찍어 먹는 음식이다. 족편은 소의 족, 꼬리 등을 푹 고아 젤라틴이 되면 계란지단이나 실고추 등을 넣어 묵처럼 응고시킨 것이다.

⑪ 튀각, 부각

튀각은 식품을 건조해 기름에 튀겨서 소금이나 설탕으로 간을 해서 먹는다. 부각은 식물성 식품에 찹쌀 풀을 발라서 말려두었다가 기름에 튀긴다. 해안 지방에서는 다시마와 미역 등의 해조류를 말려 두었다가 튀각, 부각으로 바싹 튀겨 별미로 즐겼다.

⑫ 젓갈, 식해

젓갈은 각종 어패류의 살, 알, 창자 등을 소금에 절여 삭힌 저장음식이다. 식해는 생선에 소금과 흰밥, 고춧가루, 무 따위를 넣고 버무려 삭힌 음식이다. 명란젓, 오징어젓, 가자미식해 등이 있다.

⑬ 쌈

쌈은 생 채소 잎이나 데친 것, 생미역 등에 밥과 반찬을 함께 싸서 먹는 음식이다. 주로 된장, 고추장 등의 쌈장을 곁들여 먹는다. 보쌈은 복을 싸서 먹는다는 풍습에서 유래된 우리나라 식문화의 형태이다. 현대는 기름기를 뺀 편육에 김치와 함께 싸 먹기 때문에 건강식으로 주목받고 있다.

⑭ 장아찌

오이, 무, 양파, 마늘 따위를 간장, 된장, 고추장, 식초 등에 절여 저장성을 높인 반찬이다. 각종 어육류도 살짝 익혀서 된장과 막장 속에 넣어 만든다.

⑮ 김치

배추, 무, 갓 등 채소류를 소금에 절여 양념에 버무려 발효시켜 먹는 저장음식이다. 지방에 따라 사용되는 재료 및 담는 방법이 다양하게 발달하였다. 발효식품으로 한국을 대표하는 세계적인 음식으로 인정받고 있다.

(3) 후식(後食)

음식을 먹고 난 뒤 입가심으로 먹는 것으로 한국 고유의 곡물음식인 떡과 한과, 화채 등이 있다. 전통적인 한과에 약과, 강정 그리고 꿀물에 제철의 꽃이나 과일 등을 띄운 화채 등이 있다.

① 떡

떡은 우리 민족 고유의 전통음식이다. 만드는 방법에 따라 시루에 찌는 떡, 절구에 치는 떡 쌀가루를 반죽하여 모양을 빚는 떡, 지지는 떡 등이 있다. 떡은 각종 의례음식이나 절식에 많이 사용한다.

② 한과

한국의 전통적인 과자이다. 주로 곡물가루에 꿀, 엿, 설탕 등을 넣고 반죽하여 달콤하게 만들어 후식으로 먹는다. 강정, 유밀과, 숙실과, 과편, 다식 등이 있다.

③ 화채

꿀이나 오미잣국에 각종 과일이나 꽃잎을 넣고 잣을 띄워 만든 음료이다. 이외에 계피, 생강을 넣고 끓여서 만든 수정과, 밥에 엿기름가루 우린 물을 부어서 발효시킨 식혜 등이 있다.

3) 한식의 상차림

한식은 상차림의 목적에 따라 다양하게 분류가 된다. 밥과 반찬으로 차려진 일상식의 반상을 비롯하여 손님을 대접하는 교자상, 다과상이 있다. 의례적인 상차림으로 돌상, 큰상 등이 있다.

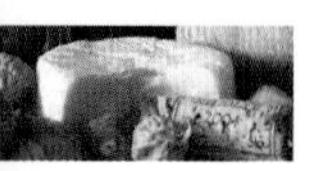

(1) 반상(飯床)

밥을 주식으로 하고 반찬을 부식으로 하여 차린 상이다. 반상은 반찬의 가짓수에 따라 3첩, 5첩, 7첩, 9첩, 12첩 등으로 나뉜다. 첩이란 반찬의 수를 의미한다. 반찬은 김치를 기본으로 하여 생채, 숙채, 구이, 조림, 전, 회, 젓갈, 마른반찬 등이 있다. 가급적 반찬은 같은 재료나 조리방법으로 만든 것이 한 상에 오르지 않도록 유의해야 한다. 첩 수에 따른 반상차림표를 살펴보면 다음과 같다.

표 2-11 첩 수에 따른 반상차림표

구분	첩 수에 들어가지 않는 음식							첩 수에 들어가는 음식										
	밥	국	김치	장류	찌개	찜선	전골	나물		구이	조림	전	장과	마른찬	젓갈	회	편육	별찬
								생채	숙채									수란
3첩	1	1	1	1				택1		택1			택1					
5첩	1	1	2	2	1			택1		1	1	1	택1					
7첩	1	1	2	3	1	택1		1	1	1	1	1	택2					
9첩	1	1	3	3	2	1	1	1	1	1	1	1	택4					
12첩	2	2	3	3	2	1	1	1	1	2	1	1	1	1	1	1	1	1

자료: 한국조리, 형설출판사, 2008.

(2) 교자상(交子床)

축하연이나 회식, 모임 등에 차려지는 상차림이다. 원래는 많은 손님이 모일 때에도 한 사람 앞에 한 상씩 차려 대접하였다. 이것이 여러 명에 한 상으로 차려서 대접하는 교자상으로 개선되었다. 상차림은 면, 떡국, 탕, 찜, 전유어, 편육, 회, 숙채, 생채, 마른 반찬, 숙실과, 생실과, 화채 등으로 조화롭게 구성시킨다. 다음은 교자상 식단을 작성할 때에 유의사항이다.

첫째, 연회나 모임의 성격에 맞는 요리를 선택한다.
둘째, 고객의 식성과 기호에 맞는 조리법을 선택한다.
셋째, 여러 고객이 함께 식사할 수 없는 요리는 선택하지 않는다.
-탕, 물김치, 초간장, 화채 등

(3) 다과상(茶果床)

다과상은 손님에게 식사대접이 아니라 한과와 떡, 차로 대접하는 상이다. 상차림은 각색 편, 유밀과, 다식, 숙실과, 생실과 등을 차려낸다. 특히 계절에 어울리는 떡, 생과, 음청류를 잘 선택하여 계절감을 살리는 것이 좋다.

(4) 큰상

회갑 · 희년(稀年, 70세) · 혼례 · 회혼(回婚, 혼인60주년)등의 경사스러움을 축하하는 의미로 가장 풍성하고 화려하게 차려지는 상차림이다. 상차림은 유밀과, 강정, 다식, 당속(사탕), 생실과, 건과, 전과, 편, 어물, 편육, 전유어, 초, 적 등을 차린다.

(5) 돌상

아기의 첫 생일을 축하하기 위한 상차림이다. 예로부터 내려오는 관습으로 음식과 물건을 함께 차린다. 아기의 장수와 다복 다재를 기원하는 마음으로 백설기, 수수경단, 송편, 대추, 쌀, 국수, 색실타래, 활, 화살, 붓, 먹, 책, 돈 등을 상위에 차려 놓는다.

표 2-12 한정식 10코스

주전부리 Welcoming Dishes
더덕강정, 묵은지 생선회, 해물무침 Deep-fried Deodeok Ball, Sliced Raw Fish with Aged Kimchi Sauce, Seasoned Seafood
오늘의 죽 Porridge of the Day
굴림만두 Rolled Dumplings
제철 생선구이 Seasonal Grilled Fish
궁중 신선로 Royal Hot Pot Pan-fried Seasonal Fish, Beef Slices and Vegetables in Korean Beef Broth
대관령 한우 안심 또는 등심구이 (택일) Grilled 'Daegwallyeong' Korean Beef Sirloin or Tenderloin
무궁화 비빔밥 또는 청어알 비빔밥 또는 영양 솥밥 또는 한우탕면 (택일) Choice of Mugunghwa Bibimbap, Herring Roe Bibimbap, Nutritious Rice Cooked with Hot Pot or Beef Noodle Soup
전통떡, 수정과, 한라봉 편 Traditional Rice Cake, Cinnamon Punch, Hallabong Jelly
차와 다과 Korean Traditional Tea and Sweets
₩200,000 모든 메뉴 가격은 원화이며, 봉사료와 세금이 포함되어 있습니다. All prices are in Korean won (KRW) and inclusive of service charge and VAT.

2016 Salomon Undhof Kogl Riesling, Kremstal DAC	2017 Bouchard Pere & Fils, Pouilly Fuisse, France	2016 Pinot Noir, Kim Crawford, Marlborough, New Zealand	Munbaejoo Myungjak, Korean Distilled Liquor	The Han Maesil Wonjoo, Korean Plum Wine

▲ Wine Pairing Recommendation

4) 한식서비스

한식은 밥상에 밥, 국, 찌개, 반찬 등을 한꺼번에 다 차려놓고 먹는 공간전개형 식사법이다. 밥과 국물이 있는 음식은 숟가락으로 다른 반찬은 젓가락으로 먹는다. 이와 같이 밥과 반찬으로 차려진 일상식의 반상을 중심으로 한식서비스를 살펴보면 다음과 같다.

(1) 주문 서비스

① 메뉴는 고객의 오른쪽에서 건네주고 고객이 메뉴를 보는 동안 3보정도 뒤로 물러서서 대기한다. 고객이 눈짓이나 손짓으로 의사표시를 하면 고객의 왼쪽 1보 옆에서 주문을 받는다.

② 외국인 고객일 경우 너무 맵거나 짠 요리는 미리 설명하고 주방에 외국인이라고 알려준다.

③ 시간이 오래 걸리는 요리는 미리 양해를 구하고 다른 주문보다 먼저 주방에 전달한다.

④ 똑같은 음식이라도 재료에 따라 음식 맛은 차이가 난다. 가급적 제철음식을 추천하도록 한다.

⑤ 각종 요리에 사용되는 재료 및 조리법에 대한 지식을 숙지하고 설명할 줄 알아야 한다.

(2) 테이블 서비스

① 주문은 여성이나 연장자부터 시계방향으로 받는다.

② 더운요리나 국물요리는 상의 오른쪽에 놓고, 찬요리나 국물이 없는 요리는 왼쪽에 놓는다.

③ 밥상 중앙에는 간장, 초고추장, 새우젓 등의 소스를 놓는다.

④ 중간 줄은 마른 반찬이나 조림을 놓는다.

⑤ 여럿이 함께 먹는 탕, 물김치, 간장, 초고추장 등은 개인당 제공한다.

⑥ 찬요리 · 마른요리 · 국물이 없는 더운요리 · 국물이 있는 더운요리 순으로 제공한다.

⑦ 가급적 요리는 같은 조리법 또는 재료가 중복이 되지 않도록 한다.

⑧ 식사가 끝나면 식기 전부를 치우고 차와 후식을 제공한다.

⑨ 한국 고유의 맛을 바탕으로 세계인의 입맛을 사로잡는 한식세계화에 지속적인 노력을 기울인다.

우리의 음식, 한식의 세계화

글로벌시대의 김치, 불고기, 비빔밥 등, 전통식 '웰빙 슬로푸드'로 인기가 만점

한식은 건강에 좋은 웰빙식이면서 여유와 멋이 있는 대표적인 슬로푸드다. 세계보건기구(WHO)가 한식을 영양학적으로 균형 있는 식품으로 소개하기도 했다. 한식의 우수성이 세계적으로 인정받고 있는 것이다. 한식의 우수성을 널리 알리고, 한식을 세계인들에게 맛볼 수 있게 하기 위해서는 한식의 세계화가 필수적이다. 한식의 세계화를 위해서는 기본적으로 조상들의 지혜로 빚은 우리 전통식품이 계승, 발전되어야 한다. 전통식품의 제조, 가공, 조리 방법이 원형대로 보존되어야 하고, 그대로 실현될 수 있어야 한다.

(자료: 헤럴드경제, 2014.)

"레스토랑서비스는 제가 세계 최고"

국제기능올림픽 金 MVP 뽑힌 이선경 씨

"제 금메달이 관광한국 서비스업 전문화를 활성화하는 계기가 됐으면 하는 바램입니다." 2001년 9월 19일 폐막된 제36회 서울 국제기능올림픽대회에서 서비스(레스토랑서비스)부문 최초로 한국에 금메달을 안겨준 이선경(21)씨는 "서비스를 베푸는 것 자체가 즐겁고 제가 좋아서 하는 일"이라며 "명실공히 이 분야 세계 최고 전문가가 되고 싶다"고 소감을 밝혔다. 이씨는 금메달 20개로 4년 연속 종합우승을 차지한 한국선수단 가운데 최고점수로 '베스트 오브 네이션', 즉 MVP의 영광을 함께 안았다.

흔히 웨이트리스 업종으로 알려진 '레스토랑서비스'부문은 캐나다와 호주・영국・스위스 등 서양인 강세 종목이다. 동양인이 금메달을 차지한 것은 '95년 대만에 이어 우리나라가 두번째다. 국내에서는 타 호텔업계에서 도전조차 꺼려 온 상황에서 서울 잠실의 호텔 롯데월드가 유일하게 6번 출전했다. 이 팀은 장려상만 두 번 받은 끝에 이번에 첫 금메달을 획득, 5전6기의 오뚝이 신화를 이룩했다. 세종대 호텔관광경영학과 1학년인 이씨는 지난해 호텔 롯데월드에서 아르바이트하던 도중 뛰어난 실력을 인정받아 대표선수로 전격 발탁됐고 마침내 세계 최고 자리에 올랐다. 이 분야 평가종목은 즉석요리와 서빙, 와인 브랜드 등 술이름 알아맞히기, 칵테일 조주, 와인 오프닝, 테이블세팅, 과일과 치즈 등을 맛깔스럽게 자르는 카빙, 꽃꽂이 등 12가지 항목이다.

여기에다 고객을 맞이하는 세련된 매너와 인상, 자연스런 미소 등을 하루 8시간씩 4일간에 걸쳐 종합서비스 실력을 평가한다.

이씨는 시종 웃음을 잃지 않은데다 자신감과 스마트한 이미지로 캐나다 선수를 큰 점수차로 따돌리고 우승했다. 이씨는 "나이프 문화에 친숙한 서양인에 비해 젓가락 문화에 길들여진 한국인은 '카빙'종목 등에서 열세여서 전문화가 시급한 분야"라며 "직업차별의식이 강한 국내에서 아직 제대로 대우를 못받고 있지만, 앞으로는 관광서비스업 국제화 추세에 발맞춰 신세대의 감각에 맞는 전도유망한 직종으로 떠오를 것"이라고 내다봤다.

(자료 : 문화일보 2006.9.)

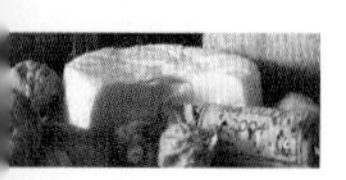

제3절 연회장

1. 연회의 개요

연회(宴會, banquet)란 사전적 의미로 축하, 위로, 환영, 석별 따위를 위하여 여러 사람이 모여 베푸는 잔치이지만 확대된 개념에서는 각종회의, 전시회, 세미나, 교육, 패션 쇼 등 다목적인 의미도 포함된다. 즉 단체고객을 대상으로 그들이 원하는 행사의 목적을 달성할 수 있도록 하는 영업행위를 말한다. 최근 경제발전과 더불어 사회활동이 활발해지면서 많은 사람들이 호텔 및 일반 외식기업 연회장의 이용률이 크게 높아지고 있다.

이에 따라 호텔기업은 대형 연회장을 완벽히 갖추고 연회를 전담하는 부서를 조직화하여 연회유치에 심혈을 기울이고 있다. 또 현대의 연회시장은 연회 발생 잠재수요가 많아 개발 여하에 따라서 보다 많은 연회행사를 유치시킬 수 있는 매력적인 상품이며, 또한 연회 매출도 상당히 중요한 부분을 차지하므로 행사유치에 필요한 홍보 및 활동이 적극적으로 이루어져야 한다. 연회는 식음료에 소속되지만 레스토랑의 영업 형태와는 다른 특성을 가지고 있다. 그 특성은 다음과 같다.

- 이윤창출의 기여: 대규모의 연회행사를 유치함에 따라 일시에 현금을 확보할 수 있고, 인건비와 재고비용이 낮아지며, 식재료의 대량구매에 따른 원가절감 효과 등이 있다.
- 홍보효과의 극대화: 단체고객이 방문하기 때문에 다른 업장이나 기타 부대시설을 이용하므로 매출에 기여를 하고, 미래의 잠재고객으로서 충분한 홍보기회가 이루어질 수 있다.
- 비수기 극복: 비수기 계절이나 기간에 독립적이고 다양한 행사를 유치하여 극복할 수 있으며, 호텔 외부에서도 출장 연회를 통하여 연회상품의 판매가 가능하다.

▲ 그랜드힐튼호텔의 정찬연회행사

2. 연회의 분류

1) 정찬 연회

식음료판매를 목적으로 오찬, 만찬을 위한 정찬파티, 뷔페파티, 칵테일 리셉션, 커피 브레이크 등의 연회(banquet)를 말한다. 가장 공식적인 행사(formal event)로서 경비의 규모가 클 뿐만 아니라 사교상의 중요한 목적을 띠는 연회행사이다.

▲ 세미나(seminar)연회

2) 임대 연회

연회장소의 판매를 목적으로 각종 세미나(seminar), 회의(conference), 전시회(exhibition), 패션쇼(fashion show), 음악 콘서트(music concert), 기자회견(press meeting) 등을 위해 연회장소를 임대하는 것을 말한다.

3) 출장 연회

출장 연회(outside catering)는 호텔 외부에서 식음료 판매행위가 이루어진다. 즉 고객이 요청한 메뉴를 지정된 장소로 식음료, 테이블, 기물, 비품 등의 행사에 필요한 모든 집기 비품을 운반하여 행사가 시행된다. 가든파티, 개관파티, 결혼피로연, 가족모임 등이 있다.

3. 연회메뉴

연회메뉴는 단체고객에게 식음료를 제공해야 하므로 동일한 메뉴를 세트(set)화 시켜 제공하고 있다. 또 가격대 별로 종류가 등급화(A, B, C, D)되어 고객의 선택이 쉽도록 구성되어 있다. 그러나 연회의 메뉴는 신축성이 있어 고객과의 상담을 통하여 별도의 코스를 구성할 수도 있다.

1) 음식 Food

(1) 조식메뉴

연회장에서 판매되는 조식메뉴는 한식, 일식, 양식과 뷔페 등이 있다. 세부적인 메뉴의 수나 가격은 고객의 기호에 맞게 결정된다.

(2) 정식메뉴

오찬(午餐)이나 만찬(晩餐)에 제공되는 메뉴로 한식, 일식, 중식, 양식 등 다양한 종류별로 등급화되어 세트형식으로 구성되어 있다.

(3) 뷔페메뉴

뷔페는 입석뷔페(standing buffet)와 착석뷔페(seat down buffet)로 구분된다. 입석뷔페는 서서 자유롭게 이동하면서 먹을 수 있도록 간단한 스낵으로 구성되어 있으며, 식탁과 의자가 제공되지 않는다. 반면에 착석뷔페는 식탁과 의자를 갖추고 음식을 직접 날라서 식사를 할 수 있도록 한 것이다. 주로 한식, 일식, 중식, 양식 등의 여러 가지 음식이 혼합된 인터내셔널(international)뷔페가 이용되고 있다.

▲ 뷔페(buffet)메뉴

(4) 칵테일 리셉션 메뉴

입석뷔페 형식의 메뉴이나 비교적 가벼운 음식이 제공된다. 칵테일과 함께 오 되브르(hors d'oeuvre), 카나페(canape), 야채스틱(relish), 스낵(snack) 등으로 구성되어 있다.

표 2-13 칵테일 리셉션메뉴

Cocktail Reception Menu	칵테일 리셉션 메뉴
Canapes & Hors d'oeuvres	카나페와 오 되브르
Smoked Salmon with Capers	케이퍼를 곁들인 훈제연어
Air Dried Beef and Ham	건제 쇠고기와 햄
Asparagus with Ham	햄을 곁들인 아스파라거스
Crab Meat and Salmon Roe	게살과 연어알
Stuffed Eggs with Caviar	캐비아를 얹은 계란요리
King Prawns with Mayonnaise	왕새우와 마요네즈
Poached Oyster or Green Mussel	석화 또는 홍합요리
Home made smoked salmon with Lettuce	훈제연어와 양상추
Hot dishes	더운 요리
Beef Brochettes with Oriental sauce	쇠고기 꼬치구이
Chicken Rolls with Teriyaki	데리야키소스와 닭고기요리
Fried Seafood Combination	해물튀김 모듬
Fried King Prawn	왕새우 튀김요리
Roast Rib Steak with Oriental sauce	LA 갈비구이
Snacks	스낵
Roast Nuts and Dry Snacks	너트와 마른안주
Roll Sandwichs	롤 샌드위치
Potato Chips	감자 칩
Korean Dishes	한식
Assorted Kimchi	각종 김치류
Chongpo Jelly	청포묵
Japanese dishes	일식
Assorted, Sashimi, Assorted sushi	여러 가지 생선회와 초밥
Norimaki, Chilled Soba	김초밥, 메밀국수
Desserts	후식
Fresh Seasonal Fruits	신선한 계절과일
Assorted French Pastries	프랑스식 생과자 모듬
Korean Rice Cakes	여러 가지 떡

(5) 커피브레이크 메뉴

회의나 세미나 등의 휴식시간에 제공되는 메뉴이다. 커피나 차 혹은 주스 등의 간단한 음료와 케이크나 쿠키 등의 과자류가 제공된다.

▲ 커피브레이크(coffee break)메뉴

(6) 출장연회 메뉴

호텔 외부에서 식음료서비스가 이루어지는 특수성으로 인해, 양식의 풀코스 요리보다는 간단한 입석뷔페나 칵테일 리셉션 메뉴로 구성되어 있다.

2) 음료 Beverage

연회장에서 음료는 테이블 서비스 형식과 바 서비스 형식 등 2가지 방법이 있다. 테이블 서비스(table service)는 고객이 원하는 음료를 미리 테이블 위에 올려놓고, 소비량 만큼 계산하는 방법이다. 바 서비스(bar service)는 연회장에 바(bar)를 설치하여 고객이 직접 원하는 음료를 주문받아 제공하는 방법이다.

(1) 바 준비 Bar Set Up

연회장의 바는 디럭스 바와 스탠다드 바로 구분한다. 딜럭스 바(deluxe bar)는 프리미엄급 이상의 고급브랜드로 구성되는 바를 말하며, 스탠다드 바(standard bar)는 프리미엄급 이하의 일반브랜드로 준비된다.

(2) 코케이지 차지 Corkage Charge

호텔에서 판매하는 음료를 이용하지 않고, 고객이 직접 가져온 음료를 바(bar)로부터 글라스와 얼음, 레몬 등을 제공받고, 그 대가로 내는 요금을 코케이지 차지라고 한다. 일반적으로 판매가의 30% 정도를 부가하고 있다.

4. 연회부의 조직

대부분 연회부는 식음료부문의 한 조직으로 소속되어 있다. 그러나 연회시장의 규모가 점차 커지고 매출의 기여도가 높아지면서 식음료부문으로부터 독립된 조직체계를 갖추고 있는 추세이다. 연회부의 조직은 크게 연회행사 유치를 담당하는 연회판촉, 연회장에서 서비스와 진행을 담당하는 연회서비스 그리고 예약과 서비스의 연결고리 역할을 하는 연회예약으로 구성되어 있다. 이들은 고객에게 만족된 연회서비스를 제공하기 위해 상호 연계는 물론 타부서와의 긴밀한 협조를 필요로 하는 특성이 있다. 일반적인 연회부문의 조직체계는 다음과 같다.

그림 2-5 연회부의 조직도

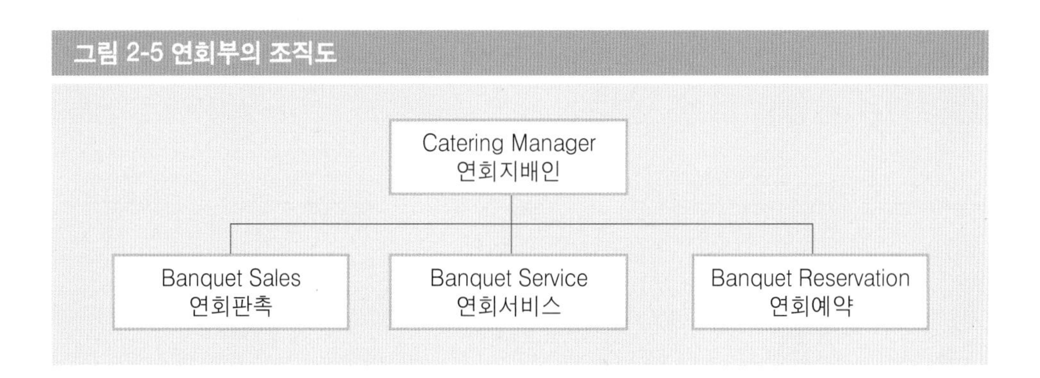

5. 연회예약

연회예약은 고객이 직접 방문하거나 판촉사원에 의해 또는 전화, 인터넷 등을 통해서 받게 된다. 연회예약을 접수하기 위해서는 연회의 구성요소를 충분히 사전에 숙지하여야 한다. 즉 연회장의 규모, 식음료의 메뉴와 가격, 좌석 및 테이블배치(lay out), 시설이나 기자재, 무대 등 전반적인 사항을 파악하고 있어야 한다. 연회예약 접수 과정은 다음과 같다.

1) 일 · 시의 결정

고객이 연회예약을 문의하면 먼저 연회의 성격과 규모를 파악한 다음, 예약 장부를 열람하여 연회장의 사용여부를 체크하고 일시를 결정한다.

2) 연회장의 배정

연회장을 배정할 때에는 행사의 인원수와 성격 등을 고려하여, 적정규모의 연회장을 배정해야만 효율적인 운영과 매출의 극대화를 기할 수 있다.

3) 견적서 작성

견적서는 고객의 예산을 충분히 고려하여 작성해야 하며, 식음료의 요금은 세금과 봉사료를 포함한 가격으로 한다. 또 연회장의 도면과 좌석배치 내용도 함께 기재한다.

4) 계약서 작성

고객과의 모든 협의가 끝나면 계약서를 작성하고 예약금을 받는데, 일반적으로 총금액의 30% 정도로 한다. 그런데 연회행사는 정확한 인원수를 예측하기 어려워 보증인원(guarantee)과 예상인원(expected)제도를 통해 계약서를 작성한다. 보증인원 제도는 참석인원의 감소에 관계없이 고객이 지급하는 보증인원수이고, 예상인원 제도는 인원의 증가에 대비하여 음식의 양을 더 준비하는 것이다.

5) 연회행사 통보서 작성 및 배포

연회계약서 작성이 끝나고 행사가 유치되면 연회예약 현황장부(control chart)를 재확인하여, 확정된 내용을 기록하는 연회행사 통보서(banquet event order)를 작성한다. 그리고 행사 일주일 전에 연회행사 지시서를 모든 관련부서에 전달하여 행사가 차질없이 진행될 수 있도록 한다.

6. 연회장 배열방법

연회행사에 있어서 의자 및 테이블의 배열은 연회장 공간을 최대한 활용하고, 장소와 분위기가 적절히 이루도록 해야 한다. 연회의 성격에 따라서 의자와 테이블의 배치가 달라지므로 가장 적합하고 효율적인 배치가 되어야 한다.

1) 의자배열

(1) 극장식 배치

극장식으로 배열할 경우 의자와 의자 사이를 공간, 의자의 앞줄과 뒷줄 사이를 간격이라 한다. 연설자의 테이블 위치가 정해지면 의자의 첫 번째 줄은 앞에서 2m 정도의 간격을 유지하고, 의자의 배치가 일정하도록 하기 위해서는 긴 줄을 이용하여 가로, 세로를 잘 맞춘다.

(2) 강당식 반월형 배치

무대의 테이블은 일반 배열과 동일하나 의자를 배열하는 데 있어서는 무대에서 최소 3.5m 간격으로 배열하고, 중앙복도는 1.9m 간격을 유지한다. 의자의 배치가 일정하도록 의자를 양쪽에 한 개씩 놓아서 간격을 조절하여 맞춘다.

(3) 강당식 굴절형 배치

강당식 반월형 배치와 같으나 옆면을 굴절시킨 것이다. 맨 앞 가운데 테이블은 나란히 배열하여 홀 내의 의자 8~9개로 배열하며, 양쪽 복도는 1.2m 간격을 유지한다.

(4) 강당식 V형 배치

첫 번째 2개의 의자는 무대 테이블 가장 자리에서 3.5m 간격을 유지하여 의자를 일직선으로 배열하고, 앞 의자는 30도 각도로 배열하여야 한다. V자형의 강당식 회의 진행은 극히 드문 편으로 주최 측의 요청에 따라 배열한다.

그림 2-6 회의시 의자배열

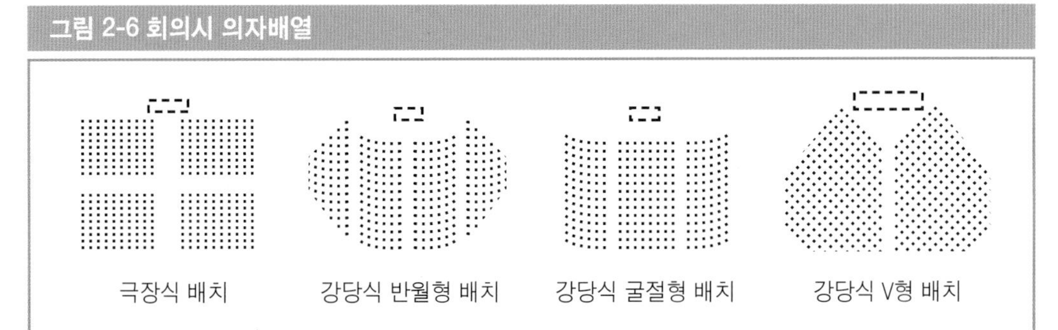

2) 테이블배열

(1) 원형 배열

식사가 제공되는 가족연회, 디너쇼, 패션쇼 등 많은 사람을 위한 테이블을 배치할 때 주로 사용된다. 원형 테이블은 다양한 형태가 있으나 주로 8인용과 10인용이 사용되고 있다.

(2) U형 배열

U형 배열에서는 일반적으로 60″×30″의 직사각형 테이블을 많이 사용한다. 테이블의 전체길이는 연회행사 참석자수에 따라 다르다. 주로 약혼식이나 각종회의 시에 많이 사용되는 배열이다.

(3) T형 배열

T형 배열은 많은 고객이 헤드 테이블(head table)에 앉을 때 적합하다. 헤드 테이블을 중심으로 T형으로 길게 배열하며, 상황에 따라 테이블 폭을 2배로 늘릴 수 있다.

(4) Oval형 배열

Oval형 배열은 60″×30″와 72″×30″ 테이블 2개를 붙이고, 양쪽에 반원형(half round)을 붙인 것이다. 조찬 모임(conference meeting)에서 많이 사용되고 있다.

(5) 학교교실형 배열

일반적으로 18″×72″ 테이블을 2개씩 붙여서 배치한다. 무대와 앞 테이블의 간격은 1m 정도 떨어지게 설치하고, 중앙복도의 간격은 1.5m, 테이블의 간격은 150cm 그리고 1개의 테이블에 3개의 의자를 배치하도록 한다.

그림 2-7 테이블배열

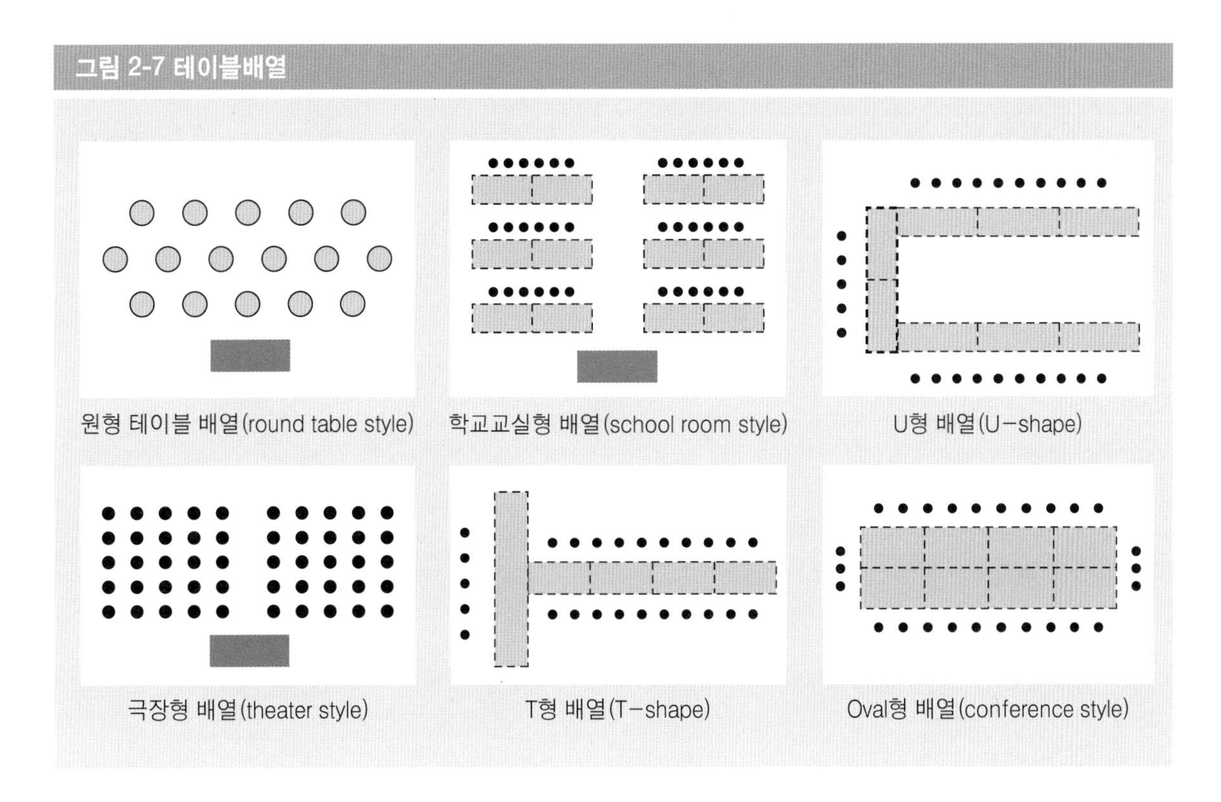

7. 연회서비스의 진행순서

연회행사 통보서(event order)가 현장에 도착하면 연회서비스 지배인은 서비스 진행계획과 인원확보계획을 수립하여 행사가 성공적으로 진행될 수 있도록 다음과 같은 상황을 점검한다.

1) 서비스 준비 Before Service

연회행사 통보서를 기본으로 지배인은 연회가 시작되기 전에 연회의 성격, 메뉴내용, 테이블지정, 진행순서 등을 직원에게 설명해 주고 일관성 있는 서비스가 되도록 교육한다.

- 연회의 성격 및 목적
- 테이블세팅 점검(메뉴와 일치)
- 코스내용 및 서비스 방법
- 실내온도, 조명, 음향관계

2) 테이블 서비스 Table Service

연회의 메뉴는 일반 레스토랑에서처럼 일품요리를 서브하는 것이 아니라 동일한 메뉴를 세트(set)화시켜 서브하기 때문에 연회지배인은 서비스연출에 많은 신경을 써야 한다. 또 연회장의 전반적인 업무의 흐름에 따라 주방과의 긴밀한 협조가 이루어질 수 있도록 한다. 다음은 연회행사 중에 관련된 내용이다.

- 늦게 도착한 고객의 영접을 위한 서비스
- 연설 서비스
- 귀중품 도난사고 등 사전예방에 관한 서비스
- 음향, 조명관계

3) 행사 후 서비스 After Service

연회행사 종료 후 고객이 일어서면 입석을 보조하고 소지품을 확인한다. 그리고 고객이 연회장을 나갈 때 연회장 출구에 정렬하여 고객을 환송한다. 또 주최측으로부터 식음료 및 서비스에 대한 피드백(feedback)을 확인한다. 그리고 행사에 반입된 각종 물품의 유, 무확인과 고객의 분실물을 점검한다.

▲ 정찬연회의 '테이블 서비스'

Study Questions

1. 음식서비스에서 서양식 코스요리는 어떻게 구성되는가?
2. 일식의 회석요리(かいせき)는 어떠한 조리법으로 구성되는가?
3. 중식요리의 지역적인 분류와 특징은 무엇인가?
4. 한식조리의 특징과 문화적인 특징에 대하여 설명하시오.
5. 서양식 스테이크의 종류와 굽기 정도는 어떻게 구분되는가?
6. 연회상품의 분류와 행사를 위한 테이블배치 형태는 어떤 구조가 있는가?

표 2-14 그랜드 인터콘티넨탈호텔 서울의 연회계약서

연회계약서 BANQUET CONTRACT

회사명 Company	
담당자 Organizer	전화 Telephone
주소 Address	
연회일자 Date of Function	장소 Venue
연회종류 Type of Function	최저인원수 No. of Guarantee

구 분 ITEM	메뉴 & 단가 MENU & PRICE PER PERSON	금 액 AMOUNT
음식 FOOD		
음료 Beverage		
식음료 합계 F&B Sub-Total		
10% 봉사료 10% Service Charge		
10% 부가세 10% VAT		
식음료 총계 F&B Total		
대실료 Room Rental		
장식 Decoration		
시청각 기자재 AV Equipment		
협력업체 Outside Vendor		
주류반입료 Corkage Charge		
기타 선택사항 Other		
소계 Sub-Total		
10% 부가세 10% VAT		
합계 Total		
총합계 Grand Total		
계약금 Deposit Paid		

Signed in agreement of the above and subject to the terms and conditions on the backside of this contract

Date	CLIENT	GRAND INTER-CONTINENTAL SEOUL

Wine Carlendar

JANUARY

가지치기(Pruning)

FEBRUARY

통교체(Racking)

MARCH

밭갈기(Ploughing)

APRIL

통채우기(Topping up)

MAY

서리대비(Frost danger)

JUNE

꽃피우기(Vines flower)

JULY

물주기(Spray vines)

AUGUST

통점검(Keep vineyards)

SEPTEMBER

포도수확(Vintage)

OCTOBER

발효(Fermenting)

NOVEMBER

병입(Bottling)

DECEMBER

음미(Tasting)

제3장
음료서비스

제1절 음료의 이해
제2절 와인
제3절 맥주
제4절 위스키
제5절 브랜디
제6절 진, 럼, 보드카, 테킬라
제7절 리큐르

제 3 장 음료서비스

학습목표

양조주, 증류주, 혼성주의 개념 및 종류, 특성 등을 이해하고 이를 음료서비스(식전주, 식중주, 식후주)에 활용한다.

▣ 와인의 정의, 포도품종, 분류, 서비스 및 관리 그리고 세계의 와인을 설명한다.

▣ 4대 위스키의 산지, 브랜디, 진, 럼, 보드카, 테킬라, 리큐르 등의 특성 및 종류를 설명한다.

제1절 음료의 이해

음료(beverage)는 갈증을 풀거나 음식의 맛을 한층 더 돋우기 위하여 마시는 것으로 알코올 음료와 비알코올 음료 모두를 총칭한다. 알코올 음료는 과실류의 당분과 곡류의 전분을 발효시켜 만든 1퍼센트 이상의 알코올성분이 함유된 술(酒)을 지칭한다. 알코올 발효는 당분(포도당, 과당)이 효모(yeast)의 작용으로 알코올과 탄산가스로 변하는 과정이다.

당분 + 효모(yeast) → 알코올 + 탄산가스

즉 알코올은 당분이 변한 것으로, 술의 원료는 반드시 당분을 함유하고 있어야 한다. 그러므로 포도나 사과 등 당분이 많은 과실류로 술을 만들 때에는 효모만 첨가하면 바로 술이 될 수 있지만, 쌀이나 보리 등 전분을 함유한 곡류로 사용할 때에는 먼저 주성분인 전분을 당분으로 분해시키는 '당화과정'을 거친 후에 알코올 발효가 일어나 술이 된다.

이러한 알코올 음료는 그 종류가 많으나 제조방법에 따라 양조주, 증류주, 혼성주 등이 있고, 비알코올 음료는 청량음료, 영양음료, 기호음료 등으로 구분된다.

1. 알코올 음료

1) 양조주 Fermented Liquor

양조주는 알코올 발효가 끝난 술을 직접 혹은 여과하여 마시는 술로서 알코올 농도가 낮고 엑스분 함량이 높다. 발효는 효모가 직접 이용가능한 당분이 있어야 이루어지므로 포도주와 같이 과실 자체의 당분이 직접 발효되는 것이 단발효주(單醱酵酒)이다. 그러나 맥주와 같이 전분이 주성분인 곡류를 사용하여 만든 양조주는 당화와 발효라는 2가지 공정을 거치게 되는데, 이를 복발효주(復醱酵酒)라고 한다.

표 3-1 단발효주와 복발효주

양조주(발효주)	단발효주	포도주, 사과주 등
	복발효주	맥주, 탁주, 청주 등

2) 증류주 Distilled Liquor[1)]

증류주는 양조주를 증류하여 만든 것으로 알코올 농도가 높고 엑스분 함량이 낮다. 증류는 알코올의 끓는점(78도)과 물의 끓는점(100도)의 차이를 이용하여 고농도 알코올을 얻어내는 과정이다. 즉 양조주를 서서히 가열하면 끓는점이 낮은 알코올이 먼저 증발하는데, 이때 증발하는 기체를 모아서 적당한 방법으로 냉각시키면 다시 액체로 되면서 본래의 양조주보다 알코올 농도가 훨씬 더 높은 액체가 되는 것이다. 그러므로 증류주를 만들려면 반드시 그 전 단계인 양조주가 있어야 하는

▲ 고대의 증류방법

1) 증류주는 단식 증류(pot still)와 연속식 증류(patent still)방법으로 만든다. 단식 증류는 밀폐된 솥과 관으로 구성되어 있으며 구조가 간단하여 원료의 맛과 향의 파괴가 적다. 반면에 연속식 증류는 현대식 자동시설을 설치하여 대량생산이 가능하고, 높은 온도에서 증류하기 때문에 주요성분이 상실된다.

데 맥주나 탁주를 증류하면 위스키나 소주가 되고, 포도주를 증류하면 브랜디가 되는 것이다. 이 밖에 진, 럼, 보드카, 테킬라, 고량주 등이 모두 여기에 속한다.

3) 혼성주 Compound Liquor

혼성주는 증류주에 식물성 향미성분을 배합하고 다시 감미료, 착색료 등을 첨가하여 만든 술의 총칭이다. 세계의 여러 나라에서 생산되는 식물들을 원료로 사용하기 때문에 맛과 향이 다양하며 그 종류는 헤아릴 수 없이 많다. 사용되는 원료에 따라 약초 · 향초계, 과실계, 종자계, 특수계로 나뉘어진다. 주로 프랑스, 이탈리아, 독일에서 많이 생산되고 있으며 리큐르(liqueur)라고 불린다. 미국과 영국에서는 코디알(cordial), 우리나라에서는 재제주(再製酒)라고 한다.

2. 비알코올 음료

비알코올 음료는 탄산가스를 함유한 청량음료, 주스나 우유의 영양음료 그리고 커피나 홍차와 같은 기호음료 등으로 구분된다.

1) 청량음료 Soft Drink

콜라, 소다수, 토닉수, 진저엘

2) 영양음료 Nutritious Drink

주스, 우유

3) 기호음료 Fancy Drink

커피, 녹차, 홍차

표 3-2 음료의 분류

<table>
<tr><td rowspan="18">음료</td><td rowspan="15">알코올 음료</td><td rowspan="2">양조주 (발효주)</td><td>과실류</td><td>단발효주</td><td colspan="2">포도주, 사과주[2]</td></tr>
<tr><td>곡류</td><td>복발효주</td><td colspan="2">맥주, 탁주, 청주</td></tr>
<tr><td rowspan="9">증류주 (화주)</td><td colspan="2">과실류</td><td>브랜디</td><td>코냑, 알마냑, 기타 브랜디</td></tr>
<tr><td colspan="2" rowspan="6">곡류</td><td rowspan="4">위스키</td><td>스카치 위스키</td></tr>
<tr><td>아이리쉬 위스키</td></tr>
<tr><td>아메리칸 위스키</td></tr>
<tr><td>캐나디안 위스키</td></tr>
<tr><td>진</td><td>영국 진, 네덜란드 진</td></tr>
<tr><td>보드카</td><td>러시아, 폴란드, 미국</td></tr>
<tr><td colspan="2">사탕수수</td><td>럼</td><td>쿠바, 자메이카</td></tr>
<tr><td colspan="2">용설란</td><td>테킬라</td><td>멕시코</td></tr>
<tr><td rowspan="4">혼성주 (재제주)</td><td colspan="2">약초 · 향초계</td><td colspan="2">아니스, 캄파리, 갈리아노</td></tr>
<tr><td colspan="2">과실계</td><td colspan="2">그랑 마니에, 슬로우진, 서던 컴포트</td></tr>
<tr><td colspan="2">종자계</td><td colspan="2">아마레토, 칼루아, 카카오</td></tr>
<tr><td colspan="2">특수계</td><td colspan="2">아드보카트, 베일리스 아이리쉬크림</td></tr>
<tr><td rowspan="3">비알코올 음료</td><td>청량음료</td><td colspan="2">탄산 · 무탄산</td><td colspan="2">콜라, 소다수, 토닉수, 진저엘</td></tr>
<tr><td>영양음료</td><td colspan="2">주스 · 우유</td><td colspan="2">과일주스, 야채주스, 살균우유, 미살균우유</td></tr>
<tr><td>기호음료</td><td colspan="2">커피 · 차</td><td colspan="2">커피, 녹차, 홍차</td></tr>
</table>

제2절 와인

1. 와인의 정의

▲ 글라스 와인(red wine)

와인(wine)은 포도를 수확하여 압착한 뒤 포도즙 100퍼센트를 발효시킨 것이다. 포도의 당분이 효모의 작용으로 알코올이 생성되어 술이 만들어진다.

와인의 구성 성분은 12% 내외의 알코올과 85%의 수분, 당분, 비타민, 유기산, 폴리페놀 등의 영양성분과 몸 속의 체액을 알칼리성으로 유지시켜 주는 각종 미네랄이 함유되어 있다. 수분은 포도나무가 물과 영양분을 찾아 땅 속 깊이 뿌리를 내리고, 여러 지층으로부터 영양분을 흡수하여 얻어진 것이다. 와인은 다른 술과는 달리 양조과정에서 물이 전혀 첨가되지 않는다. 와인의 개성은 포도나무가 자라는 환경적 요인의 테루아(terroir)[2]와 그러한 풍토에서 얻어지는 포도의 품종, 빈티지(vintage)[3] 그리고 와인의 양조방법이라고 할 수 있다. 이에 따라 나라마다, 지방마다 와인의 맛과 향이 다르다. 와인은 술 중에서 유일하게 알칼리성 음료로 분류된다. 또 와인의 폴리페놀 성분은 항산화제로 작용하여 심장병, 동맥경화, 노화방지에 매우 효과적이다. 이러한 와인을 독일은 바인(Wein), 프랑스는 뱅(Vin), 이탈리아는 비노(Vino)라고 불리고 있다.

---

2) 포도 재배에 영향을 미치는 환경의 요소를 말한다. 포도원이 가지는 전반적인 자연조건들로 토양, 기후, 강수량, 일조량, 풍향 등 와인 생산에 필요한 모든 환경을 말한다. 이러한 자연적인 요소에 따라 와인의 맛이 달라지므로 개성있는 와인을 만들려면, 테루아의 특성을 잘 고려해야 한다.

3) 빈티지(vintage)는 와인을 제조하기 위해 포도를 수확한 연도를 말한다. 기후 조건이 매년 다르기 때문에 빈티지에 따라 포도의 품질도 달라진다.

표 3-3 각국의 와인용어

영 어	프랑스	독 일	이탈리아	스페인
Red	Rouge	Rotwein	Rosso	Tinto
White	Blanc	Weisswein	Bianco	Blanco
Pink	Rose	Rosewein	Rosato	Rosado
Sweet	Doux	Halbtrocken	Dolce	Dulce
Dry	Sec	Trocken	Secco	Secco

2. 포도품종

와인의 개성을 결정하는 가장 큰 요소는 포도의 품종이다. 포도는 품종에 따라 고유한 맛과 향, 색을 갖고 있다. 따라서 포도품종의 특징을 아는 것은 와인과 요리의 조합과 포도의 맛을 한층 더 깊이 느낄 수 있다. 와인을 만들기에 적합한 포도는 50여 종류이며 대부분은 유럽계 품종이다. 식용 포도로 와인을 만들 수 있지만 양질의 와인이 되지 못한다. 반면에 양조용 포도는 신맛과 당도가 높으며, 알갱이가 작고, 향과 맛 성분이 농축되어 와인 양조에 적합하다.

1) 적포도 품종

(1) 카베르네 소비뇽 Cabernet Sauvignon

세계 각지에서 재배되며 성장력이 강해 포도의 왕이라고 불린다. 자갈 많은 토양과 고온 건조한 기후에 잘 적응하며, 포도의 껍질이 두껍고, 묵직한 느낌을 준다. 이로 인하여 진한 색상과 타닌의 맛이 강한 것이 특징인데 장기 숙성 후에는 부드러워진다. 이 품종으로 만든 와인은 블랙커런트향, 체리향, 삼나무향을 느낄 수 있다. 와인의 색이 진하고 강한 적색을 띠나, 숙성하면서 짙은 홍색으로 변해 간다. 치즈나 쇠고기, 양고기에 잘 어울린다.

(2) 피노 누아 Pinot Noir

프랑스의 부르고뉴 지방과 샹파뉴 지방에서 주로 재배되는 품종이다. 부르고뉴에서는 레드 와인 양조에 사용되나, 샹파뉴에서는 발포성 와인 양조에 사용된다. 최근에는 캘리포니아, 칠레 등 세계 여러 나라에서 재배된다. 기후 변화에 민감해 재배하기 가장 까다로운 품종이다. 포도의 색은 짙은 붉은 색이나 와인이 되면 엷고 맑은 색을 낸다.

▲ 적포도 품종의 피노 누아

껍질은 얇고, 타닌 함량이 적으며, 산도가 높다. 상큼한 라즈베리, 딸기, 체리 등의 과일 향이 나며, 숙성이 진행됨에 따라 부엽토, 버섯 등 흙을 느끼게 하는 향기가 난다. 모든 육류요리와 잘 조합되고, 붉은 살의 참치나 연어와 같은 생선요리에도 잘 어울린다.

(3) 메를로 Merlot

세계 각지에서 재배되며 포도알이 크고, 껍질이 얇기 때문에 상처나기 쉬워 재배가 어려운 결점이 있다. 타닌 함량이 적고 순한 맛이 특징으로 현대인의 입맛에 잘 맞는다. 서양자두(plum)와 같은 과일향이 풍부하다. 프랑스의 보르도 지방에서는 카베르네 소비뇽과 블렌딩하여 와인을 양조하고 있지만, 최근에는 단일 품종으로 만든 와인이 인기가 높다. 와인의 색은 진한 적색에서 숙성됨에 따라 벽돌색으로 변한다. 모든 요리와 잘 어울린다.

(4) 쉬라/쉬라즈 Syrah/Shiraz

이 품종은 척박한 땅에서 잘 자라며 포도알이 약간 크고 송이도 길며, 타닌이 풍부하여 개성이 강한 와인을 생산한다. 기온이 높은 곳에 적합한 품종으로 검은 빛의 진한 적색을 띠고 알코올 도수가 높다. 나무딸기, 블랙커런트(black current)향, 향신료, 가죽냄새로 표현되는 야성적인 향기가 특징이다. 향이 강한 음식과 매콤한 우리나라 음식에도 잘 어울린다.

(5) 가메 Gamay

포도껍질이 얇아 흠이 생기기 쉽고 과일향이 강하며, 타닌이 적은 편이다. 가벼운 레드 와인 양조에 이용하는데 햇와인으로 유명한 보졸레 누보에 쓰이는 품종이다. 오랫동안 보관하지 않고 단기간에 마셔야 깔끔하고 풍부한 과일향을 느낄 수 있다. 와인의 색은 자색을 띤 적색이다. 가벼운 모든 음식과 잘 어울린다.

(6) 네비올로 Nebbiolo

이탈리아에서 가장 많이 재배되는 품종으로 이탈리아의 카베르네 소비뇽이라 불린다. 당분함량이 많고 알코올 도수가 높으며, 산도가 비교적 높은 편이다. 장기 숙성 후 장미향과 체리향, 허브향, 초콜릿향 등의 풍미가 있다. 맛이 진하고 무게감이 있는 와인을 만드는데 사용된다. 와인의 색이 검은색에 가까운 진한 적색을 띤다. 붉은 살 육류의 쇠고기, 양고기에 잘 어울린다.

(7) 진판델 Zinfandel

미국 캘리포니아의 대표적인 포도품종이다. 적포도 품종이지만 화이트 와인, 로제 와인, 레드 와인에 이르기까지 다양하게 사용한다. 자두, 블랙베리, 향신료, 흙내음 그리고 블러시와인(Blush wine)[4]은 딸기향을 느낄 수 있다. 맛이 강하고 진하며, 타닌이 많다. 향신료와 블랙베리의 맛이 난다. 와인의 색은 장미 빛에서부터 검붉은 색까지 여러 가지를 띤다. 바비큐, 기름진 요리를 비롯한 대부분의 음식과도 잘 어울린다.

---

4) 적포도 품종인 진판델을 화이트 와인 양조법으로 만든 것이다. 즉 포도를 압착하여 주스를 짜는데 이 때 흘러나온 과피의 붉은 색이 남아 분홍빛을 띤 와인이다. 그래서 화이트 진판델을 블러시 와인이라고 한다.

2) 청포도 품종

▲ 청포도 품종의 샤르도네

(1) 샤르도네 Chardonnay

세계 각지에서 재배되며 청포도의 대표적인 품종이다. 시원한 기후를 좋아하며, 껍질과 과육의 분리가 잘 안된다. 사과나 감귤류와 같은 과일의 향기를 느낄 수 있고, 오크통 속에서 숙성이 된 것은 바닐라향이 난다. 와인의 맛은 신맛과 깊은 맛이 조화를 이루고, 고급 와인일수록 숙성에 의해 깊은 맛이 더해진다. 와인의 색은 양조자와 생산지에 따라 여러 가지이다. 흰살육류의 치킨, 오리고기를 비롯한 굴, 조개류와도 잘 어울린다.

(2) 리슬링 Riesling

독일의 대표적인 청포도 품종으로 추위에 강하고 수확이 늦다. 껍질이 얇고 연녹색을 띤 드라이한 맛에서부터 달콤한 아이스바인까지 다양한 맛의 와인을 생산한다. 현재는 세계 여러 나라에서 재배되고 있지만 기후조건에 따라 와인의 성격이 다르다. 산도와 당도가 매우 균형있게 조화를 이루어 최고의 드라이하고 상큼한 맛을 내어준다. 사과향과 상큼한 라임(lime)향이 일품이고, 숙성이 진행됨에 따라 벌꿀향과 더불어 복합적인 향기가 더해진다. 훈제한 생선, 게 요리, 매콤한 우리나라 음식과도 잘 어울린다.

(3) 소비뇽 블랑 Sauvignon Blanc

세계 각지에서 재배되며 산도가 높아 신선하고 상쾌한 향기 그리고 향신료, 풀 향기의 풋풋함이 넘치는 독특한 개성을 갖고 있다. 또한 스모키(smoky)라고 표현하는 연기 향도 섞여 있다. 미국에서는 퓌메 블랑(Fume blanc)이라 불리고 있다. 적당한 신맛의 과일향을 느낄 수 있으며, 드라이한 맛에서부터 단맛이 나는 것까지 그 종류가 다양하다. 푸른 빛을 띤 담황색의 것이 많다. 생선요리, 해산물과 잘 어울린다.

(4) 세미용 Semillon

껍질이 얇아 귀부포도[5]가 되는 특이한 품종으로 와인을 만들면 매우 달콤하면서 벌꿀향, 바닐라향, 무화과향이 느껴진다. 드라이한 맛은 감귤계의 향기가 느껴지고 숙성되면서 황색이 황금색이 되지만 귀부와인은 갈색으로 변한다. 드라이한 맛은 생선구이, 닭고기요리와 스위트한 맛은 디저트와인으로 적합하다.

(5) 게뷔르츠트라미너 Gewürztraminer

이 품종은 장미와 같은 감미로운 꽃향기와 계피, 후추 등의 향신료 향기가 느껴진다. 황색 빛을 띤 연한 녹색으로 드라이한 맛에서부터 스위트한 맛까지 다양한 와인이 만들어진다. 독일과 프랑스의 알자스 지방에서 주로 재배되며, 상당히 긴 일조량이 요구되어 알코올 도수가 높고, 장기 숙성이 가능하다. 향신료의 사용이 많은 요리와 잘 어울린다.

3. 와인의 분류

와인은 세계 여러 나라에 다양한 종류가 있으나 몇 개의 유형으로 나뉘어진다. 즉, 양조법, 색, 당도, 와인의 무게, 식사코스로 구분한다.

1) 양조법에 의한 구분

양조법에 따라 가공되지 않은 스틸 와인(still wine, 비 발포성 와인), 탄산가스를 함유하고 있는 스파클링 와인(sparkling wine, 발포성 와인), 알코올 도수를 높인 포티파이드와인(fortified wine, 주정강화 와인), 향기를 낸 플레이버드와인(flavored wine, 가향 와인) 등이 있다. 이와 같이 세계 각국에서 생산하고 있는 와인에는 4가지 타입이 있다.

---

5) 화이트 와인 포도껍질에 생성되는 곰팡이로 인한 '고급스러운 부패' 현상의 포도를 사용하여 양질의 디저트 와인을 생산한다.

(1) 스틸 와인

스틸 와인은 포도의 즙이 발효되는 과정에서 발생되는 탄산가스를 완전히 제거한 와인이다. 포도의 품종과 양조 방법에 따라 색이 다르게 되는데 화이트, 레드, 로제 와인으로 분류한다. 이 스틸 와인에 양조상의 기법을 첨가함으로써 서로 다른 맛을 내는 와인을 만들 수 있는데 스파클링 와인, 주정강화 와인, 가향 와인 등이다.

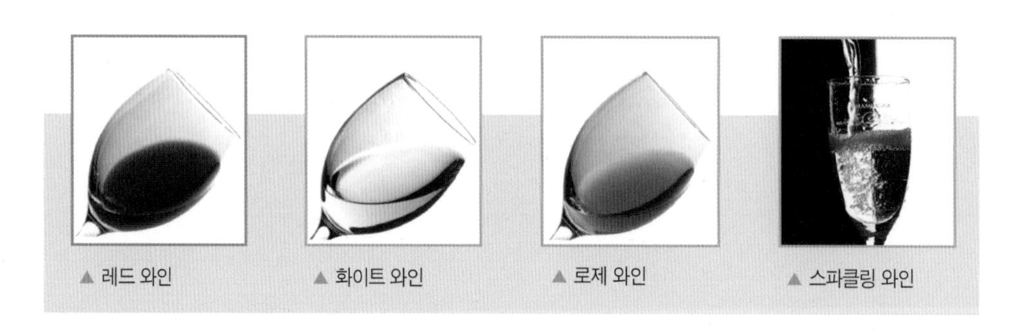
▲ 레드 와인 ▲ 화이트 와인 ▲ 로제 와인 ▲ 스파클링 와인

(2) 스파클링 와인

스파클링 와인은 스틸 와인에 설탕과 효모를 첨가해 2차 발효시켜 탄산가스를 생성, 거품을 내게 한 발포성 와인을 말한다. 프랑스의 샴페인[6], 이탈리아의 스푸만테(spumante), 스페인의 카바(cava), 독일의 섹트(sekt) 등이 여기에 속한다.

(3) 포티파이드 와인

포티파이드 와인은 스틸 와인에 브랜디를 첨가해 알코올 도수(16~21%)와 보존성을 높인 와인이다. 스페인의 쉐리(sherry), 포르투갈의 포트(port)와 마데이라(madeira)가 있다. 세계 3대 주정강화 와인이다. 드라이한 맛과 단맛을 지닌 것 등 여러 가지가 있다.

---

6) 샴페인은 프랑스의 샹파뉴(champagne) 지방에서만 생산되는 발포성 와인을 말한다. 샹파뉴의 영어 발음이 샴페인으로, 지명이 곧 술 이름이다.

(4) 플레이버드 와인

▲ 가향 와인의 드라이 벌무스 (dry vermouth)

플레이버드 와인은 스틸 와인에 약초, 과즙, 감미료 등을 첨가해 독특한 맛과 향기를 낸 와인이다. 이탈리아의 벌무스(vermouth)[7], 프랑스의 두보넷(dubonet) 등이 있다. 벌무스는 드라이 벌무스(dry vermouth, 드라이한 맛)와 스위트 벌무스(sweet vermouth, 스위트한 맛) 두 종류가 있다.

2) 색에 의한 구분

적포도, 청포도의 품종과 양조 방법에 따라 색이 다르게 되는데 화이트(white), 레드(red), 로제(rose) 와인 등으로 구분한다.

(1) 레드 와인

레드 와인은 적포도를 사용해 만든다. 적포도의 껍질과 씨를 통째로 발효시킴으로써 타닌과 색소가 추출되어 떫은맛과 붉은색을 띄게 된다.

(2) 화이트 와인

화이트 와인은 적포도와 청포도를 사용해 만든다. 포도를 압착한 후 껍질과 씨를 분리시켜 나온 과즙만으로 발효시킨다. 포도의 껍질과 씨를 사용하지 않고 만들기 때문에 떫은맛이 없고, 상큼한 신맛의 프루티한 감촉이 매력이다.

(3) 로제 와인

핑크빛의 로제 와인은 적포도를 사용해 만든다. 적포도의 껍질과 씨를 모두 사용해 레드 와인과 같은 방법으로 발효시킨다. 발효가 어느 정도 진행되고, 발효액이 원하는 색을 띠게 된 단계에서 껍질과 씨를 분리해 과즙만으로 발효시켜 만든다.

---

7) 벌무스의 유명제품에는 노일리 프래트(noilley prat), 진자노(cinzano), 갤로(gallo) 등이 있으며, 주로 식전주나 칵테일에 사용한다.

표 3-4 와인의 양조과정

레드 와인	화이트 와인	로제 와인	발포성 와인	주정강화와인
수확	수확	수확	수확	수확
파쇄	파쇄	파쇄	파쇄	파쇄
1차 발효	압착	1차 발효 (발효 중 껍질제거)	압착	압착
압착 (껍질과 씨 제거)	포도주스	압착	1차 발효	발효
2차 발효	발효	2차 발효	병입 (효모, 당분 첨가)	통숙성
앙금분리	앙금분리	앙금분리	2차 발효	브랜디 첨가
숙성	숙성	숙성	숙성	숙성
병입	병입	병입	앙금분리	여과 · 혼합 · 숙성
병숙성	병숙성	병숙성	코르크 마개 밀봉 및 철사 두르기	병입
출하	출하	출하	출하	출하

3) 당도에 의한 구분

와인의 풍미에 따라 드라이(dry), 오프 드라이(off dry), 세미 스위트(semi sweet), 스위트(sweet) 타입으로 구분한다.

(1) 드라이

드라이는 '달지 않다'는 뜻으로 와인에 단맛이 거의 느껴지지 않은 상태를 말한다. 일반적으로 레드 와인은 대부분 드라이한데, 색이 짙을수록 드라이한 경향이 있다. 화이트 와인은 색이 엷을수록 드라이한 맛을 띤다.

(2) 오프 드라이

드라이한 맛의 와인에 속하지만, 과일향이 풍부하거나 부드러운 풍미로 인해 와인이 덜 드라이하게 느껴지는 경우이다. 대개 캘리포니아, 호주에서 만들어지는 샤르도네 품종의 화이트 와인과 메를로, 진판델, 쉬라즈 품종의 가벼운 레드 와인이 대표적이다.

(3) 세미 스위트

부드러운 단맛이 약간 느껴지지만 무겁거나 진하지 않은 정도의 감미가 있는 와인이다. 주로 가벼운 화이트, 로제, 스파클링 등에 많다. 독일의 카비네트, 슈패트레제, 이탈리아의 모스카토 품종의 화이트나 스파클링, 프랑스의 로제당주, 미국의 화이트 진판델 등이 대표적이다.

(4) 스위트

와인에서 매우 단맛이 나는 것으로, 레드보다는 화이트 와인이 많으며 대개 짙은 노란빛을 많이 띤다. 단맛은 포도즙 내 당분이 완전 발효되지 않고 남게 되는 잔당(殘糖)에 의해 느껴진다. 프랑스의 소테른, 독일과 캐나다의 아이스와인, 독일의 트로켄베렌-아우스레제, 헝가리의 토카이, 신세계와인의 레이트 하베스트(late harvest) 등이 있다.

4) 무게에 의한 구분

혀로 느끼는 와인 전체 맛의 무게를 바디(body)라고 한다. 바디가 있는 와인이란 당분이나 다른 여러 성분 및 알코올 모두를 충분히 함유하고 있다는 것을 의미한다. 가볍고 상쾌한 맛의 라이트 바디(light bodied), 중간적인 무게감을 나타내는 미디엄 바디(medium bodied), 묵직하게 느껴지는 중후한 맛의 풀 바디(full bodied)와인 세 가지로 나뉜다.

(1) 라이트 바디

와인이 입 안에서 매우 가볍게 느껴지는 맛으로 생수보다 약간의 무게감이 있는 정도이다. 단기간 숙성시켜서 만든 보졸레 누보의 햇와인이나 캠벨얼리 품종으로 만든 국산와인이 대표적이다.

(2) 미디엄 바디

산도나 타닌, 알코올, 당도 등의 요소가 어느 정도 입 안에 무게감을 주는 것으로 진한 과일 주스의 무게감 정도이다.

(3) 풀 바디

전반적인 모든 맛의 요소가 풍부하고 강하게 느껴지며, 입 안이 꽉 차는 듯한 풍만한 느낌과 묵직한 무게감에 해당된다. 일반적으로 알코올 도수가 높거나, 당분이 많은 경우 또는 타닌이 풍부할수록 묵직하게 느껴진다.

5) 식사코스에 의한 구분

식사를 할 때 와인을 언제 마실 것인가에 따라 식전주(aperitif), 식중주(table wine), 식후주(dessert) 와인으로 나누기도 한다. 와인의 특성에 따라 용도를 다양화하기 위해 나누어진 것으로 다음과 같다.

(1) 식전주

식전주는 식사 전에 식욕을 돋우기 위해 마시는 와인이다. 샴페인이나 산뜻한 화이트 와인이 좋으며, 또한 달지 않은 드라이 쉐리와인이나 벌무스 등이 적합하다.

(2) 식중주

식중주는 식욕을 증진시키고 분위기를 좋게 만들며, 음식의 맛을 한층 더 돋보이게 하는 역할을 한다. 주요리에 맞추어 음식과 잘 조합되는 와인을 선택하는 것이 일반적이다. 화이트 와인은 생선류, 레드 와인은 육류에 잘 어울린다.

(3) 식후주

식후에 디저트와 마시는 달콤한 맛의 와인이 적합하다. 비교적 알코올 도수가 높은 단맛의 포트, 크림 쉐리와인이나 단맛의 화이트 와인, 샴페인이 적합하다.

그림 3-1 와인의 분류

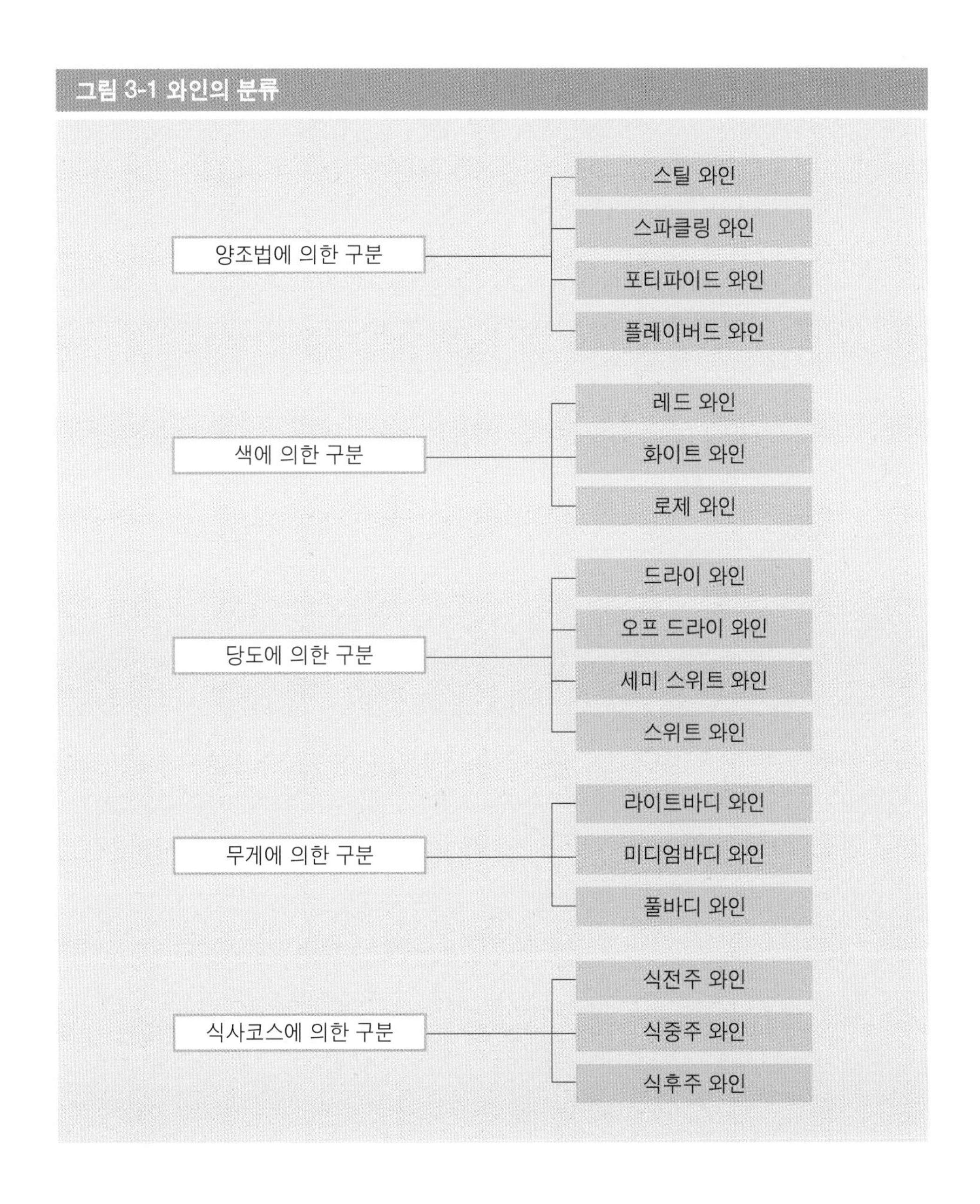

4. 와인서비스와 관리

1) 와인서비스

와인은 식사의 질을 높여주고, 분위기를 살려주는 것으로 풍부한 상품지식과 최고의 서비스를 필요로 한다. 와인은 음식을 결정한 후 주문을 받고 훌륭한 식사가 될 수 있도록 조합한다. 먼저 주문된 와인을 셀러(cellar)에서 가져와 와인 병의 상표를 호스트(host)에게 보여드린다. 호스트는 라벨(label)을 주의 깊게 살펴 주문한 와인이 맞는지를 확인한다. 이 절차가 끝나면 코르크 마개를 뽑아 호스트에게 건네준다. 호스트는 코르크 마개가 젖어 있는지를 확인하고 향을 맡는다. 와인의 보관 상태를 확인하기 위한 것이다. 와인 테이스팅(wine tasting)은 호스트가 초대한 고객에게 품질이 낮은 와인을 내놓지 않기 위해서 와인의 맛을 확인하는 절차이다. 와인을 감정하고 평가하는 것이 목적이 아니다. 그리고 와인 테이스팅은 여성보다 남성이 하는 것이 테이블 매너이다. 레스토랑에서 와인을 글라스에 가득 채우는 것을 흔히 볼 수 있는데, 와인은 공기와 충분히 접촉하여 더욱 깊어지는 풍미를 느낄 수 있어야 한다. 따라서 와인은 조금씩 자주 마시는 것을 규칙으로 하기 때문에 대체로 글라스의 반이 표준이다. 와인서비스는 시계도는 방향으로 레이디 퍼스트(ladies first)가 예절이다.

그림 3-2 와인서비스의 흐름도

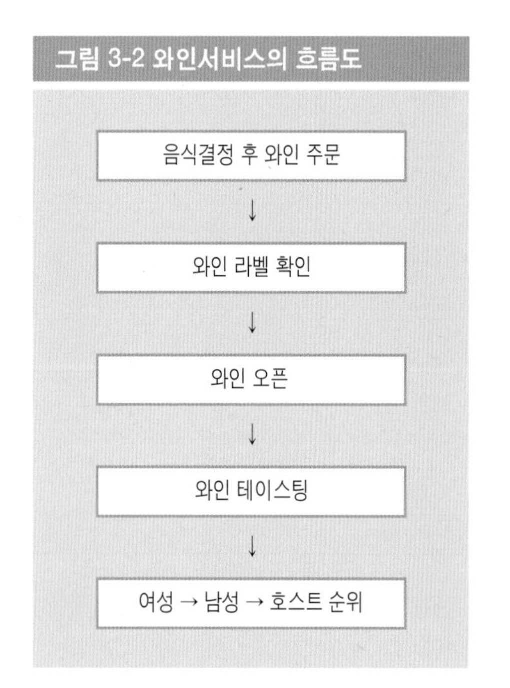

(1) 스틸 와인

■ 1단계

와인을 테이블 위에 올려놓고 호일커터를 이용하여 캡슐을 제거한다. 화이트, 로제의 경우 와인쿨러의 안에서 하기도 한다.

■ 2단계

코르크 스크류의 스핀들(spindle) 끝을 코르크의

중앙에 수직으로 찔러 넣는다. 코르크 스크류가 수직이 된 상태에서 코르크 끝부분 직전까지 들어가도록 돌린다.

■ 3단계

코르크를 병목으로까지 가볍게 천천히 빼낸다. 코르크가 거의 다 나왔을 즈음에 손가락으로 코르크 마개를 잡고 천천히 돌리면서 빼낸다. 그리고 빼낸 코르크 마개는 호스트에게 드린다.

(2) 스파클링 와인

■ 1단계

캡슐의 절취선을 따라 잡아당기면서 캡슐을 제거한다.

■ 2단계

스파클링 와인의 병을 위쪽 안전한 곳으로 향하게 하여 45도 정도 기울인다. 그리고 엄지손가락으로 코르크 마개를 누른 채 철사 줄을 풀어서 제거한다.

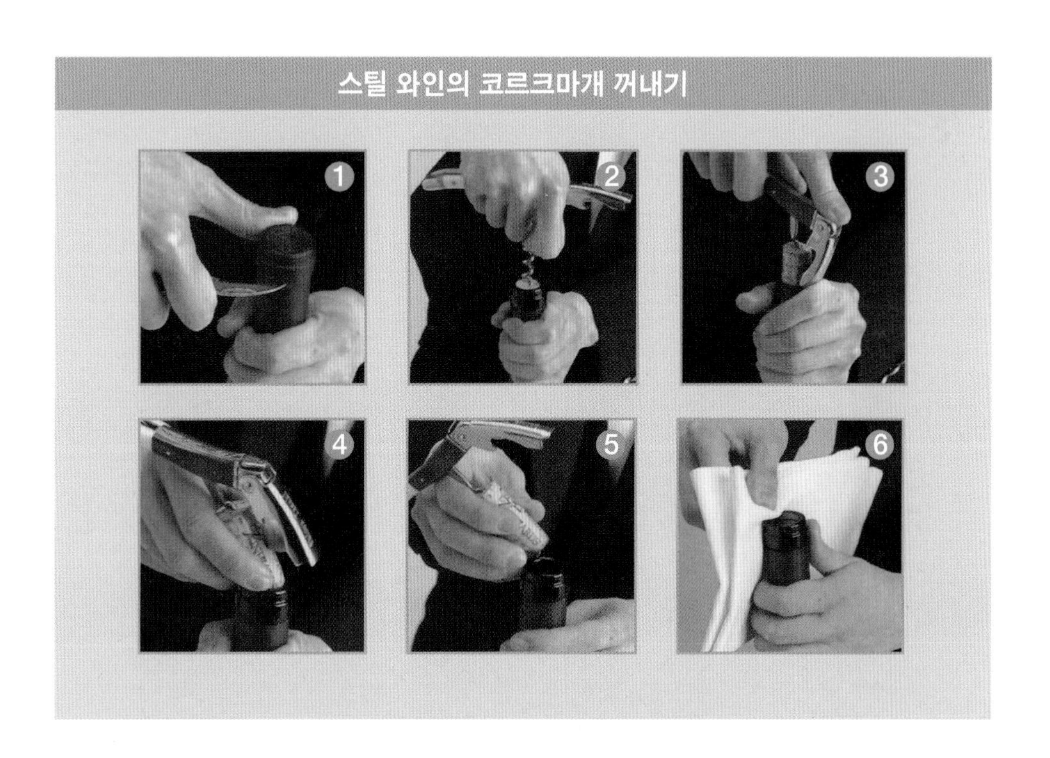

■ 3단계

한 손은 병목을 잡고 다른 한 손은 코르크 마개를 가볍게 돌리면서 코르크 마개를 살짝 빼낸다. 이 때 병 안은 탄산가스에 의하여 압력 상태에 있기 때문에 코르크 마개가 튀어나가지 않도록 조심스럽게 천천히 빼내야 한다. 특히 '펑' 소리가 나거나 거품이 병 밖으로 흘러나오지 않도록 주의한다.

(3) 와인 제공

와인을 안전하게 따르기 위해 가능한 한 와인 병의 무게 중심이 되는 곳을 잡고 천천히 따른다. 이 때 와인의 라벨은 항상 위쪽을 향하도록 한다. 단계별로 살펴보면 다음과 같다.

■ 1단계

와인 병의 가운데를 잡고 잔 테두리의 1/3되는 위치에서 살짝 기울인다.

■ 2단계

와인 병을 잔 위로 1cm 정도 든 다음에 천천히 따른다. 잔의 1/2 정도까지의 와인을 따르는 것이 좋다.

▲ 와인서비스(wine service)

■ 3단계

와인을 따른 후 와인이 테이블에 떨어지는 것을 방지하기 위해 병을 살짝 돌리면서 천천히 들어올린다.

그림 3-3 와인 잔의 구조

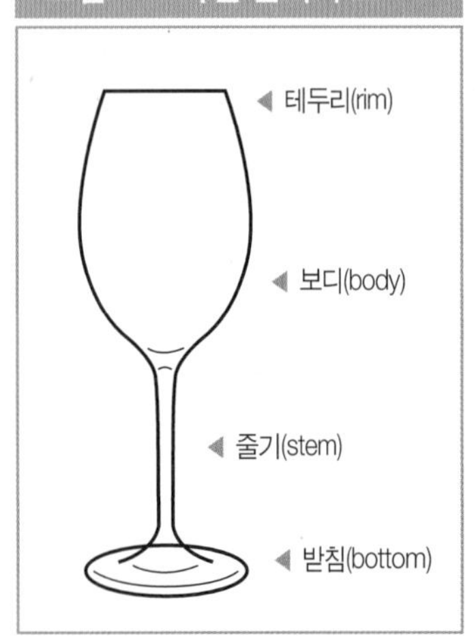

① 잔의 선택

와인의 색, 향, 맛을 충분히 감상하기 위해서는 투명한 유리가 좋고, 향기가 잔 안에 오래 머물 수 있도록 잔의 테두리가 보디(body)보다 좁은 튤립의 형태가 되어야 한다. 와인의 잔을 들 때 손의 온기가 와인에 전이되지 않도록 잔에 줄기(stem)가 있는 것이 좋다.

② 적정온도

적정한 온도는 적절한 글라스를 선택하는 것과 마찬가지로 매우 중요하다. 와인도 최상의 맛을 내어주는 적정온도가 있는데 살펴보면 다음과 같다.

표 3-5 와인 제공의 적정온도

드라이 화이트 와인	8~12℃	조기 숙성한 레드 와인	10~12℃
미디엄 드라이 화이트 와인	5~10℃	미디엄 바디 레드 와인	13~15℃
스위트 화이트 와인	5~8℃	풀 바디 레드 와인	15~18℃
로제 와인	5~8℃	스파클링 와인	5~8℃

레드 와인은 낮은 온도에서 마시면 타닌의 떫은맛이 강하게 느껴지고, 높은 온도에서는 프루티한 맛이 없어진다. 따라서 시원할 정도의 온도에서 마셔야 맛있게 느껴진다. 화이트 와인은 차게 마셔야 신맛이 억제되고, 신선한 맛이 강조된다. 또 스위트한 맛일수록 낮은 온도의 것이 맛있게 느껴진다. 로제 와인과 스파클링 와인도 화이트 와인과 비슷하여 차게 마셔야 맛있게 느껴진다.

◀ 화이트, 로제, 스파클링 '와인 쿨러'

▲ 레드 와인 바스켓

③ 디캔팅

디캔팅(decanting)이란 병 속에 있는 와인을 바닥이 넓고 병목이 긴 투명한 유리나 크리스탈 병으로 옮겨 담는 것을 말한다. 디캔팅하는 목적은 두 가지이다. 먼저 오래 동안 병 속에 갇혀 있던 와인을 공기와 접촉하여 와인의 맛과 향을 증진시켜주기 위해서이다. 이러한 절차를 브리딩(breathing)이라고 한다. 브리딩은 모든 와인에 적용되는 것은 아니다. 타닌의 거친 맛이 강한 레드 와인은 마시기 1시간 전이 가장 좋다. 그러나 풍부한 과일 향을 가진 레드 와인이나 섬세한 화이트 와인은 신선한 맛이 줄어들 수 있으므로 마시기 직전에 오픈하여 브리딩한다. 또 다른 이유는 와인 병 내에 생긴 침전물을 분리시키기 위해서 한다. 침전물은

▲ 와인 디캔팅

와인 속의 타닌이나 색소 성분 등이 결정화된 것으로 양조 과정에서도 생기지만 병입한 후에도 천천히 나타난다. 주로 장기 숙성된 고품질 레드 와인에서 나타나며, 화이트 와인에서는 침전물이 거의 없기 때문에 보통 디캔팅을 하지 않아도 된다.

2) 와인 관리

▲ 와인과 소믈리에

와인은 병 속에서도 숙성을 계속하므로 보관하는 환경이 좋지 않으면 맛의 균형을 잃게 된다. 와인이 좋아하는 환경은 온도 변화가 적고, 적당한 습기가 있으며, 빛이 들어오지 않는 어두운 장소이다. 진동과 냄새가 없는 곳도 좋은 환경의 조건이 된다. 마지막으로 와인은 수평으로 보관하는 것이 바람직하다. 와인을 눕혀서 보관하면 코르크가 팽창하여 미세한 호흡이 이루어지기 때문에 와인의 숙성에 도움이 된다. 그러나 와인을 세워두면 코르크 마개가 건조, 수축하여 틈이 생기고 외부의 많은 공기와 접촉으로 산화되며, 유해한 미생물이 침입하여 부패할 우려가 있다.

(1) 온도

와인은 온도변화가 크면 쉽게 변질된다. 와인의 보관에 적합한 온도는 10~15℃ 정도이다. 온도가 높으면 빨리 숙성되어 변질되기 쉽고, 온도가 너무 낮으면 숙성을 멈춘다.

(2) 습도

와인에 적당한 습도는 70% 정도이다. 습도가 높으면 곰팡이가 생기어 와인의 외관에 문제가 생긴다. 습도가 낮으면 코르크가 건조해져 미생물이 침투하기 쉬워진다.

(3) 빛

와인은 어두운 곳에 보관하는 것이 가장 좋다. 형광등 빛이나 햇빛은 와인의 질을 떨어뜨린다. 빛에 오랜 시간 노출되어 자외선을 많이 쪼이게 되면 와인 속에 있는 여러 성분이 화학반응을 일으킬 가능성이 높다. 또한 와인의 수면에 영향을 미쳐 와인 고유의 맛을 잃어버릴 수가 있다.

(4) 진동 및 냄새

진동이나 냄새의 영향을 받지 않는 곳에 와인을 보관해야 한다. 병에 진동이 가해지면 숙성속도가 빨라져 질의 저하를 초래한다. 또 와인과 다른 냄새가 있으면 와인에 그 냄새가 옮겨져 와인의 독특한 향기가 사라진다.

5. 와인 테이스팅[8)]

와인 테이스팅(wine tasting)이란 와인이 지니고 있는 개성을 사람의 눈, 코, 입의 관련 감각기관을 이용하여 확인해 보는 것이다. 테이스팅의 포인트는 '색', '향', '맛' 등의 세 가지 요소들을 최대한 감상하고 느끼는 데 있다. 와인의 색은 외관을 통해 알 수 있고, 향기는 후각 그리고 맛은 미각으로 감지할 수 있다. 이 세 가지 요소의 시각, 후각, 미각을 와인 테이스팅의 기본요소라고 한다.

1) 시각

먼저 글라스에 1/3정도 와인을 따른다. 그리고 글라스를 들어 45도 정도로 기울여서 와인의 색과 투명도 그리고 점도 등 와인의 외관을 눈으로 살펴본다.

8) kenshi Hirokane, 한 손에 잡히는 와인(an Introduction to Wine for Beginners), 한복진, 신현섭 역, cookand, 2001, pp. 92~95.

(1) 색

와인의 색은 깨끗하고 맑아야 한다. 와인은 숙성이 진행될수록 산화되어 변하게 되는데, 레드 와인은 숙성이 진행될수록 색이 점점 더 연해지고, 화이트 와인은 점점 더 진해진다.

표 3-6 와인 테이스팅의 색(외관)

구분	내용
레드 와인	레드 와인의 초기에는 보랏빛을 띤 적색이었다가 숙성이 진행됨에 따라 황갈색을 띠게 된다.
화이트 와인	화이트 와인의 초기에는 초록빛을 띤 노란색 → 진한 황금색 → 호박색 → 갈색으로 변한다.

와인 테이스팅 단계

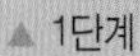
▲ 1단계

▲ 2단계

▲ 3단계

1단계 → 와인의 색과 투명도 그리고 점도를 관찰한다.

2단계 → 와인의 향기를 즐긴다.

3단계 → 와인의 맛을 느껴본다.

(2) 투명도

와인은 불순물이 없고 투명하며 광택이 나는 것이 좋은 와인이다. 영 와인이 반짝거림의 정도가 약하면 장기 숙성 가능성이 적다. 또 반짝거림의 정도가 약하거나 없으면 숙성된 와인이다. 화이트 와인이 탁하게 보일 경우 변질된 와인이다. 장기 숙성된 레드 와인은 숙성과정에서 색소나 타닌 성분에 의해 이물질(주석산)이 생성될 수 있다. 양질의 와인에서 나타난다.

(3) 점도

글라스의 내벽을 따라 흘러내리는 방울의 흔적(와인의 눈물)을 관찰한다. 흘러내림이 빠른 경우 와인의 점도가 낮고, 느린 경우는 점도가 높은 것으로 양질의 와인이다. 와인 속에 당도, 글리세린, 알코올, 장기 숙성 가능성의 성분을 내포하고 있음을 의미한다.

2) 후각

와인의 향기를 확인할 때는 글라스에 코를 갖다 대고 향기를 느껴본다. 이 때의 향기를 '아로마'라고 하며, 포도품종에서 나오는 과일 향이다. 그 다음 글라스를 크게 회전시켜 본다. 이것을 스월링(swirling)이라고 하는데, 와인을 공기와 접촉해서 잠자고 있던 향기의 성분이 증발해 올라오게 된다. 이것을 '부케'라고 하며 와인이 발효, 숙성되어 가는 과정에서 생기는 향[9]이다. 이와 같이 향기는 두 번 즐기는데, 아로마와 부케향이 느껴져야 좋은 와인이다.

9) 전문가에 따라 포도품종에서 나오는 향을 1차 향, 발효과정에서 만들어지는 향을 2차 향, 숙성과정에서 만들어지는 향을 3차 향 이라고도 한다.

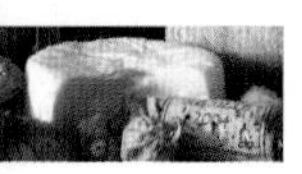

표 3-7 와인 테이스팅의 향기		
아로마 aroma	레드 와인	나무딸기, 야생딸기, 카시스(과일향), 피망(야채향), 제비꽃, 야생 장미꽃(꽃향), 정향나무, 감초(향신료향)
	화이트 와인	라임, 레몬, 파란사과(과일향)향이 많고, 박하, 바질(허브향), 라일락, 흰 장미, 백합(꽃향)
부케 bouquet	레드 와인	마른 잎, 홍차, 부엽토, 버섯, 담배, 가죽냄새
	화이트 와인	흰 곰팡이, 버섯, 건초, 말린 과일

3) 미각

테이스팅의 마지막 단계로 입 안에서 와인의 맛을 확인하는 순서이다. 와인을 약간 입에 넣고 천천히 입 안 전체로 퍼뜨리고 혀 전체로 맛을 본다. 와인의 맛은 단맛, 신맛, 떫고 쓴맛, 알코올 등 4가지 요소의 균형으로 결정된다. 이 중 알코올과 단맛은 와인을 부드럽게 하는 성분이다. 이에 비해 떫고 쓴맛의 타닌은 와인에 거친 맛을 준다. 이들 성분 중 어느 하나가 뚜렷하게 감지되지 않으면서 맛의 균형을 이루고 있으면 와인의 전체적인 맛이 부드럽고 맛있게 느껴진다. 그러나 이 균형이 깨져 신맛이 강하거나 떫은맛이 너무 강하면 밸런스가 나쁜 와인으로 평가한다.

그리고 와인을 마신 후 입 속에 남아 있는 뒷맛(finish)의 풍미를 느낄 수 있다. 이때 향과 맛이 어우러진 풍미의 여운이 길면 뒷맛이 좋다는 표현을 한다. 반대로 풍미의 여운이 짧은 것은 좋은 와인이라 할 수 없다. 일반적으로 입 속의 와인을 평가하는 데 '균형'과 '뒷맛'의 두 가지 척도가 중시된다.

6. 와인과 음식의 조화

일반적으로 와인과 음식이 입 안에서 조합되면 동적인 상호작용을 한다. 와인은 음식의 맛에 영향을 주고, 음식은 와인의 맛에 영향을 준다. 와인과 음식의 조화는 서로 부족함을 보완하고 장점을 부각시킨다는 의미이다. 이는 개인의 미각이나 취향에 따라 크게 다르지만 몇 가지의 원칙을 고려하여야 한다.

- 음식을 결정한 후 와인을 선택한다.

- 와인과 음식의 맛과 향을 조합시킨다.
- 와인과 음식의 농도와 강도의 정도를 조합시킨다.

1) 일반적 원리

와인은 알코올 도수가 낮고, 적당한 산도를 가지고 있어 음식과 잘 조합된다. 알코올 농도가 높으면 입 안의 점막을 마비시키기 때문에 섬세한 맛을 느낄 수가 없지만 알코올 농도가 낮으면 음식의 맛을 비교적 섬세하게 느낄 수가 있다. 그리고 산도는 입 안에 타액을 분비시켜 주므로 식욕을 증진시킨다. 생선요리에는 화이트 와인, 육류요리에는 레드 와인이라고 일반화되어 있다. 화이트 와인에 있는 산미가 생선의 맛을 향상시켜 주고, 레드 와인에 있는 타닌 성분이 육류의 지방을 중화시켜 느끼한 맛을 줄여주기 때문이다.

그러나 음식의 재료와 와인과의 조합이 절대적인 기준이 되는 것은 아니다. 조리법이나 소스 그리고 향신료의 첨가량에 따라 음식의 맛과 향 등이 달라진다.

예를 들어 진한 소스나 강한 향신료가 있는 생선요리, 지방 성분이 많은 참치나 연어의 붉은 살 생선요리는 레드 와인과 잘 조합된다. 그리고 육류에서도 담백한 맛이나 송아지, 돼지, 닭고기 등의 흰 살 육류는 화이트 와인과 잘 조합된다. 따라서 담백한 맛은 화이트 와인, 기름진 맛이나 향이 강한 음식은 레드 와인이라는 기준을 고려하면 된다. 그리고 일반적으로 어떤 음식이나 잘 어울리는 와인이 있다. 드라이한 맛의 화이트 와인이나 신선한 레드 와인 그리고 로제 와인 등이다. 이러한 와인과 음식의 조합은 가장 기본적이며 포괄적인 기준이 된다.[10)]

2) 상호보완적 원리와 상호배타적 원리

와인과 음식의 조화(matching)는 와인의 주요 구성 성분 단맛, 신맛, 떫은맛, 알코올 등이 음식의 기본적인 단맛, 신맛, 쓴맛, 짠맛과의 조합으로 상호보완적이고 상반된 두 개의 원리를 대비시킴으로써 찾아볼 수 있다. 즉 상호보완적 원리와 상

---

10) 류철 · 최성만, 와인이야기, 현학사, 2005, p.70.

호배타적 원리를 이용하는 것이다. 상호보완적이란 음식과 비슷한 맛의 와인을 조합하여 그 맛을 한층 더 보충하는 것이다. 예를 들어 알코올 농도가 낮은 와인은 가벼운 음식과 조합한다. 그리고 농도가 높고 여운이 긴 와인은 지방 성분이 많은 음식과 조합한다. 또 음식에 버섯과 과일이 들어가면 흙 향과 과일 향을 갖게 된다. 와인에서도 흙 향이나 과일 향 그리고 풀잎 향 등을 갖고 있는 맛을 조합한다. 그리고 맛의 강도에 따라 와인과 음식을 조화시킬 수 있다. 스튜한 육류요리는 농도가 높고 깊은 맛의 와인과 어울리며, 흙 향을 갖고 있는 와인은 스튜한 야채요리와 조합한다. 반대로 상호배타적이란 음식에는 없지만 그 음식의 맛을 좋게 하는 와인만이 갖고 있는 독특한 성분이나 맛을 더해 주는 것이다. 예를 들어 크림과 버터소스를 넣은 생선요리나 닭요리는 신맛의 화이트 와인과 조합하면 와인의 신맛이 음식의 느끼한 맛을 없애준다. 맵고 짠 자극적인 음식은 무게가 있는 레드 와인과 조합하면 자극적인 음식의 맛을 와인의 묵직한 맛이 감싸준다. 이러한 원리는 와인과 음식의 다양한 맛을 파악하고 있어야 하는 어려움이 있다. 리스크를 줄이기 위해서는 가니쉬, 소스, 크림과 같은 제 3의 조합이 적절하게 이루어져야 한다.

3) 수평적 조화

코스요리가 아닌 일품요리에 와인과 음식을 수평으로 조합하는 것이다. 와인과 음식을 시각, 후각, 미각 등으로 분석하여 최상의 조합을 이끌어 내야 한다. 세부적으로 살펴보면 다음과 같다.

와인과 어울리지 않는 음식

식초, 설탕, 계란, 겨자, 맛과 향이 독특한 풀, 샐러드(오이, 당근), 맛과 향이 강한 요리(김치, 커피, 초콜릿(포트와인이나 단맛의 와인), 담배(시가의 경우 식후에 코냑 또는 알마냑과 조화) 등은 와인과 잘 어울리지 않는다. 이는 그 자체의 향으로 인해 와인의 향미를 잘 느낄 수 없다.

표 3-8 와인과 음식의 수평적 조화

음 식	와 인
향신료가 강한 음식	타닌이 센 와인
느끼한 음식	신선한 산도가 있는 와인
새콤 달콤한 음식	묵직하고 신선한 향이 풍부한 와인
부드럽고 연한 음식	상큼한 산도가 있는 와인
가볍고 단순한 음식	가벼운 과일 향의 와인
공들여 만든 음식	명품와인

4) 수직적 조화

여러 가지의 와인과 음식으로 구성된 코스요리에서는 와인을 마시는 즐거움이 점점 커져야 한다. 다양한 와인의 색, 맛, 무게, 숙성 등의 특성에 따라 음식과의 조화를 위한 순위의 결정이 수직적 조합이다. 즉 화이트 와인보다 레드 와인을 먼저 마시게 되면 타닌의 성분이 화이트 와인의 성분을 눌러 과일 향을 충분히 즐길 수가 없다. 또 와인의 맛이나 향, 구조가 강한 와인을 먼저 마시면 가볍고 단순한 와인의 독특한 풍미를 느낄 수가 없다. 그리고 와인의 종류를 바꿀 때에는 글라스도 새것으로 바꾸거나 와인 잔 시즈닝(seasoning)[11]을 하여야 한다.

표 3-9 와인 시음의 순서

드라이한 맛 → 스위트한 맛	가벼운 맛 → 무거운 맛
심플한 맛 → 복합적인 맛	화이트 와인 → 레드 와인
영 와인 → 숙성 와인	

11) 식사 중 여러 종류(빈티지, 포도품종, 생산지역)의 와인을 마시기 때문에 새로운 와인을 마시기 위해 그 전의 와인 잔의 맛을 없애주는 작업을 말한다. 약간의 새로운 와인을 글라스에 따라 흔들어 씻어 낸다. 화이트 와인 후 레드 와인을 마실 때에는 글라스를 교체해야 한다.

7. 세계의 와인

포도는 세계 각지에서 재배되고 있지만, 양조용 포도가 성장에 적당한 곳은 연간 평균 기온이 10~20℃ 정도의 온난한 지역이다. 북반구의 북위 30~50도, 남반구의 남위 20~40도 부근이 해당된다. 즉 지구의 북반구와 남반구에 각각 한 개씩의 와인벨트(wine belt, 생육 적지 띠)가 형성되어 있다. 북반구는 프랑스, 독일, 이탈리아, 스페인, 포르투갈, 미국 캘리포니아, 남반구는 호주, 칠레, 남아프리카 등이 속한다. 기온 이외에도 포도의 개화에서 수확까지 1,250~1,500시간의 일조량, 500~800mm의 연간 강우량 그리고 배수가 잘 되는 토양 조건들이 필요하다.

1) 프랑스 와인

프랑스는 세계 와인의 기준이 되는 국가이다. 전 국토에 와인 생산지역이 분포되어 있고, 다양한 기후대와 토양의 특성으로 지역마다 독특한 와인을 생산하고 있다.

프랑스의 대표적인 와인산지에는 보르도, 부르고뉴, 론, 알자스, 루아르, 샹파뉴 등 6개의 지방이 있다. 그리고 각 지방에서 생산되는 와인의 종류는 다음과 같다.

표 3-10 프랑스의 주요 와인 산지

산 지	와 인
보르도 Bordeaux	레드 와인과 화이트 와인
부르고뉴 Bourgogne	레드 와인과 화이트 와인
론 Rhône	레드 와인
알자스 Alsace	화이트 와인
루아르 Loire	화이트 와인과 로제 와인
샹파뉴 Champagne	샴페인

프랑스 와인은 재배되는 포도품종이나 특성이 지역마다 달라 지역별 와인의 특성을 먼저 이해할 수 있어야 한다. 프랑스는 전통적으로 유명 포도원의 역사적 배

경과 기후, 토질 등을 바탕으로 등급이 정해진 곳이 많다. 또한 각 지역별로 사용하는 포도의 품종이나 양조의 방법이 정해져 있어, 상표에도 품종을 표시하지 않고 생산지명과 등급을 표시하는 경우가 많다. 프랑스는 전통적으로 유명한 고급와인의 명성을 보호하고 그 품질을 유지하기 위해 1935년에 AOC법을 제정하여 시행해 오고 있다. 이 법에 따라 와인의 등급을 살펴보면 다음의 4개 등급으로 나뉘어진다.

그림 3-4 프랑스의 주요 와인산지

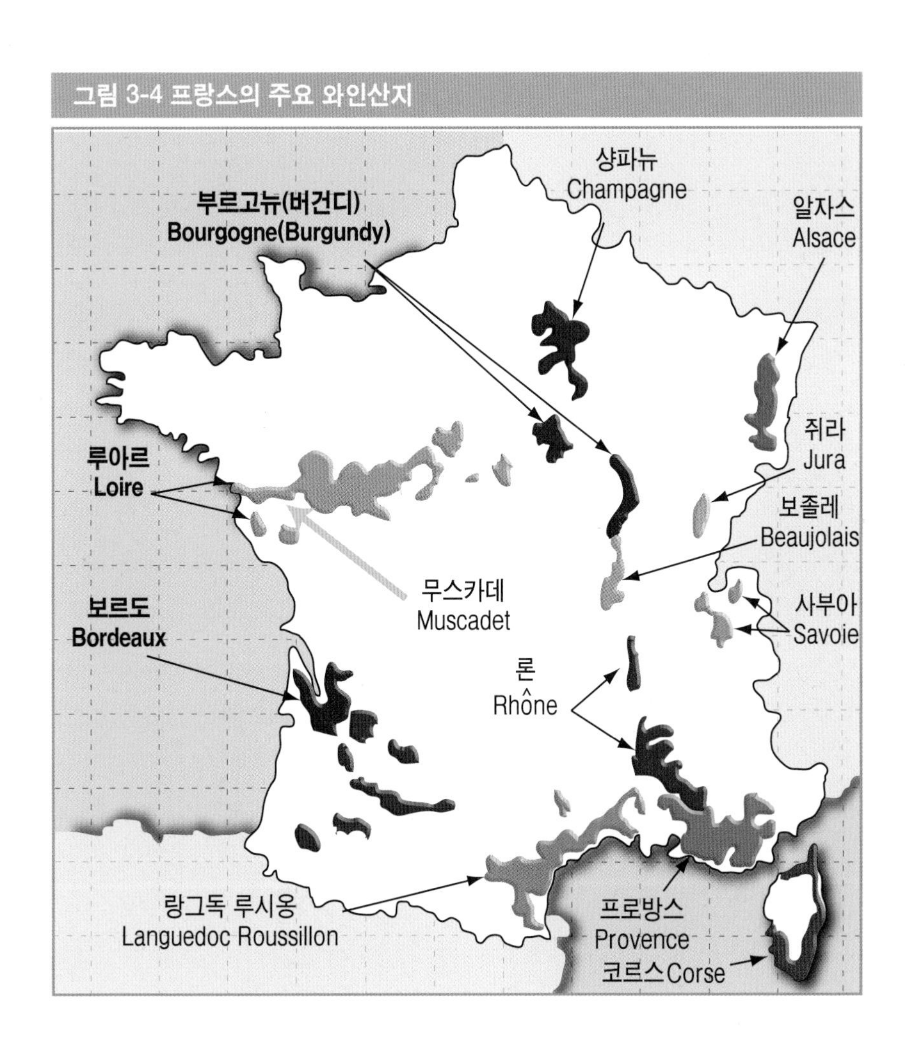

표 3-11 프랑스 와인의 등급
최상급 와인 / 아펠라시옹 도리진 콩트롤레 Appellation d'Origine Contrôlée/ **AOC** A · O · C는 '원산지 통제 명칭'이라는 의미이다. 생산지역, 포도품종, 양조방법, 최저 알코올함유량, 포도 재배방법, 숙성조건, 단위면적 당 최대수확량 등을 엄격히 관리하여 기준에 맞는 와인에만 부여하고 있는 명칭으로 최상급 와인이다. A · O · C의 'Origine'에는 와인 생산지의 명칭을 표기해야 한다. 예를 들어 Appellation Bordeaux Controlee라고 표기되었으면, 보르도 원산지 통제에 따라 제조한 와인이라는 의미이다. 프랑스 와인의 명칭은 대부분 생산지역이나 포도원의 이름을 사용하고 있는데, 지역 범위가 작아질수록 규제가 엄격하여 품질이 좋은 와인이 생산된다(지방 → 지구 → 마을 → 포도밭).
상급 와인 / 뱅 델리미테 드 퀄리테 슈페리에 Vin Délimités de Qualité Supérieure/ **VDQS** 품질관리는 거의 AOC와 비슷한 통제를 받는데 보통 AOC로 승격하기 위한 단계의 상급 와인이다.
지방 와인 / 뱅 드 페이 Vins de Pays/ **VdP** 지역적 특성을 담고 있는 와인으로 생산된 지방명을 표시할 수 있고, 허가된 포도품종을 사용하여야 한다.
테이블 와인 / 뱅 드 타블 Vins de Table/ **VdT** 와인 생산지명과 수확연도를 표시할 수 없고, 프랑스 여러 지방의 와인을 섞어 만드는 일상적인 와인이다.

(1) 보르도 지방

그림 3-5 보르도의 주요 와인산지

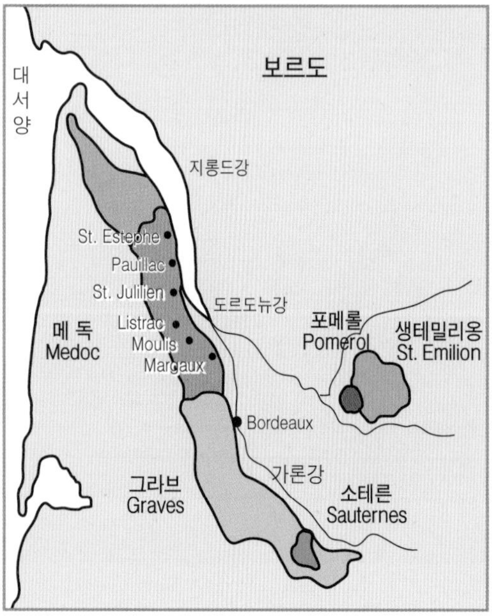

세계적인 와인의 도시 보르도는 프랑스의 남서부 대서양의 연안에 위치하며, 지롱드 강 하구와 가론 강, 그리고 도르도뉴 강 유역을 중심으로 발달한 와인산지이다. 기후와 토양 조건이 포도 재배에 적합하고, 항구를 끼고 있어서 와인의 양조와 판매에 좋은 조건을 가지고 있다. 역사적으로는 8세기 때부터 영국과의 교역을 통해 이 지역의 와인이 세상에 알려지기 시작하였다. 우리나라의 수입와인 중 가장 많은 비중을 차지하고 있다.

보르도 지방은 전통적으로 두 종류 이상의 포도품종을 적당한 비율로 섞어 와인양조를 하는데, 지역마다 주품종이 약간씩 다르다.

레드 와인은 카베르네 소비뇽, 메를로, 카베르네 프랑, 프티 베르도, 말벡이 사용된다. 화이트 와인은 소비뇽 블랑, 세미용, 뮈스카델, 위니 블랑이 사용된다. 묵직한 느낌의 풀 바디 레드 와인의 맛은 카베르네 소비뇽 덕분이라 할 수 있다. 보르도 지방의 와인산지는 다시 몇 개의 작은 지구로 나뉘어지는데 메독, 그라브, 소테른, 생테밀리옹, 포메롤 등이 있다.

표 3-12 보르도의 유명지구와 와인

산 지	와 인
메독 Médoc	레드 와인
그라브 Grave	레드 와인과 화이트 와인
소테른 Sauterne	단맛의 화이트 와인
생테밀리옹 Saint Emilion	레드 와인
포메롤 Pomerol	레드 와인

보르도 지방은 '샤토(Château)'라는 이름의 포도원이 많다. 원래 사전적 의미로는 중세기 때 지어진 '성(城)'을 뜻하지만, 와인과 관련해서는 포도밭과 양조시설 그리고 저장고 등의 '와인 생산 설비를 갖춘 포도원'을 의미한다. 샤토에서 병입한 와인은 "Mis en bouteilles au Château"라는 문장이 상표에 표기된다. 보르도 지방에는 수천 개의 샤토가 있다.

▲ 포도재배 및 양조시설을 갖춘 샤토(Château)

보르도 지방은 오래 전부터 맛과 향이 뛰어난 특급 와인을 생산하는 샤토를 선별해 그랑 크뤼(Grand Cru: 위대한 포도원)[12]란 칭호를 부여하고 있다. 1855년 파리 만국박람회가 열렸을 때에 87개의 그랑 크뤼가 선정되었는데, 메독 60개, 그라브 1개, 소테른 지구에서 26개가 탄생하였다. 메독과 그라브 지구 61개의 레드 와인은 다시 품질 수준에 따라

12) 1855년 파리 만국박람회(expo)의 개최 시기에 프랑스 황제 나폴레옹 3세는 칙령으로 보르도 지방 와인의 우수성을 세계 여러 나라에 알리기 위해 와인을 출품하도록 하여 위대한 포도원(Grand Cru) 87개가 선정되었다.

1등급[13)]에서 5등급으로 세분화되었다. 그리고 소테른 지구 26개의 화이트 와인은 특등급, 1등급, 2등급으로 세분화되어 가격의 기준이 되었다. 이같은 샤토의 등급이 오늘날까지 변함이 없다.

표 3-13 메독, 그라브, 소테른 지구의 와인 등급(Grand Cru classé, 1855년)

메독 · 그라브 레드 와인		소테른 화이트 와인	
1등급	5 개	특등급	1 개
2등급	14개	1등급	11개
3등급	14개	2등급	14개
4등급	10개		
5등급	18개		

한편, 메독 지구에는 크뤼 부르조아(Cru Bourgeois) 등급이 있다. 이는 그랑 크뤼에 속하지는 않지만 우수한 와인을 생산하는 샤토이다. 가격에 비해 품질이 좋은 와인으로 점차 그 명성을 얻고 있다. 그리고 세컨드 와인(second wine)이 있다. 일부 샤토에서 어린 포도나무로 재배한 포도나 품질이 샤토의 기준에 미치지 못하는 포도로 만든 와인을 가리킨다. 이러한 와인은 가격이 저렴하고 맛도 좋다.

① 메독 Médoc

메독 지구는 지롱드 강과 대서양 사이에 위치하고 있다. 대서양에 가까운 북쪽의 바 메독(Bas Médoc, 지대가 낮은)과 남쪽의 오 메독(Haut Médoc, 지대가 높은)으로 크게 나뉜다. 바 메독 지구에서는 일상적으로 마시는 평범한 와인이 주로 생산된다. 메독 지구가 유명하게 된 것은 남쪽에 위치한 오 메독 때문이다. 오 메독 지구 안에서 몇 개의 작은 마을(Commune, 최소 지방자치 단위)로 나뉘어지는데 생 테스테프, 포야크, 생쥘리앙, 마고, 리스트락(Listrac), 물리(Moulis) 등이다. 원산지 명칭을 쓸 수 있는 6개 마을은 오 메독 지구에서

13) 샤토 라피트 로칠드(Ch Lafite-Rothschild), 샤토 마고(Ch Margaux), 샤토 라투르(Ch Latour), 샤토 오 브리옹(Ch Haut Brion), 샤토 무통 로칠드(Ch Mouton Rothschild)는 1등급의 명품와인이다.

도 토양이나 기후 등 제반 여건이 포도 재배에 가장 이상적인 곳으로 그만큼 품질 좋은 와인을 생산한다. 이 지구에는 지난 1855년 그랑 크뤼의 칭호를 부여받은 샤토가 60개나 산재해 있다. 오 메독 지구 내의 마을과 그랑 크뤼를 살펴보면 다음과 같다.

표 3-14 오 메독 지구의 주요 마을과 그랑 크뤼

마 을 Commune	그랑 크뤼 Grand Cru
생 테스테프 Saint-Estèphe	5 개
포야크 Pauillac	18개
생줄리앙 Saint-Julien	11개
마고 Margaux	21개

라벨에 'Appellation Médoc Controlee' 라고 표기되어 있으면 바 메독 지구에서 재배된 포도를 원료로 생산된 와인을 말한다. 바 메독이라는 지명은 라벨에 쓰지 않는다. 'Appellation Haut-Médoc Controlee' 라고 표기되어 있으면, 이들 6개 마을 이외에서 재배된 포도를 원료로 생산된 와인이다. 이 지역의 포도품종은 카베르네 소비뇽, 메를로, 카베르네 프랑, 프티 베르도, 말벡 등이다.

▲ 제일 C · C의 레스토랑 매니저 김연옥

chateau de cerons-white wine

- 포도품종- 세미용85%, 소비뇽 블랑15%
- 테이스팅- 금빛의 노란색을 지닌 달콤한 화이트 와인으로 꿀 향과 살구향의 신선한 아로마를 갖고 있다.
- 어울리는 요리- 거위 간 요리, 소스를 곁들인 생선, 흰 살 육류요리 등과 잘 어울린다.

메독 와인의 등급(Grand Cru Classé, 1855년)

Premiers Crus 그랑크뤼 1등급		
Château Haut-Brion(Graves)	샤토 오 브리옹	Pessac
Château Lafite-Rothschild	샤토 라피트 로칠드	Pauillac
Château Latour	샤토 라투르	Pauillac
Château Margaux	샤토 마고	Margaux
Château Mouton-Rothschild	샤토 무통 로 칠드	Pauillac
Deuxièmes Crus 그랑크뤼 2등급		
Château Brane-Cantenac	샤토 브란 캉트낙	Margaux
Château Cos d'Estournel	샤토 코데스 투르넬	Saint-Estèphe
Château Ducru-Beaucaillou	샤토 뒤크뤼 보카유	Saint-Julien
Château Durfort-Vivens	샤토 뒤르포르 비방	Margaux
Château Gruaud-Larose	샤토 그뤼오 라로즈	Saint-Julien
Château Lascombes	샤토 라스콩브	Margaux
Château Léoville-Barton	샤토 레오빌 바르통	Saint-Julien
Château Léoville-Las-Cases	샤토 레오빌 라스 카즈	Saint-Julien
Château Léoville-Poyferre	샤토 레오빌 푸아프레	Saint-Julien
Château Montrose	샤토 몽로즈	Saint-Estèphe
Château Pichon-Longueville-Baron	샤토 피숑 롱그빌 바롱	Pauillac
Château Pichon-Longueville-Lalande	샤토 피숑 롱그빌 랄랑드	Pauillac
Château Rausan-Ségla	샤토 로장 세글라	Margaux
Château Rausan-Gassies	샤토 로장 가시	Margaux
Troisièmes Crus 그랑크뤼 3등급		
Château Boyd-Cantenac	샤토 부아 캉트낙	Margaux
Château Calon-Segur	샤토 칼롱 세귀르	Saint-Estèphe
Château Cantenac-Brown	샤토 캉트낙 브라운	Margaux
Château Desmirail	샤토 데스미라이	Margaux
Château Ferrière	샤토 페리에르	Margaux
Château Giscours	샤토 지스크루	Margaux
Château Kirwan	샤토 키르방	Margaux
Château d'Issan	샤토 디상	Margaux
Château Lagrange	샤토 라그랑주	Saint-Julien
Château La Lagune	샤토 라 라귄	Haut Médoc

▲ 포야크 마을에서 생산되는 그랑 크뤼의 1등급 '샤토 무통 로칠드'

Château Langoa-Barton	샤토 랑고아 바르통	Saint-Julien
Château Malescot-Saint-Exupery	샤토 말레스코 생텍쥐페리	Margaux
Château Marquis-d'Alesme-Becker	샤토 마르키 달레슴 베케르	Margaux
Château Palmer	샤토 팔메르	Margaux
Quatrièmes Crus 그랑크뤼 4등급		
Château Beychevelle	샤토 베슈벨	Saint-Julien
Château Branaire-Ducru	샤토 브라네르 뒤크뤼	Saint-Julien
Château Duhart-Milon-Rothschild	샤토 뒤아르 밀롱 로칠드	Pauillac
Château Lafon-Rochet	샤토 라퐁로세	Saint-Estèphe
Château Marquis-de-Terme	샤토 마르키 드 테름	Margaux
Château Pouget	샤토 푸제	Margaux
Château Prieuré-Lichine	샤토 프리에레 리신	Margaux
Château Saint-Pierre	샤토 생 피에르	Saint-Julien
Château Talbot	샤토 탈보	Saint-Julien
Château La Tour-Carnet	샤토 라 투르 카르네	Haut Médoc
Cinquièmes Crus 그랑크뤼 5등급		
Château d'Armailhac	샤토 다르마이악	Pauillac
Château Batailley	샤토 바타이	Pauillac
Château Belgrave	샤토 벨그라브	Haut Médoc
Château Camensac	샤토 카망삭	Haut Médoc
Château Cantemerle	샤토 캉트메를	Haut Médoc
Château Clerc-Milon	샤토 클레르 밀롱	Pauillac
Château Cos-Labory	샤토 코스 라보리	Saint-Estéphe
Château Croizet-Bages	샤토 크루아제 바주	Pauillac
Château Dauzac	샤토 도작	Margaux
Château Grand-Puy-Ducasse	샤토 그랑 퓌 뒤카스	Pauillac
Château Grand-Puy-Lacoste	샤토 그랑 퓌 라코스테	Pauillac
Château Haut-Bages-Liberal	샤토 오 바주 리베랄	Pauillac
Château Haut-Batailley	샤토 오 바타이	Pauillac
Château Lynch-Bages	샤토 린슈 바주	Pauillac
Château Lynch-Moussas	샤토 린슈 무사스	Pauillac
Château Pédesclaux	샤토 페데스클로	Pauillac
Château Pontet-Canet	샤토 퐁테 카네	Pauillac
Château du Tertre	샤토 뒤 테르트르	Margaux

▲ 메독 지구의 생 줄리앙 마을에서 생산되는 4등급 '샤토 베슈벨'

② 그라브 Grave

메독의 남쪽에 위치하고 있는 그라브는 '자갈'이라는 의미이다. 배수가 잘 되고, 낮 동안 달구어진 자갈이 밤에는 보온을 유지하게 하여 포도를 재배하기에 적합하다. 또 작은 돌이 섞인 자갈과 약간의 점토가 섞여 있는 토양에서 이 지역 와인의 독특한 맛이 만들어진다.

레드 와인과 화이트 와인을 생산하는데, 적포도는 카베르네 소비뇽, 메를로, 카베르네 프랑 그리고 청포도는 세미용과 소비뇽 블랑이 주로 사용된다.

와인의 등급은 1953년에 정해지고, 다시 1959년에 수정되었다. 메독이나 생테밀리옹과는 달리, 등급을 지명의 알파벳 순위로 정한 것이 특징이다. 가장 유명한 샤토 오 브리옹(Château Haut-Brion)은 이미 1855년에 이미 그랑 크뤼의 1등급으로 선정된 바 있다. 그라브는 최상급의 레드 와인 13개, 화이트 와인 8개가 지정되어 있는데 다음과 같다.

그라브 와인의 등급

Crus Classés : 레드 와인

Château Bouscaut(Cadaujac) 샤토 부스코

Château Haut-Bailly(Léognan) 샤토 오 바이

Château Carbonnieux(Léognan) 샤토 카르보니유

Domaine de Chevalier(Léognan) 도멘 드 · 슈발리에

Château Fieuzal(Léognan) 샤토 피우잘

Château Olivier(Léognan) 샤토 올리비에

Château Malartic-Lagravière(Léognan) 샤토 말라르틱 · 라그라비에르

Château La Tour Martillac(Martillac) 샤토 라 투르 마르티약

Château Smith Haut Lafitte(Martillac) 샤토 스미스 오 라피트

Château Haut-Brion(Pessac) 샤토 오-브리옹

Château Pape Clement(Pessac) 샤토 파프 클레망

Château La Mission Haut-Brion(Talence) 샤토 라 미숑 오-브리옹

Château Latour-Haut Brion(Talence) 샤토 라투르 오 브리옹

▲ 1855년 그랑 크뤼의 1등급으로 선정된 그라브 지구 '샤토 오 브리옹'

Crus Classés(화이트 와인)
Château Bouscaut(Cadaujac) 샤토 부스코
Château Carbonnieux(Léognan) 샤토 카르보니유
Domaine de Chevalier(Léognan) 도멘 드 · 슈발리에
Château Malartic-Lagravière(Léognan) 샤토 말라르틱 · 라그라비에르
Château Olivier(Léognan) 샤토 올리비에
Château La Tour Martillac(Martillac) 샤토 라 투르 마르티악
Château Laville Haut-Brion(Talence) 샤토 라빌 오 브리옹
Château Couhins Lurton(Villenave-d'Ornon) 샤토 쿠엥스 루통

③ 소테른 Sauterne

소테른 지구는 가론 강 왼쪽 연안의 구릉지에 위치하고 있다. 이곳은 약간 구릉지로서 늦여름 오전에는 대서양의 영향으로 안개가 끼고, 오후에는 기온이 상승하여 귀부포도(noble rot)[14]가 만들어진다. 포도를 늦게까지 수확하지 않고 과숙시킨 후, 곰팡이가 낀 다음에 수확하여 와인을 만드는 방법을 사용하고 있다. 포도를 나무에 오래 매달아 놓고, 포도껍질에 곰팡이가 끼면 피막을 녹여 포도열매의 수분이 증발하여, 과피가 수축되므로 건포도와 같이 당분이 농축된다. 이런 포도로 만든 와인은 매우 달고 독특한 풍미를 갖는 스위트한 와인이 된다. 특히 샤토 디켐(Château d'Yquem)은 귀부포도만을 사용하여 만든 와인으로서 프랑스의 스위트 화이트 와인의 최고품으로 꼽힌다. 이 밖에도 독일의 아이스와인(Ice Wine), 트로켄베렌-아우스레제(Trockenbeeren Auslese), 그리고 헝가리 토카이(Tokay)도 모두 같은 타입의 와인이다. 소테른에서는 껍질이 얇은 세미용을 주품종으로 하고 소비뇽 블랑을 블렌딩하며, 일부는 뮈스카델 청포도를 사용하기도 한

▲ 귀부포도(noble rot)가 된 세미용(semillon)품종

14) 보트리티스 시네레아(botrytis cinerea)라고 하는 곰팡이가 포도의 표면에 부착하여 당을 분해하지 않고 과피를 보호하는 피막을 녹여 과즙의 수분증발을 활발하게 촉진시킨다. 이것을 귀부현상이라고 하는데, 이런 포도로 만든 와인은 독특한 풍미를 갖는 달콤한 와인이 된다.

다. 스위트 화이트 와인을 생산하는 소테른 지역 소재 26개 그랑 크뤼는 1855년에 이미 선정되었고, 이후 세 등급으로 나뉘어지게 되었다. 샤토 디켐이 유일하게 특등급이며, 1등급은 11개, 2등급은 14개이다.

소테른 와인의 등급(Grand Cru Classé, 1855년)

Grand Premier Cru(특등급)
Château d'Yquem(Sauternes)샤토 디켐

Premièrs Crus(1등급)
Château La Tour-blanche(Bommes) 샤토 라투르 블랑쉬
Château Lafaurie-Peyraguey(Bommes) 샤토 라포리 페이라게이
Clos Haut-Peyraguey(Bommes) 클로 오 페이라게이
Château de Rayne-Vigneau(Bommes) 샤토 드 렌느 비니오
Château Suduiraut(Preignac) 샤토 수뒤이로
Château Coutet(Barsac) 샤토 쿠테
Château Climens(Barsac) 샤토 끌리망
Château Guiraud(Sauternes) 샤토 쥐로
Château Rieussec(Fargues) 샤토 리우섹
Château Rabaud-Promis(Bommes) 샤토 라보 프로미
Château Sigalas Rabaud(Bommes) 샤토 시갈라 라보

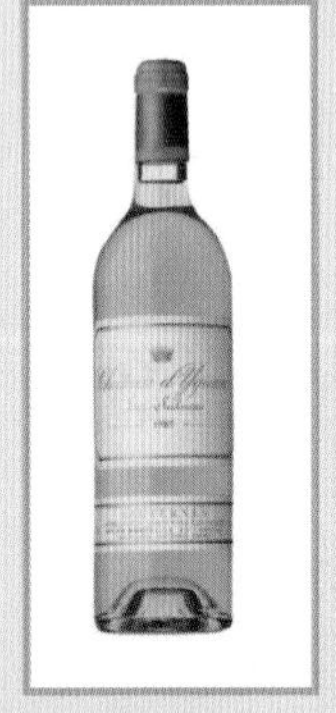
▲ 귀부포도로 양조된 소테른 지구의 특등급 스위트 화이트 와인 '샤토 디켐'

④ 생테밀리옹 Saint Emilion

생테밀리옹 지구는 도르도뉴 강의 북쪽 강변에 있으며 메독에 필적하는 양질의 레드 와인을 생산하고 있다. 생테밀리옹에서는 주로 레드 와인이 생산되고 있다. 여기에 사용되는 포도품종은 메를로를 주품종으로 카베르네 프랑, 카베르네 소비뇽, 말백 등이다. 그래서 떫은맛이 적고 향기가 풍부하며 매끄러운 맛이 만들어진다. 와인의 등급은 1955년에 정해지고, 다시 1969년, 1985년에 각각 수정되었다. 1855년에 정해진 메독의 그랑 크뤼와는 약간 다르다. 상

위 11개 샤토를 프레미에르 그랑 크뤼 클라세(Premiers Grands Crus Classés) 즉, 1등급이라고 정하였고, 그 중 2개의 샤토 오존과 샤토 슈발 블랑은 별격으로 취급하는데, 메독의 그랑 크뤼 클라세 1등급과 같은 수준이다. 나머지 9개의 샤토는 메독의 그랑 크뤼 클라세의 2등급에서 5등급 정도의 수준이다.

생테밀리옹 와인의 등급

Premiers Grands Crus Classés(11개)

Premièrs Grands Crus Classés 「A」: 메독의 그랑크뤼 클라세 1등급 수준(2개)

Château Ausone 샤토 오존

Château Cheval-Blanc 샤토 슈발 블랑

Premiers Grands Crus Classés 「B」: 메독의 그랑크뤼 2~5등급 수준(9개)

Château Beauséjour(Duffau-Lagarrosse) 샤토 보세주르(뒤포 라가로스)

Château Bélair 샤토 벨레르

Château Canon 샤토 카농

Clos Fourtet 클로 푸르테

Château Figeac 샤토 피작

Château La Gaffelière 샤토 라 가플리에르

Château Magdelaine 샤토 마그덜렌

Château Pavie 샤토 파비

Château Trottevieille 샤토 트롯트비에이

▲ 메독 지구의 그랑 크뤼 수준인 '샤토 슈발 블랑'

⑤ 포메롤 Pomerol

포메롤은 도르도뉴 강 오른쪽 연안에 위치하고 있으며, 1923년 생테밀리옹 지구에서 독립한 와인산지이다. 지역이 작고, 와인 생산량도 한정되어 값이 비싸고 구하기가 힘들다. 메독, 그라브, 생테밀리옹 등과 함께 양질의 레드 와인을 생산하고 있다.

재배되는 포도품종은 메를로를 주품종으로 카베르네 프랑, 카베르네 소비뇽

등이다. 그래서 메독의 와인보다 타닌이 적고 향기가 풍부하며 매끄러운 맛이 만들어진다. 포메롤은 공식적인 샤토의 등급은 없지만 최상품의 레드 와인을 생산하는 샤토가 10여 개에 달한다. 이 중 샤토 페트뤼스(Château Pétrus)는 부르고뉴 지방의 '로마네 콩티(Romanée Conti)'와 함께 세계에서 가장 값비싼 와인으로 잘 알려져 있다.

포메롤의 그랑 크뤼

Château Pétrus 샤토 페트뤼스
Château petit-Village 샤토 프티 빌라지
Château L'Evangile 샤토 레반질
Château La Fléurs Pétrus 샤토 라 플뢰 페트뤼스
Château Latour â Pomerol 샤토 라투 아 포메롤
Château La Conseillante 샤토 라 콘세앙트
Château Trotanoy 샤토 트로타노이
Vieu Château-Certan 비유 샤토 세르탕
Château Gazin 샤토 가잿
Château Le Pin 샤토 르 팽
Château L'Eglise Clinet 샤토 레글리즈 클리네

◀ '로마네 콩티'와 함께 세계에서 가장 비싼 포메롤 지구의 '샤토 페트뤼스'

(2) 부르고뉴 지방

부르고뉴는 보르도와 함께 프랑스의 2대 와인 산지 가운데 하나이다. 영어로는 버건디(Burgundy)라고 불린다. 이 지역은 중세 때부터 귀족이나 수도원 소유의 포도원이 많았는데, 프랑스 혁명 이후 정부가 몰수하여 소규모로 분할하여 개인에게 양도하였다. 이후 자식들에게 상속되면서 포도밭이 아주 작은 단위의 클리마(climat)로 쪼개져 공동으로 소유하고 있는 곳이 많다. 그래서 소규모의 개인 영세 포도원들로부터 포도를 사들여 와인을 만드는 중간제조업자 '네고시앙(negociant)'에 의해서 와인의 품질이 크게 좌우된다. 부르고뉴 전체 와인의

▲ 부르고뉴 지방의 포도밭

60%가 네고시앙 와인이라 할 수 있다. 그리고 보르도의 샤토와 같이 대규모의 밭을 소유하고 포도재배 및 와인양조 시설까지 갖춘 도멘(Domaine)이 있다. 도멘의 와인은 대체로 토양이 지닌 맛을 살린 와인이 많고, 네고시앙은 혼합기술의 차이에 따라 품질과 개성에 큰 차이가 있을 수 있다. 여러 토양의 성분이 혼합되어 있지만, 그만큼 와인을 비교해 가면서 마실 수 있다는 또 다른 즐거움이 있다. 부르고뉴에서는 일반적으로 블렌딩하지 않고 단일 포도품종으로만 와인을 만든다. 재배되는 포도품종의 종류는 많지 않다. 레드와 로제 와인의 경우 피노 누아(Pinot Noir), 가메(Gamay) 그리고 화이트 와인의 경우 샤르도네(Chardonnay), 알리고테(Aligote) 각각 두 가지 품종을 사용한다. 레드 와인은 전체적으로 타닌이 적고, 향기가 풍부하며 매끄러운 맛이 특징이다.

부르고뉴 포도밭의 대부분은 낮은 구릉의 언덕을 따라 조성되어 있다. 포도밭의 위치와 경사도, 토양의 성질 등을 고려하여 와인의 등급을 결정한다. 특급 밭이나 1급 밭은 대개 언덕의 중간에 위치하고 있다. 언덕의 경사도는 방향과 일조량에 직접적인 관계가 있다. 이와 같이 포도밭의 위치, 경사도, 일조량 등에 따라 특급 밭, 1급 밭, 빌라지, 레지오날 등 4단계로 와인의 등급을 부여한다.

표 3-15 부르고뉴의 와인등급
그랑 크뤼 Grand Cru 포도밭의 위치와 경사도, 토질 등 최고의 조건을 지닌 포도밭에 주어진다. 일조량이 많고 배수가 빠른 언덕의 중앙에 위치한 포도밭이다. 라벨에 로마네 콩티(Romanee-Conti), 몽라세(Montrachet)와 같이 단독 포도밭 명이 기재된다.
프리미에 크뤼 Premier Cru 독특한 품질과 개성을 인정받는 포도밭에 주어진다. 그랑 크뤼 위치의 상측과 하측에 위치하고 있다. 라벨에 샹볼 뮈시니(Chambolle-Musigny, 마을 명), 레자무레스(Les Amoureuses, 1급 밭)와 같이 마을 명 뒤에 포도밭명이 기재된다.
빌라지 Village 포도재배의 명산지로 알려진 곳에서 양질의 와인을 일관되게 생산하는 곳에 주어진다. 언 덕의 하단에 위치하고 있다. 라벨에 마을 명을 기재한다. 라벨에 주브레 샹베르텡(Gevrey-Chambertin), 본 로마네(Vosne-Romanee)와 같이 마을명이 기재된다.
레지오날 Regionales 부르고뉴 포도 재배지역 내에서 생산되는 것으로 그 범위가 크기 때문에 대부분 와인이 이 범주에 든다. 부르고뉴 등의 지방 명을 기재한다.

부르고뉴 지방의 와인산지는 북쪽에서부터 샤블리, 코트 도르, 코트 샬로네즈, 마코네, 보졸레 지구로 이어진다. 이 중에서도 가장 유명한 와인산지가 코트 도르 지구이다. 이곳은 보르도 지방의 메독과 함께 세계에서 가장 뛰어난 품질의 와인이 생산되는 지구이다. 프랑스 와인의 명성은 메독과 코트 도르 지구에서 비롯되었다고 할 수 있다.

표 3-16 부르고뉴의 유명지구와 와인

산 지		와 인
샤블리 Chablis		화이트 와인
코트 도르 Côte d'or	코트 드 뉘	레드 와인
	코트 드 본	레드 와인, 화이트 와인
코트 샬로네즈 Côte Chalonnaise		레드 와인
마코네 Mâconnais		화이트 와인
보졸레 Beaujolais		가벼운 레드 와인

① 샤블리 Chablis

부르고뉴의 최북단에 위치한 지구로 최상품의 드라이한 화이트 와인이 생산되는 곳이다.

이곳에서 재배되는 포도품종은 샤르도네로 산도가 있고, 과일향이 풍부하며 드라이한 맛을 낸다. 어패류와 잘 어울리는 와인이다. 샤블리 지구의 와인 등급은 프티 샤블리, 샤블리, 샤블리 프리미에 크뤼, 샤블리 그랑 크뤼 등 4단계로 구분되어 와인을 생산하고 있다. 샤블리에서 가장 고급의 와인으로 7개의 특급포도밭에서

그림 3-6 부르고뉴의 주요 와인 산지

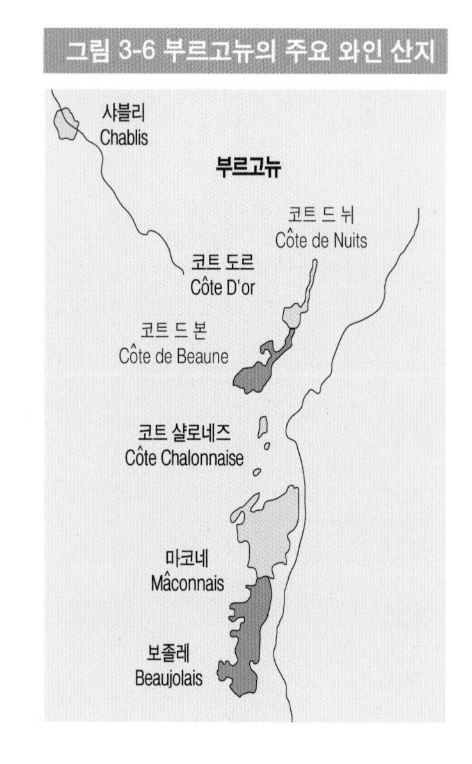

생산된다.

보데지르(Vaudésir), 레 클로(Les Clos), 부그로(Bougros), 블랑쇼(Blanchot), 프뢰즈(Preuses), 그르누이(Grenouilles), 발뮈르(Valmur) 등이다.

② 코트 도르 Côte d'or

코트 도르는 '황금의 언덕(비탈길)'이라는 뜻이다. 낮은 구릉의 언덕을 따라 디종(dijon)에서 상트네(santenay)까지 길게 포도밭이 조성되어 있다. 북쪽의 코트 드 뉘(Côte de Nuits)와 남쪽의 코트 드 본(Côte de Beaune)으로 나뉜다. 코트 드 뉘는 보르도 지방의 메독과 함께 세계에서 가장 뛰어난 품질의 레드 와인이 생산된다. 재배되는 포도 품종은 피노 누아이며, 타닌이 적고 장기숙성 후 화려한 향기가 난다. 코트 드 뉘에서의 명성이 높은 와인산지로 기억해 두어야 할 마을과 포도밭이 있는데 다음과 같다.

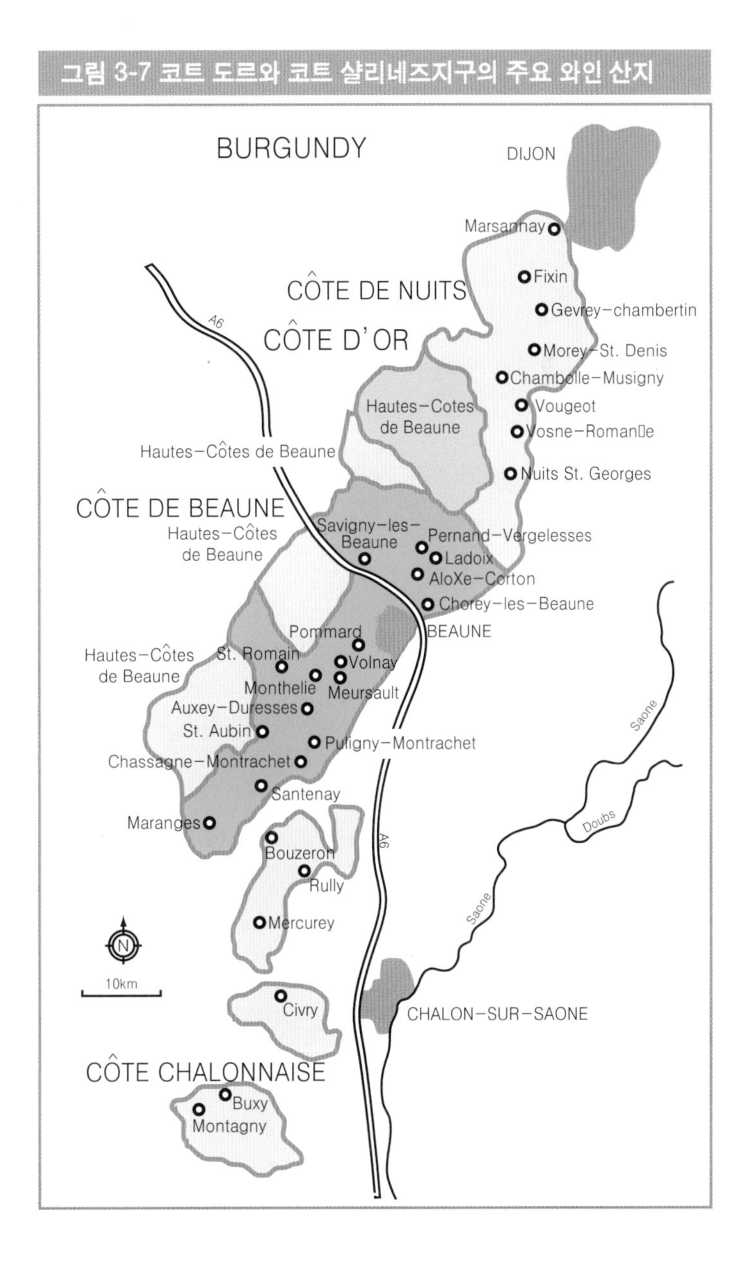

그림 3-7 코트 도르와 코트 샬리네즈지구의 주요 와인 산지

표 3-17 코트 드 뉘의 유명 마을과 포도밭

픽생 Fixin 특급 밭은 없지만 1급 밭에 속하는 클로 드 라 페리에 Clos de La Perriere, 클로 뒤 사피트르 Clos du Chapitre 등이 있다.
주브레 샹베르텡 Gevrey-Chambertin 부르고뉴에서 가장 힘이 있는 레드 와인이 생산되는 마을이다. 특급 밭이 9개 있는데, 그 중에서 샹베르텡 Chambertin, 클로 드 베즈 Clos de Bèze는 특별 취급되는 최고의 포도밭이다.
모레 생드니 Morey-Saint-Denis 클로 드 타르 Clos de Tart, 클로 생 드니 los St-Denis, 클로 드 라 로쉬 Clos de la Roche, 본 마르 Bonnes Mares, 클로 드 람브레 Clos des Lambrays 등의 특급 밭 5개가 있다. 장기숙성 타입의 레드 와인이다.
샹볼 뮈시니 Chambolle-Musigny 뮈시니 Musigny, 본 마르 Bonne Mares 등 2개의 특급 밭이 있다. 본 마르는 모레 생드니와 샹볼 뮈시니에 걸쳐 있다.
부조 Vougeot 클로 드 부조 Clos de Vougeot는 특급 밭으로 부르고뉴에서 가장 큰 밭이다. 80명의 소유자가 있다.
프라게 에쉐조 Flagey-Echézeaux 에쉐조 Echézeaux, 그랑 에쉐조 Grand Echézeaux등 2개의 특급 밭이 있다. 본 로마네 마을의 이름으로 AOC 표시를 한다.
본 로마네 Vosne-Romanée 부르고뉴에서 가장 고가의 와인이 생산되는 마을이다. 로마네 콩티 Romanée-Conti를 중심으로 라 로마네 La Romanée, 라타슈 La Tâche, 로마네 생 비방 Romanee-St-Vivant, 리슈부르 Richebourg, 라 그랑 뤼 La Grande-Rue 등의 유명 특급 밭이 있다.
뉘 생 조르주 Nuits-Saint-George 특급 밭은 없지만 1급 밭에 속하는 르 생 조르주 Les st-Georges, 르 카이유 Les Cailles 등이 있다. 색이 진하고 떫은맛이 강한 특징이 있다.

▲ 강건함과 진한 오크향의 독특한 맛을 갖고 있는 주브레 샹베르텡

▲ 샹볼 뮈시니는 감미롭고 여성적이며 바이올렛과 나무딸기 향이 특징

▲ 본 로마네 마을의 작은 특급 밭 '로마네 콩티'는 가장 값비싼 와인으로 유명

코트 드 본은 코트 드 뉘의 남쪽으로 길게 위치하고 있다. 코트 드 본에서 생산되는 와인의 75%는 레드 와인, 25%가 화이트 와인이다. 그러나 코트 드 뉘의 레드 와인에 비해 코트 드 본에서는 드라이한 맛의 화이트 와인이 유명하다. 재배되는 포도품종은 피노 누아, 샤르도네이다. 코트 드 본에서 명성이 높은 레드 와인과 화이트 와인산지로 기억해 두어야 할 마을과 포도밭이 있는데 다음과 같다.

표 3-18 코트 드 본의 유명 마을과 포도밭

알록스 코르통 Aloxe Corton 이 지역을 소유하고 있던 샤를마뉴 대제의 이름을 딴 화이트 와인의 코르통 샤를마뉴 Corton Charlemagne와 레드 와인의 코르통 Corton이 유명하다. 모두 특급 밭이다.
페르낭 베르즐레스 Pernand Vergelesse 코르통 샤를마뉴의 밭이 일부 포함되어 있다. 코르통 샤를마뉴 Corton Charlemagne(화이트), 코르통 Corton(레드), 샤를마뉴 Charlemagne(화이트) 등의 특급 밭 3개가 있다.
본 Beaune 대부분 네고시앙이 포도밭을 소유하고 있다. 클로 드 무슈 Le Clos des Mouches, 마르코네 Marconnets, 페브 Feves 등의 1급 밭이 유명하다.
포마르 Pommard 특급 밭은 없고 1급 밭에서 타닌이 강한 장기숙성 타입의 레드 와인을 생산하고 있다. 에페노 Les Grand Epenots, 루지엥 Les Rugiens 등이 있다.
뫼르소 Meursault 페리에 Les Perrieres(레드), 샤름 Les Charmes(레드), 쥬네브리에 Les Genevrieres(화이트), 상트노 블랑 Les Santenots Blancs(화이트) 등 드라이한 맛의 화이이트와인을 생산하는 1급 밭이다.
풀리니 몽라쉐 Puligny-Montrachet 몽라쉐 Montrachet, 바타르 몽라쉐 Batard-Montrachet, 슈발리에 몽라쉐 Chevalier-Montrachet, 비엥브뉴 바타르 몽라쉐 Bienvenue-Batard-Montrachet 등 드라이한 맛의 화이트 와인을 생산하는 특급 밭이다.
사사뉘 몽라쉐 Chassagne-Montrachet 크리오 바타르 몽라쉐 Criots-Batard-Montrachet가 특급 밭이다. 몽라쉐와 바타르 몽라쉐가 이 마을까지 걸쳐 있다.

▲ 샤를마뉴 대제의 이름을 딴 화이트 와인 '코르통 샤를마뉴'

▲ 엷은 황금색에 초록빛을 띠는 부드럽고, 짙은 과일 향의 드라이한 맛 '뫼르소'

③ 코트 샬로네즈 Côte Chalonnaise

코트 샬로네즈는 코트 드 본과 마코네의 중간 지역에 위치하고 있다. 재배되는 포도의 주품종은 피노 누아, 샤르도네이다. 레드 와인과 화이트 와인을 생산하고 있으며, 머큐리, 지브리, 룰리[15], 몽타뉘 등 4개의 마을에 집중되어 있다. 이 지구의 그랑 크뤼는 없다.

15) 룰리(rully)는 코트 샬로네즈의 주요 포도 재배지로 chagny시(1,550명의 인구)에 인접해 있다.

▲ 타닌 성분이 적어 벨벳같이 부드럽고, 복합된 과일향이 특징인 '머큐리'

표 3-19 코트 샬로네즈 지구의 주요 마을과 와인

마을명 AOC	와 인
머큐리 Mercurey	레드 와인, 화이트 와인
지브리 Givry	레드 와인, 화이트 와인
룰리 Rully	레드 와인, 화이트 와인
몽타뉘 Montagny	화이트 와인

④ 마코네 Mâconnais

마코네는 남북이 50km에 이르는 가늘고 긴 지형의 와인 산지이다. 북부에서 중앙에 걸쳐서는 평지이고, 남부는 낮은 구릉의 언덕을 따라 포도밭이 조성되어 있다. 재배되는 포도품종은 샤르도네로 감귤계의 과일향과 상큼한 신맛이 특징이다. 특급과 1급 밭은 없지만 마을단위급 와인의 상위에 위치한 산지가 5개 있다. 전체가 남부에 집중되어 있다.

표 3-20 마코네 지구의 주요 마을과 와인

마을명 AOC	와 인
푸이 퓌세 Pouilly-Fuissé	하얀 꽃, 귤과 배, 너츠의 향이 나고 미네랄과 산은 부드러운 장기숙성 타입의 중후한 와인을 생산한다. 마코네의 대표산지이다.
푸이 뱅젤 Pouilly-Vinzelles	하얀 꽃, 감귤계의 상큼한 향이 나고, 신맛이 매끄럽다. 약간의 흙향이 난다.
푸이 로셰 Pouilly-Loché	푸이퓌세, 푸이 뱅젤과 비슷한 타입의 와인을 생산한다.
생베랑 Saint-Véran	과일의 향과 맛이 풍부하고 신맛이 적은 신선한 와인을 생산한다.
마콩 빌리지 Mâcon-Village	드라이한 맛의 과일 향이 많으며, 숙성을 거치지 않고 가볍게 마실 수 있는 타입의 와인을 생산한다.

⑤ 보졸레 Beaujolais

보졸레 지구는 부르고뉴의 남단에 위치하고 있다. 이 지역이 세계적인 명성을 얻게 된 것은 매년 11월 셋째 주 목요일 새벽 0시에 출시되는 보졸레누보(Beaujolais Nouveau)[16]라는 영 와인(young wine)덕분이다. 보졸레 누보는 매년 9월에 첫수확되는 적포도를 1주일 정도 발효시킨 후 4~6주간의 짧은 숙성 기간을 거쳐 병입한다. 이 때문에 타닌 성분 등의 추출이 적어 맛이 가볍고 신선한 과일 향이 특징이다. 사용되는 포도품종은 가메(Gamay)인데, 다른 품종에 비하여 보존성이 떨어지고 시간이 경과될수록 변질되는 특성이 있다. 따라서 크리스마스 또는 새해까지 1~2개월 내에 가장 많이 소비된다. 보졸레 누보는 레드 와인이면서 화이트 와인의 특성을 가지고 있으므로 마실 때에는 차갑게 마셔야 맛있게 느껴진다. 가벼운 음식이면 어느 것이든 잘 어울린다.

보졸레 지구의 와인은 보졸레 누보 외에 보졸레 슈페리에(supérieur), 보졸레 빌라지(villages), 보졸레 크뤼(cru) 등 세 등급이 있다. 이 중 보졸레 크뤼는 일반 보졸레와는 전혀 다른 타입이다. 개성이 있고 중후한 맛과 장기 숙성이 가능한 고급 와인으로, 10개의 마을에서 각각 특색 있는 보졸레 와인을 생산하고 있다.

그림 3-8 보졸레 지구의 10크뤼

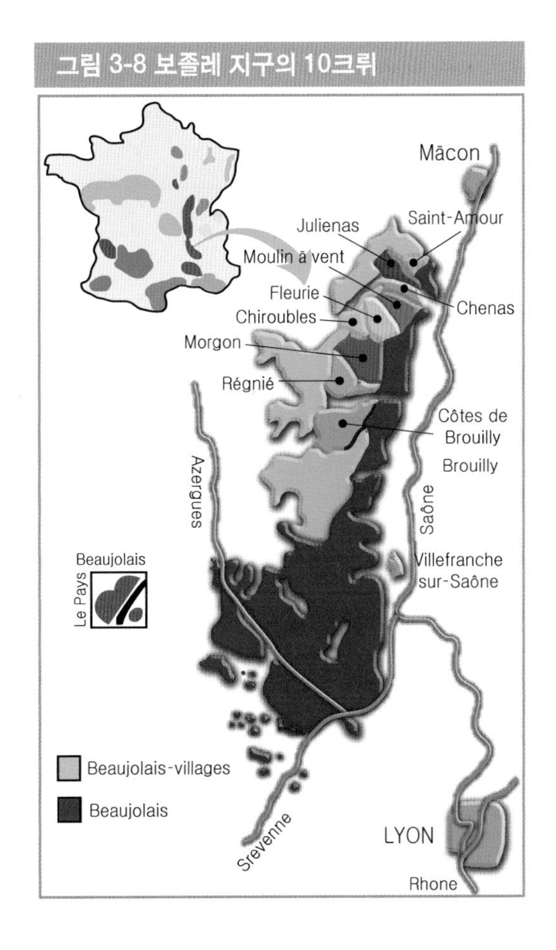

표 3-21 보졸레 10크뤼

• 브루이 Brouilly	• 코트 드 브루이 Côte de Brouilly
• 쉐나 Chénas	• 쉬루블 Chiroubles
• 플뢰리 Fléurie	• 줄리에나 Juliénas
• 모르공 Morgon	• 물랭 아방 Moulin-á-Vent
• 레니에 Régnié	• 생 타무르 Saint-Amour

16) 보졸레 누보는 보졸레 프리뫼르(primeur, 첫 번째의)라고도 불린다. 누보는 '새로운'이라는 뜻이다.

표 3-22 부르고뉴의 유명 네고시앙(Négociant)

- Louis Latour 루이 라투르
- Joseph Drouhin 조셉 드루앙
- Piat Pere et Fils 피아 페르 에 피스
- Chanson 샹송
- Patriache 파트리아쉬
- Charles Vienot 샬르 비에노
- Jaboulet-Vercherre 자불레 베세르
- Pierre Andre 피에르 앙드레
- Bacheroy-Josselin 바세르와 조스렝
- A. Bichot 비쇼
- Jean-Claude-Boisset 장 클로드 브와세
- Bouchard Aine et Fils 부샤르 에네 에 피스
- Bouchard Pere et Fils 부샤르 페르 에 피스
- Emile Chandesais 에밀 상드세
- Chanut Preres 사뉘 프레르
- F. Chauvenet 쇼브네
- Coron Pere et Fils 코롱 페르 에 피스
- David et Foillard 다비 에 프아야르
- Andre Delorme 앙드레 델로름
- Maison Doudet-Naudin 메종 두데-노뎅
- Georges Duboeuf 조르쥐 두뵈프
- Maison Faiveley 메종 페브레이
- Pierre Ferraud et Fils 피에르 페로 에 피스
- Geisweiler 제스베러
- Jaffelin 자프랭
- Laboure-Roi 라부레-르와
- Henri-de Villamont 앙리 드 빌라몽
- Mommessin 몽메쌩
- Leroy 르르와
- Lamblin et Fils 랑블렝 에 피스
- Loron et Fils 랑블렝 에 피스
- Lupe-Cholet 뤼페-쇼레
- Ropiteau Freres 로피토 프레르
- Antonin Rodet 앙토냉 로데
- Sarrau 샤로
- Thorin S.A 토렝
- P De Marcilly Freres 드 마실리 프레르
- Prosper Maufoux 프로스페 모푸
- Moillard 무와야르
- J. Moreau et Fils 모로 에 피스
- Pasquier-Desvignes 파스퀴에-데스빈뉴
- Maison Pierre Ponnelle 메종 피에르 포넬
- F. Protheau et Fils 프로토 에 피스
- Caves de la Reine Pedauque 까브 드 라 렌느 페도크
- Remoissenet Pere et Fils 르므와쓰네 페르 에 피스
- Simonnet-Febvre 시몬네 페브르

자료: 김한식, 현대인과 와인, 태웅출판, 1990, p.56.

국제소믈리에 대회 우승 "리츠칼튼 호텔 은대환 씨"

한국 국제 소믈리에협회(KISA)와 경희대 관광대학원 등의 공동 주최로 9일 경희대에서 열린 제1회 한국대표 선발 소믈리에 대회에서 리츠칼튼 호텔식당 소믈리에 은대환(33) 씨가 우승을 차지했다.

은씨는 특급호텔 등의 소믈리에 19명이 참석한 이 대회에서 상표를 숨기고 포도주를 마신 후 산지와 품종, 연도를 식별하는 블라인드 테스트와 필기시험 등을 종합한 점수에서 최고점을 얻었다. 지금껏 국내에서는 프랑스산 포도주만으로 소믈리에 대회를 개최한 적은 있었지만, 이번처럼 전 세계 각국 포도주 전체를 대상으로 한 대회는 처음이다.

사람들은 흔히 와인을 마시고 어떤 와인인지 맞추는 것에 대해 많은 질문을 던진다. 결론부터 말하자면 각 포도품종의 생산지역마다 고유의 기후와 토양이 있고, 또한 같은 지역 안에서도 생산자의 스타일이 다양하니 이런 것을 복합적으로 생각하는 것이 와인을 감별하는 방법이라 할 수 있겠다.

입안에서 산미가 많이 느껴지면 일단 어느 정도 서늘한 유럽 지역에서 만들어졌다고 유추해 볼 수 있고, 산미가 적고 부드럽다고 느껴지면 미국이나 호주 쪽으로 유추해 볼 수 있다.

좀더 세부적으로 들어가면 적절한 탄닌과 산미, 알코올이 느껴지면서 오크향도 온화하게 느껴지면 프랑스 지역으로 유추할 수 있다. 프랑스에서 카베르네 소비뇽이 많이 재배되는 지역은 보르도(Bordeaux) 지역, 서남부 혹은 지중해가 인접한 남부 지역이 대표적이다.

지중해가 가까운 남부 지역에서 재배된 카베르네 소비뇽은 기후가 더워서 과일향이 풍부할 뿐만 아니라 그 향은 잼(Jam) 같이 농축된 느낌이다. 그런 느낌이 감지되면 프랑스 남부 지역의 카베르네 소비뇽으로 만들어진 와인이라고 하는 것이다. 그렇지 않고 산미와 탄닌이 적절하고 약간 씁쓸한 맛도 느껴진다면 보르도 지역으로 짐작한다.

와인의 품질이 평이하다면 그냥 단순히 보르도 지역의 와인, 아니면 와인의 수준에 따라 메독지역 혹은 좀더 특색 있는 세부 마을까지 고려할 수 있다. 아주 부드럽고 우아한 향이 나면서 깊은 맛이 나는 좋은 품질의 와인이라면 마고(Margaux) 지역을 유추해보고, 약간 투박하지만 입안에서 강한 맛이 유쾌하게 느껴지면 생테스테프(Saint-Estephe) 지역이라고 유추해본다.

하지만 이 지역에서도 전형적인 그 지방 스타일을 추구하는 생산자가 있는 반면, 좀 더 다른 자신만의 스타일을 추구하는 생산자가 있으니 더 이상 구체적으로 어느 곳이며 어느 생산자인지까지 맞추는 것은 결코 쉬운 일이 아니다. 마고 지역의 와인이면서 강한 느낌의 와인을 만드는 생산자가 있고, 생테스테프 지역의 와인이면서 섬세한 스타일을 추구하는 생산자가 있다. 영화 007이나 일부 드라마에서 주인공이 와인을 시음하고 몇 년산, 어느 지방, 어떤 생산자의 와인이라는 것을 하나도 틀리지 않고 100% 정확히 얘기하지만 현실성이 떨어지는 내용이다.

2000년 JW 메리어트 호텔의 입사는 내 자신이 본격적으로 와인 산업에 입문할 수 있는 결정적인 계기가 되었다. 이태리 레스토랑에 서비스 직원으로 입사 지원을 했는데, 뜻하지 않게 호텔 경력 4년 차에 불과한 내가 객실 500실 규모의 특급 호텔의 음료구매 담당으로 입사하게 됐다. 당시에는 최초로 20대 나이에 호텔 와인 리스트를 관리하는 기회를 얻은 것이다. 빨리 찾아온 업무의 중책이 전문적인 와인 공부에 대한 배경을 조성해 주었다. 무똥까데 와인스쿨, 중앙대학교 산업교육원 와인 과정 등에서 체계적인 와인 교육을 받았고, 프랑스, 이태리 등 세계 유명 와인 산지를 찾아다니며 와인 시음회가 있으면 만사 제쳐두고 시음회에 참석했다.

자료: 조선일보 오종찬 객원기자 ojc1979@chosun.com입력 : 2007.04.06 23:34 / 수정 : 2007.04.06 23:35

(3) 론 지방

그림 3-9 론지방 주요 와인산지

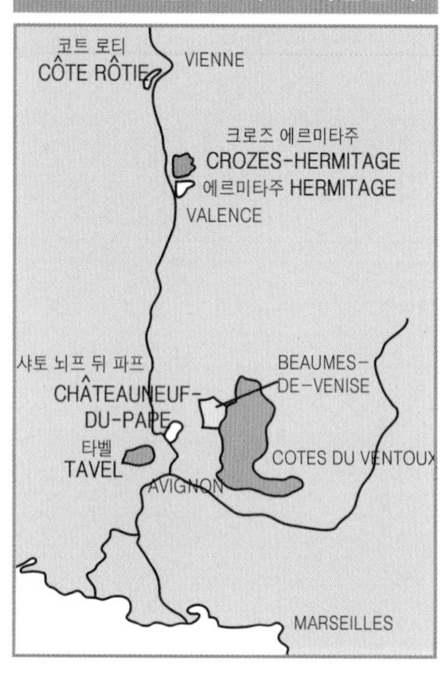

론 지방은 부르고뉴 남쪽 론 강 유역에 위치하고 있다. 이곳은 프랑스 남부 지중해 연안으로 여름은 덥고, 겨울은 춥지 않은 기후 조건과 풍부한 일조량으로 포도의 당분이 높다. 이에 따라 이곳의 와인은 알코올 농도가 높은 편이다. 론 지방은 크게 북부 론과 남부 론으로 나뉘어지는데, '질의 북부, 양의 남부'라는 것이 일반적인 평가이다. 북부 론에서는 양질의 와인이 생산되고 있으며, 남부 론에서는 일부 양질의 와인과 대부분 일반 테이블와인을 생산한다. 론 지방 전체 와인의 85%를 남부 론에서 생산되고 있다. 적게는 몇 종류, 많게는 수십 종류의 포도를 섞어서 와인을 만든다.

북부 론에서는 주로 적포도의 쉬라 품종을 사용한 레드 와인을 생산하는데, 유명한 와인 산지는 '코트 로티, 에르미타주'가 있다. 남부 론에서는 그르나쉬를 주품종으로 한 레드 와인산지로 '샤토 뇌프 뒤 파프와 타벨'의 로제 와인이 유명하다.

▲ 북부 론 '에르미타주'

표 3-23 북부 론의 와인 산지

와인 산지	특 징
코트 로티 Côte Rôtie	쉬라를 주품종으로 한 레드 와인산지로, 타닌의 맛이 강하고 제비꽃, 후추, 송로버섯향이 특징이며, 장기 숙성타입이다.
에르미타주 Hermitage	쉬라를 주품종으로 한 레드 와인산지로, 타닌의 맛이 강하고 카시스, 산딸기, 향신료 향이 특징이다.

▲ 남부 론 '샤토 뇌프 뒤 파프'

표 3-24 남부 론의 와인 산지

와인 산지	특 징
샤토 뇌프 뒤 파프 Château Neuf du Pape	그르나쉬를 주품종으로 쉬라, 무르베드르, 쌍소 등 13개의 품종을 섞어 레드 와인을 만든다. 론 지방의 대표 와인 산지이다.
타벨 Tavel	그르나쉬를 주품종으로 사용해 만든 드라이한 맛의 로제 와인이 유명하다. 제비꽃, 말린 과일향이 특징이다.

(4) 알자스 지방

알자스 지방은 라인 강을 따라 형성된 보주 산맥의 구릉지에 위치하고 있다. 독일과 국경을 맞대고 있어 프랑스와 독일 문화가 혼합된 지방이다. 그래서 와인의 스타일이 비슷하며, 포도품종에는 독일의 영향이 깊게 배어 있다. 단일 포도품종으로 와인을 만들고 있으며, 과일향과 신선한 맛의 드라이 화이트 와인을 주로 생산하고 있다.

알자스는 다른 지방과는 달리 와인에 지역명을 붙이지 않고, 포도의 품종명이 표기된다. 재배하는 포도품종은 리슬링, 게뷔르츠트라미너, 피노 그리, 뮈스카 등이 가장 좋은 품종으로 인정받고 있다. 알자스의 그랑 크뤼의 와인은 다음과 같은 조건이 충족되어야 한다.

- 리슬링, 게뷔르츠트라미너, 뮈스카 등 단일 품종을 원료로 사용하는 경우
- 포도품종 및 빈티지를 표시하는 경우
- 포도의 당도가 높고, 알코올 도수 11% 이상의 경우

▲ 독일과 프랑스 접경지역에 위치한 알자스의 드라이한 화이트 와인

알자스 지방의 유명 와인산지에는 콜마(Colmar)에 인접한 리크비르(Riquewihr), 카이자스베르그(Kaysersberg), 리보비르(Ribeauville) 등을 들 수 있다.

(5) 루아르 지방

프랑스에서 가장 긴 루아르 강(Loire, 1,000km) 유역을 따라 포도밭이 조성되어 있다. 프랑스의 북부에 위치하고 있어 포도 재배환경은 그다지 좋지 않다. 재배하는 포도품종은 화이트 와인의 소비뇽 블랑, 슈냉블랑, 샤르도네, 뮈스카데가 많이 재배된다. 레드 와인은 카베르네 소비뇽, 카베르네 프랑, 피노 누아, 가메 품종이 사용된다.

강의 상류, 중류, 하류에 따라 기후와 토양이 매우 다르기 때문에 지역에 따라 와인의 맛도 일정하지 않다. 다만 로제 와인은 여러 가지 형태로 생산되고 있어 루아르를 '로제 와인의 보고'라고도 한다. 주요 와인 산지는 루아르 강 하류의 낭트, 앙

주시를 중심으로 한 앙주 · 소뮈르, 루아르 강 중류의 투렌느 그리고 루아르 강 상류의 상트르(Centre : 중앙 프랑스) 등 4개의 지역으로 크게 나눌 수 있다.

그림 3-10 루아르 지방의 와인 산지

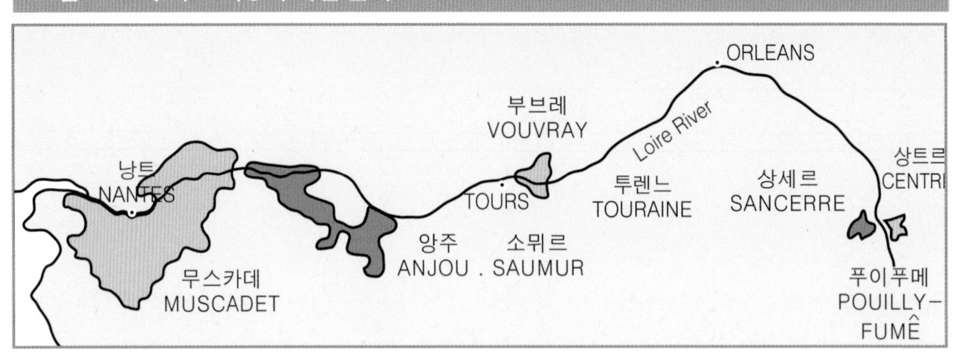

표 3-25 루아르 지방의 와인 산지

와인 산지	특 징
낭트 Nantais	가볍고 드라이한 맛의 화이트 와인 뮈스카데가 유명하다.
앙주 · 소뮈르 Anjou · Saumur	전체 와인 생산량의 70%가 로제 와인이다. 단맛의 로제 당주 Rose d' Anjou, 드라이한 맛의 카베르네 당주 Cabernet d' Anjou가 유명하다.
투렌느 Touraine	레드, 화이트, 로제, 스파클링 와인까지 생산한다.
상트르 Centre	소비뇽 블랑으로 만든 상세르 Sancerre, 푸이 푸메 Pouilly Fumé가 유명하고 루아르의 대표 화이트 와인이다.

▲ 루아르 강 상류의 상트르에서 소비뇽 블랑 포도품종으로 양조된 '푸이푸메'

(6) 샹파뉴 지방

샹파뉴 지방은 프랑스의 최북단에 위치하고 있다. 추운 기후조건에서 자란 포도는 당도가 적고, 신맛이 매우 강한 편이다. 그러나 이 지방 발포성 와인의 산뜻한 맛에 기여를 하고 있다. 프랑스 샹파뉴 지방에서만 생산되는 발포성 와인을 샴페인이라고 한다. 지명이 술 이름으로 영어식 발음이다. 모든 샴페인은 스파클링 와인이지만, 모든 스파클링 와인은 샴페인이 될 수 없다. 보통 스파클링 와인은 지역에 따라 명칭이 달라진다. 이탈리아는 스푸만테(Spumante), 스페인은 카바(Cava), 독일은 섹트(Sekt)라는 명칭을 사용한다. 같은 프랑스라도 샹파뉴 지방의 것이 아니면 샴페인이라는 명칭을 쓸 수 없고, 뱅 무스(Vin Mousseux) 또는 크레망(Cremant)이라고 한다. 샴페인은 스틸 와인에 설탕과 효모를 첨가해 병 속에서 2차 발효를 일으켜 와인 속에 탄산가스를 갖도록 한 것이다. 그래서 샴페인은 마개가 빠질 때 나는 펑하는 소리와 함께 이는 거품이 특징인 술로서 각종 기념일에 빠지지 않는 축하주이다. 샴페인의 매력은 입 안을 톡톡 쏘는 탄산가스에 의한 신선하고 자극적인 맛과 마시는 동안 계속 올라오는 거품에 있다. 거품의 크기가 작고, 거품이 올라오는 시간이 오래 지속되는 것이 고급 샴페인의 기준이 된다. 또 단맛의 정도에 따라서 다음과 같이 구분한다.

표 3-26 샴페인의 설탕 농도에 의한 맛의 구분

브뤼 Brut	매우 드라이한 맛
엑스트라 섹 Extra Sec	드라이한 맛
섹 Sec	약간 드라이한 맛
드미 섹 Demi Sec	약간 단맛
두 Doux	단맛

◀ 매우 드라이한 맛의 로렝 페리에

샴페인은 모든 음식에 잘 어울린다. 식전주나 식중주로 마실 때에는 드라이한 맛의 브뤼나 엑스트라 섹이 적당하다. 반면에 디저트와 함께 식후주에는 단맛이 소화를 돕고 적당하다.

샴페인을 만드는 품종은 적포도의 피노 누아, 피노 뫼니에(Pinot Meunier)와 청포도의 샤르도네 등을 섞어 양조하고 있지만, 단일 품종으로도 만든다.

표 3-27 샴페인 라벨에 표기되는 문구

블랑 드 블랑 Blanc de Blanc	청포도의 샤르도네로 만든 샴페인
블랑 드 누아 Blanc de Noir	적포도의 피노 누아, 피노 뫼니에로 만든 샴페인

청포도가 많이 들어갈수록 섬세한 맛이 되고, 적포도가 많을수록 깊은 맛이 된다. 샴페인은 서로 다른 여러 지역의 포도품종이 혼합되므로, 생산지역보다는 샴페인 제조회사가 중요하다. 다음은 샴페인의 유명회사와 고급 샴페인(Cuvée Spéciale, 쿠베 스페시알)이다.

▲ 블랑 드 누아, 블랑 드 블랑, 로제 샴페인

표 3-28 샴페인 주요 제조회사와 고급 샴페인

샴페인 제조회사	쿠베 스페시알
모에 상동 Moët Chandon	동 페리뇽 Dom Pérignon
폴 로저 Pol Roger	쿠베 써 윈스톤 처칠 Cuvée Sir Winston Churchill
로렝 페리에 Laurent Perrier	쿠베 그랑 시에클 Cuvée Grand Siecle
제 아쉬 뭄 G · H Mumm	르네 랄루 René Lalou
크류그 Krug	그랑드 쿠베 Grande Cuvée
에드직 모노폴 Heidsieck Monopole	디아망 블루 Diamant Bleu
고세 Gosset	그랑 밀레짐 Grand Millésime
테탕저 Taittinger	콩트 드 샹파뉴 Comtes de Champagne

고급 샴페인의 기준

- 1등급 포도밭에서 생산된 가장 좋은 품질의 포도를 사용
- 포도에서 즙을 짤 때 첫 번째 나오는 주스만 사용
- 장기간 병숙성한 샴페인, 빈티지가 표시된 샴페인
- 거품의 크기가 작고, 거품이 올라오는 시간이 오래 지속되는 샴페인
- 수정같이 맑고 광택이 있는 샴페인

그림 3-11 프랑스의 와인 라벨

① 와인명	② 와인등급
③ 병입자 주소지	④ 생산국
⑤ 용량	⑥ 빈티지

① 와인명	② 와인등급
③ VDQS보증마크	④ 생산국
⑤ 용량	⑥ 병입자 주소지

① 와인명	② 와인등급
③ 용량	④ 병입자 주소지

① 와인명	② 와인등급
③ 알코올도수	④ 생산국
⑤ 용량	⑥ 병입자 주소지

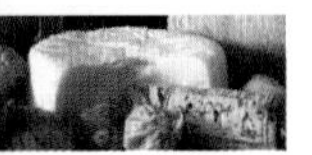

2) 독일 와인

▲ 라인 강 서쪽에 위치한 바하라흐 (bacharach)마을의 계단식 포도밭

독일은 유럽의 와인 생산국 중 가장 북쪽에 위치하고 있다. 프랑스에 비해 날씨가 춥고 일조량이 많지 않아서, 남부의 일부 지역을 빼고는 레드 와인용 포도재배에는 적합하지 않다. 따라서 독일에서 생산되는 와인의 85%가 화이트 와인이고, 남은 15%가 레드 와인과 로제 와인이다. 화이트 와인의 품종으로는 리슬링, 게뷔르츠트라미너, 실바너(Silvaner), 뮐러 투르가우(Muller Thurgau) 등이다. 재배되는 포도는 당분 함량이 적고, 대신 산도가 높은 것이 특징이다. 그 결과 알코올 함유량이 낮고 신맛이 강한 편이다. 독일 와인은 4가지의 등급으로 나뉜다.

표 3-29 독일 와인의 등급

와인 등급	특 징
최상급 와인 / QmP Qualitatswein mit Pradikat	독일 와인은 포도 수확시기에 따라 와인의 품질이 정해진다. 포도 수확시기가 늦을수록 당도가 높아 좋은 품질의 와인이 생산된다. 최상급의 QmP는 다시 6가지 품질로 나뉘어지는데 [표 3-30]과 같다.
상급 와인 / QbA Qualitatswein bestimmter Anbaugebiete	지역의 특성과 전통적인 맛을 보증하기 위하여 포도원의 토질, 포도품종, 재배방법, 양조과정을 검사받아 와인의 품질이 우수한 와인이다.
지방 와인 / 란트바인 Landwein	프랑스의 뱅 드 페이급 와인으로 산지와 포도품종이 표기된다.
테이블 와인 / 타펠바인 Tafelwein	여러 종류의 포도를 섞어 양조되며, 산지명이 표기되지 않는 와인이다.

독일의 유명 와인 산지들은 대륙성의 한랭한 기후를 피해 남부의 강가에 몰려 있는데, 라인 강과 모젤 강 유역에 위치하고 있다. 라인 강 유역에 위치하고 있는 라인가우(Rheingau)와 라인헤센(Rheinhessen) 그리고 모젤 강을 중심으로 한 모젤 자르 루버(Mosel-Saar-Ruwer)가 대표적이다.

표 3-30 독일 최상급 와인의 품질 등급

품질 등급	특 징
카비네트 Kabinett	잘 익은 포도를 수확하여 만든 드라이한 맛의 화이트 와인
슈패트레제 Spätlese	늦게 수확하여 만든 부드럽고 향이 풍부한 스위트 와인
아우스레제 Auslese	늦게 수확하여 잘 익은 포도로 만든 스위트 와인
베렌아우스레제 Beerenauslese	늦게 수확하여 잘 익은 포도만 골라 만든 스위트 와인
아이스바인 Eiswein	초겨울에 포도가 나무에서 얼어있는 상태의 것을 수확하여 만든 고급 와인
트로켄베렌-아우스레제 Trockenbeeren-auslese	포도를 과숙시켜 귀부포도로 만든 향이 풍부하고 벌꿀과 같은 짙은맛이 나는 최고급 와인

(1) 라인가우 Rheingau

독일에서 가장 적은 규모의 산지이지만 귀부포도로 만들어지는 트로켄베렌-아우스레제와 아이스바인 등 양질의 와인을 생산하고 있다. 라인 강에서 피어오르는 안개가 귀부 균의 발생을 촉진시켜 향이 풍부하고, 벌꿀과 같은 짙은맛의 화이트 와인을 생산할 수 있다. 재배하는 포도품종은 리슬링으로 라인가우가 원산지이다. 유명 와인 산지에는 요하니스베르그 지구 내에 있는 스테인베르그(Steinberg), 슬로스 폴라츠(Schloss Vollrads : 드라이한 맛), 슬로스 요하니스베르그(Schloss Johannisberg : 장기 숙성의 와인) 등의 포도밭이 있다.

그림 3-12 독일의 주요 와인 산지

(2) 라인헤센 Rheinhessen

라인헤센은 독일의 최대 와인 산지로 완만한 구릉지에 포도밭이 조성되어 있다. 재배하는 포도품종은 실바너와 뮐러 투르가우, 리슬링 등이다. 독일 수출 와인의 반수를 차지하고 있는 립후라우밀히(Liebfraumilch, 성모의 젖)의 산지이다. 성모 교회의 이름을 딴 와인으로 단맛의 화이트 와인이다.

(3) 모젤 자르 루버 Mosel-Saar-Ruwer

▲ 라벨에 검은 고양이로 유명한 '슈바르체 카츠'

모젤 자르 루버는 가볍고 신선한 맛의 화이트 와인으로 리슬링, 뮐러 투르가우 품종이 사용된다. 강 유역에 따라 맛의 차이가 있는데, 모젤 강 유역은 부드럽고 섬세한 맛이다. 자르 강 유역은 구조가 튼튼한 바디가 있고, 루버 강 유역은 향이 풍부하고 풋풋한 신맛이 특징이다. 모젤 강 유역의 첼(Zell) 마을에서 생산되고 있는 슈바르체 카츠(Schwarze Katz)가 널리 알려져 있다. 산뜻하고 달콤한 맛의 와인으로 리슬링 품종이 사용되며, 라벨에 검은 고양이가 그려져 있다.

그림 3-13 독일의 와인 라벨

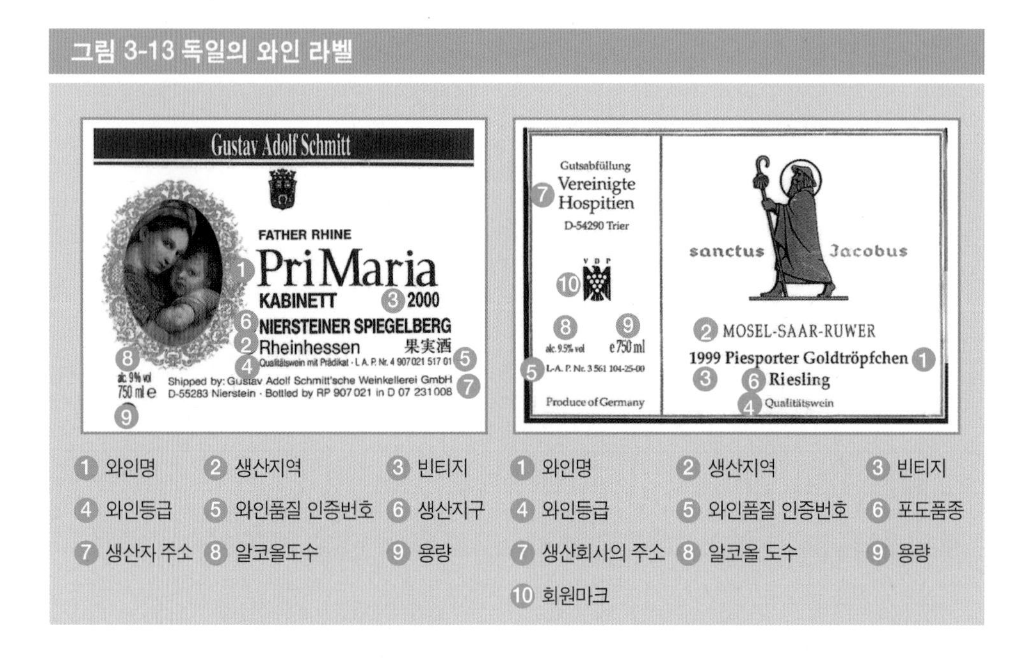

3) 이탈리아 와인

이탈리아는 남북으로 긴 국토에 걸쳐 포도밭이 조성되어 있다. 지중해의 영향으로 온화한 기후 덕분에 포도재배에 아주 좋은 조건을 갖추고 있다. 오랜 역사와 전통, 제반 조건을 갖추고 있음에도 불구하고 전근대적인 생산방식과 품질관리 소홀로 세계시장에서 주목받지 못하였다. 그러다가 1963년 이탈리아 정부가 와인 산업의 발전을 위해 프랑스의 AOC법을 모방한 DOC법을 도입하면서 양질의 다양한 와인을 생산하기 시작하였다. 오늘날에는 1992년에 개정된 DOC법을 바탕으로 더 완벽한 품질관리를 통해 이탈리아 와인산업은 르네상스시대를 구현하고 있다. 이탈리아 와인의 등급은 4가지로 분류하는데 다음과 같다.

표 3-31 이탈리아 와인의 등급

와인 등급	특 징
최상급 와인 / DOCG Denominazione di Origine Controllata e Garantita	DOC 등급보다 더 엄격하게 규제되고, 최상급 와인으로 DOCG라고 불린다. 추가된 G는 가란티타(garantita)의 약자로 '정부에서 품질을 보증'하고 있다.
상급 와인 / DOC Denominazione di Origine Controllata	특정한 지역에서 생산되어 DOC법에서 요구하는 포도품종, 양조방법, 혼합비율, 알코올 도수 등 엄격한 생산 규정과 통제 하에 숙성되고 병입된 와인이다.
지방 와인 / IGT Indicazione Geografica Tipica	프랑스의 뱅 드 페이에 해당되는 등급이다.
테이블 와인 / VdT Vino da Tavola	프랑스의 뱅 드 타블과 같은 등급으로 이탈리아 전역에서 생산되는 와인이다.

이탈리아 와인의 특징은 전형적인 지중해성 기후의 영향으로 포도의 당분 함량이 높고, 산도가 약하다. 이러한 포도로 만든 와인은 알코올 농도가 높다. 또한 기후의 영향으로 대부분 레드 와인을 생산하며, 오크통에서 장기간 숙성시키므로 묵직하고 텁텁한 남성적인 풍미를 갖고 있다. 이탈리아에서는 많은 자생포도품종을 재배하고 있는데, 레드 와인은 네비올로, 산지오베제, 바르베라, 몬테풀치아노, 돌체토, 카나이올로 등이다. 화이트 와인은 트레비아노, 말바시아, 모스카토가 많이 재배된다. 와인의 명칭은 포도품종명, 산지명, 생산자명을 사용한다.

표 3-32 이탈리아 와인의 명칭

포도품종명	돌체토 Dolcetto 바르베라 Barbera
산지명	바롤로 Barolo, 키안티 Chianti, 몬탈치노 Montalcino
생산자명	사시카이아 Sassicaia, 루피노 Ruffino

DOC 와인을 가장 많이 생산하는 지방은 피에몬테, 토스카나, 베네토 등으로 이탈리아의 대표적인 와인 산지이다.

그림 3-14 이탈리아의 주요 와인 산지

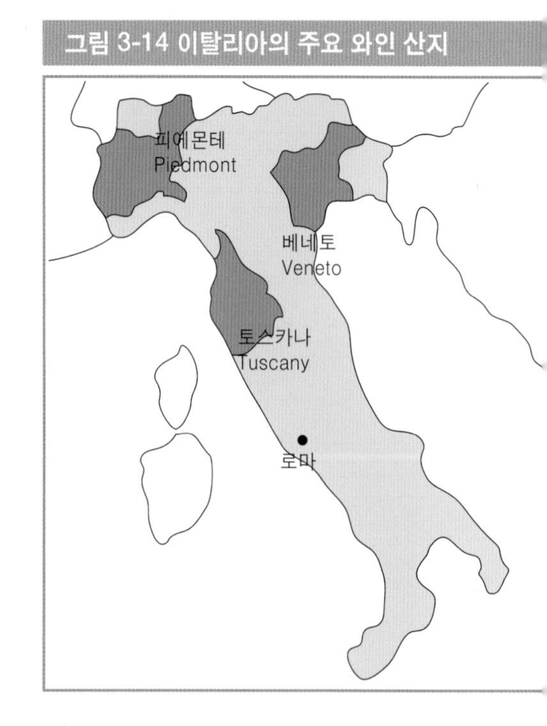

(1) 피에몬테 지방 Piedmonte

피에몬테는 프랑스와 스위스의 국경에 접하고 있으며, 알프스 산기슭에 위치하고 있다. 주품종은 네비올로이며 단일 품종으로 양조하고 있다. 붉은 과일향과 꽃향 그리고 풍부한 타닌과 무게감이 특징이다. 바롤로, 바르바레스코, 가티나라, 겜메 등이 DOCG 와인에 사용되고 있다.

표 3-33 피에몬테 지방의 DOCG 와인

DOCG 와인	특 징
바롤로 Barolo	피에몬테에서 가장 유명한 와인이다. 2년간 오크통에서의 숙성을 의무화하고 있다.
바르바레스코 Barbaresco	바롤로보다 엘레강트하고 섬세한 맛이 특징이다.
가티나라 Gattinara	자주꽃 향이 특징으로 토속적인 와인이다.
겜메 Ghemme	최근에 지속적인 품질 향상이 두드러지는 와인이다.

▲ 이탈리아 와인의 왕 '바롤로'

이 밖에 피에몬테에서 조기숙성 타입의 가볍고 산뜻한 맛의 돌체토(Dolcetto)와 바르베라(Barbera) 와인이 있다. 포도품종명이면서 와인 명칭으로도 사용된다.

또 '이탈리아의 샤블리'라 불리는 DOCG 와인 '가비(Gavi)'가 있다. 드라이한 맛의 화이트 와인으로 청포도 코르테제(Cortese)가 사용된다. 가비는 신선함과 우아함이 잘 조합되어 해산물 요리나 생선찜에 잘 어울린다. 단맛의 스파클링 와인으로 널리 알려진 '스푸만테'도 피에몬테 지방에서 빼놓을 수 없다. 모스카토 품종으로 만드는데, 피에몬테 남부의 아스티(asti) 지역에서 생산되는 모스카토 다스티(Moscato d'Asti)가 바로 그것이다. 디저트 와인으로 상큼한 향과 단맛이 매력이다.

(2) 토스카나 지방 Toscana

토스카나는 세계적으로 널리 알려진 키안티(Chianti) 와인을 생산하는 지방이다. 키안티의 명성은 피아스코(fiasco, 호리병 모양의 병에 짚으로 둘러싼 특이한 형태)병 때문이다. 현재는 짚으로 둘러싸는 데 수공비가 많이 들어, 보르도 타입의 병으로 바뀌고 있다. 키안티 와인의 주품종은 산지오베제(Sangiovese)이며, 여기에 카베르네 소비뇽과 카베르네 프랑을 섞어 양조하고 있다. 키안티 와인은 가벼운 맛에서부터 무거운 맛까지 폭이 넓다. 키안티 지역 내에서도 토양과 기후 조건이 특별히 좋은 곳이 있는데, 이를 키안티 클라시코(classico)[17]라고 분류한다. 키안티 클라시코는 병목에 부착되는 넥 라벨(neck label)에 검은 수탉의 그림이 그려져 있다. 이는 키안티 클라시코 지역 와인생산자 조합의 상징으로 고품질임을 입증하고 있다. 클라시코 급으로 3년 이상 숙성시킨 것은 리제르바(riserva)라고 표기한다. 이것은 키안티 와인의 최고품질이다. 일반적으로 '키안티 클라시코'는 '키안티'보다 풍미와 감칠맛이 풍부하다.

▲ 토스카나 지방의 와인 '키안티'

Chianti → Chianti Classico → Chianti Classico Riserva

토스카나에서 키안티 이외 유명한 와인산지는 브루넬로 디 몬탈치노, 비노 노빌레 디 몬테풀치아노, 카르미나노 등이 있다. 이들 마을 이름은 와인 명칭으로도 사용된다.

17) 전통적으로 와인을 생산해 온 본원지를 가리키는 것이다. 유명 와인의 차별화를 위한 것으로 추가 숙성을 의미한다.

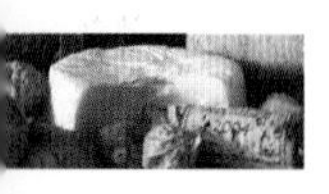

표 3-34 토스카나 지방의 DOCG 와인	
DOCG 와인	특 징
브루넬로 디 몬탈치노 Brunello di Montalchino	브루넬로는 산지오베제의 교배종으로 타닌과 무게감이 있고, 향미가 강한 DOCG 와인이다.
비노 노빌레 디 몬테풀치아노 Vino Nobile di Montepulciano	귀족마을 몬테풀치아노에서 산지오베제의 교배종 '프루놀로 젠틸레' 품종으로 만든다. 섬세한 맛과 스파이스한 향미가 특징이다.
카르미나노 Carmignano	산지오베제와 카베르네 품종을 섞어 양조한다. 과일향과 꽃향이 강하다.

토스카나에서 주목해야 할 블렌딩 와인으로 '수퍼 투스칸(Super Tuscans)'이 있다. 이 와인은 토스카나 지방의 고유품종인 산지오베제에 수입품종인 카베르네 소비뇽, 메를로, 카베르네 프랑 품종 등을 섞어 독특한 맛과 향을 갖게 한 것이다.

표 3-35 토스카나 지방의 수퍼 투스칸	
수퍼 투스칸	특 징
사시카이아 Sassicaia	산지오베제, 카베르네 소비뇽, 카베르네 프랑
티나넬로 Tignanello	산지오베제, 카베르네 소비뇽
오르넬라이아 Ornenllaia	산지오베제, 카베르네 소비뇽, 메를로, 카베르네 프랑
솔라이아 Solaia	산지오베제, 카베르네 소비뇽

▲ 수퍼 투스칸의 대표 와인 '사시카이아'

(3) 베네토 지방 Veneto

이탈리아 북동쪽에 위치한 베네토는 '로미오와 줄리엣'의 고장 베로나 주변에서 와인이 생산되고 있다. 베네토 지방의 와인 산지는 소아베, 발폴리첼라, 바르돌리노 등이 있다.

소아베는 가르가네가(Garganega)와 트레비아노 디 소아베(Trebbiano di Soave) 품종으로 만들며, 드라이한 맛의 화이트 와인이다. 베로나의 동쪽에 위치하고 있으며, 이탈리아에서 인기가 높은 와인이다. 발폴리첼라는 가볍고 신선한 레드 와인으로 코르비나(corvina), 론디넬라(rondinella), 몰리나라(molinara) 등의 적 포도를 섞어 만든다.

▲ 베네토 지방의 화이트 와인 '소아베'

그리고 바르돌리노(bardolino)는 코르비나를 주품종으로 가벼운 레드 와인을 만든다.

※이 밖에도 이탈리아의 유명 와인으로 주정을 강화시켜 보존성을 높인 마르살라(Marsala)가 있고, 와인에 맛과 향을 첨가시킨 가향와인 벌무스(Vermouth)가 있다. 드라이한 맛에서부터 단맛에 이르기까지 다양하다.

그림 3-15 이탈리아의 와인 라벨

4) 스페인 와인

스페인 와인은 지중해 연안의 다른 나라들과 마찬가지로 포도재배의 역사가 깊다. 포도밭 면적이 가장 넓은 규모를 갖고 있지만 이탈리아, 프랑스에 이어 세 번째의 와인 생산국이다.

스페인의 와인산업이 비약적인 발전을 이룩하게 된 것은 19세기 중엽이다. 이 시기에 유럽 전역의 포도밭 대부분이 '필록세라(phylloxera, 진딧물)'라는 해충에 의해 황폐화되었다. 이를 계기로 프랑스의 와인 생산자들이 피레네 산맥을 넘어 스페인의 리오하(Rioja) 지역에 포도밭을 조성하게 되었다. 이들로부터 프랑스의 포도재배와 양조기술을 전수받게 되었다. 이 때부터 스페인 와인의 품질이 크게 향상되었다.

스페인 역시 프랑스의 AOC 제도를 모방하여 DO(Denominacione de Origen, 원산지 지정) 제도를 도입해 와인에 대한 품질 관리를 하고 있다. 스페인 와인은 4가지의 등급으로 분류하는데 다음과 같다.

표 3-36 스페인 와인의 등급

와인 등급	특 징
최상급 와인 / DOC Denominacion de Origen Calificada	DO의 상급 와인으로 10년 동안 인정된 것이어야 한다. 현재 리오하, 프리오라토(priorato)의 2개 지역만 DOC로 지정되어 있다.
상급 와인 / DO Denominacion de Origen	DO제도의 규정에서 요구하는 포도품종, 양조방법, 생산지역 등의 조건을 갖춘 와인이다.
지방 와인 Vino de la Tierra	승인된 지역에서 재배한 포도를 60% 이상 사용해야 한다. 지역적 특성을 담고 있는 지방 와인이다.
테이블 와인 Vino de Mesa	스페인 여러 지방의 품종이나 와인을 섞어 양조하는 것으로 일반 와인이다. 산지명과 수확연도를 표기할 수 없다.

재배하는 포도품종은 적포도의 템프라니요(Tempranillo, 피노 누아와 비슷), 가르나차(Garnacha : 그르나쉬와 비슷), 청포도의 비우라(Viura), 팔로미노(Palomino)가 주로 재배된다. 스페인의 와인 산지에는 중북부의 리오하, 북서부

의 페네데스(Penedes), 중부 내륙에 위치한 리베라 델 두에로(Ribera del Duero), 남쪽의 헤레스(Jerez)가 있다.

그림 3-16 스페인 · 포르투갈의 주요 와인산지

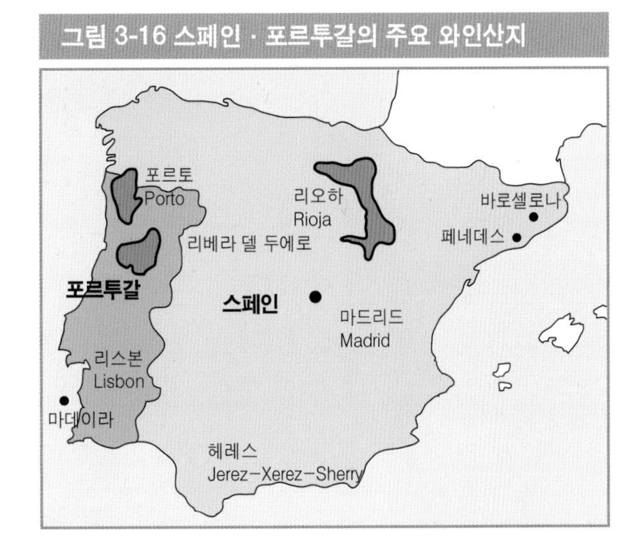

(1) 리오하 Rioja

리오하는 스페인을 대표하는 와인 산지로 프랑스 국경에 인접해 있다. 프랑스인들이 정착하면서 양조기술을 도입하여 보르도 와인과 비슷하다. 스페인에서 가장 양질의 와인을 만드는 곳이며, 특히 레드 와인은 세계적으로 인정받고 있다. DOC 등급의 이 지역에서는 토속품종의 템프라니요를 사용하여 양질의 와인을 생산한다. 유명 와인 산지는 리오하 알타(Alta), 리오하 알라베사(Alavesa), 리오하 바하(Baja) 등이 있다. 그리고 와인 숙성의 조건을 규정하여 라벨에 표기되는데 다음과 같다.

- Joven(호벤): 숙성을 거치지 않고 바로 마시는 영 와인.
- Crianza(크리안자): 2년 숙성/ 오크통 숙성 1년, 병 숙성 1년
- Reserva(레세르바): 3년 숙성/ 오크통 숙성 1년, 병 숙성 2년
- Gran reserva(그랑 레세르바): 5년 숙성/ 오크통 숙성 2년, 병 숙성 3년

리오하의 유명 와인에는 마르케스 데 리스칼(Marques de Riscal), 보데가 무가(Bodegas Muga), 보데가 도메크(Bodegas Domecq) 등이 있다.

▲ 보르도 스타일의 리오하 와인 '마르케스 데 리스칼'

(2) 페네데스 Penedes

스페인산 스파클링 와인의 85%가 카탈루냐 지방 내에 있는 페네데스 지역에서 생산되고 있다. 샴페인 방식으로 만들어지는데 '카바(Cava)'라는 이름으로 널리 알려져 있다. 포도품종은 마카베오, 자렐-로, 파렐라다 등이 사용된다. 세계에서 가장 긴 인공 동굴(30km)에 최대의 저장시설을 갖춘 코도르니우(Codorniu)가 유명하

다. 그리고 토레스(Torres)가에서 생산하고 있는 검은색 라벨의 그란 코로나스(Gran Coronas)는 수출용 레드 와인으로 인기가 있다. 100% 카베르네 소비뇽 포도를 사용하여 만들고 있다.

(3) 리베라 델 두에로 Ribera del Duero

▲ 리베라 델 두에로의 '베가 시칠리아 유니코'

최근 각광받고 있는 산지로 리베라 델 두에로가 있다. 이곳은 1800년대부터 와인을 생산했지만, 공식적으로는 1982년부터 와인산지로 지정되었다. 전통적으로 로제가 유명하였지만, 현재는 묵직하고 색이 짙은 양질의 레드 와인을 만든다. 이 중에서 베가 시칠리아 유니코(Vega Sicilia Unico, 오크통에서 10년 이상 숙성)는 스페인에서 가장 값비싼 와인으로 알려져 있다. 재배되고 있는 포도품종은 카베르네 소비뇽, 메를로, 가르나차 등이 있다.

(4) 헤레스 Jerez

쉐리와인의 발상지이다. 헤레스(Jerez)가 변형되어, 프랑스어의 세레스(Xerez), 영어의 쉐리(Sherry)가 되었다. 스페인에서는 3개의 명칭인 Jerez-Xerez-Sherry 전부 표기하고 있다. 쉐리의 원료는 청포도의 팔로미노(드라이한 맛의 쉐리), 페드로-히메네즈(Pedro-Ximenez, 단맛의 쉐리) 등의 품종을 주로 사용한다. 쉐리는 와인이 발효한 후 브랜디를 첨가하여 알코올 농도를 18~20% 정도 높이고, 오크통에 숙성하여 독특한 향과 맛을 갖게 한 와인이다. 대체로 드라이한 맛의 피노 쉐리가 인기가 있으며, 스페인의 대표적인 주정강화 와인이다. 쉐리는 종류에 따라 다음과 같이 4가지로 나뉜다.

쉐리와인 유명제조회사

- Gonzalez Byass
- Sandeman
- Pedro Domecq
- Harvey's
- Croft
- Savory and James

표 3-37 쉐리와인의 종류

종 류	특 징
피노 Fino	쉐리와인 중 가장 옅은 황갈색으로 드라이한 맛이며, 차갑게 식전주로 마신다. 아몬드향과 효모향(flor)이 특징이다.
아몬틸라도 Amontillado	피노를 일정기간 숙성한 것으로, 진한 맛과 알코올 도수가 약간 높다. 내수용은 드라이한 맛, 수출용은 미디엄 드라이한 맛이다.
오롤로소 Oloroso	황갈색을 띠며, 향기롭고 무게감이 있는 드라이한 맛의 쉐리이다. 수출용은 페드로-히메네즈 청포도를 사용한 단맛이다.
크림 Cream	짙은 색의 달콤한 쉐리로 디저트 와인이다.

▲ 드라이한 맛의 쉐리와인 '티오 페페'

그림 3-17 스페인의 와인라벨

스페인 와인용어

- Anejo 아네호 : 숙성시킨
- Bodega 보데가 : 와인 저장고 혹은 와인 제조회사
- Cepa 세파 : 포도품종
- Cosecha 코세차 : 빈티지
- Vendimia 벤디미아 : 수확
- Vino Corriente 비노 코리엔테 : 테이블 와인
- Espumoso 에스푸모소 : 스파클링 와인, 샴페인 방식은 Cava

5) 포르투갈 와인

포르투갈은 과거 스페인령이었기 때문에 와인의 발달도 스페인과 같은 역사를 가지고 있다.

스페인의 쉐리와 함께 포르투갈의 포트와인 역시 세계적으로 알려진 주정강화 와인이다. 포트와인은 주로 두로(Douro)강 상류의 알토(Alto)두로 산지에서 재배된 적포도와 청포도로 만든다. 와인이 발효하는 도중에 브랜디를 첨가해 알코올 도수를 높인 것으로 디저트 와인의 대명사이다. 출하되는 항구의 이름이 포르토(Porto)라서 포트와인이라 부르게 되었다. 재배되는 포도품종은 바스타도(Bastardo), 무리스코(Mourisco), 틴타 아마렐라(Tinta Amarella) 등의 적포도가 있고, 돈젤리노(Donzelinho), 고우베이오(Gouveio), 에스가나 카웅(Esgana-Cao) 등의 청포도가 있다. 포트와인은 대체로 단맛의 레드 와인이지만, 드라이한 맛의 화이트 포트와인도 있다. 포트와인은 포도품종과 숙성 정도에 따라 다음과 같이 나뉜다.

표 3-38 포트와인의 종류

종 류	특 징
화이트 포트 White Port	청포도로 만든 황금색의 드라이한 맛이다. 차갑게 해서 식전주에 마신다. 스위트한 맛도 있다.
루비 포트 Ruby Port	적포도로 만든 것으로 숙성시키기 때문에 루비 색을 띤다. 가장 대중적인 포트와인이다.
토니 포트 Tawny Port	화이트 포트와 루비 포트를 혼합시킨 것과 루비 포트를 장기 숙성한 올드 토니(Old Tawny)가 있다.
빈티지 포트 Vintage Port	포도 작황이 좋은 해만 생산하는 최상품의 포트와인으로 '수확연도'가 표기된다. 2년 통숙성 후 10년~50년까지 병숙성을 시킨다. 디캔팅이 필요하다.

▲ 빈티지 포트와인

포트와 함께 마데이라(Madeira)도 주정강화 와인으로 유명하다. 마데이라는 아프리카 서북부 대서양에 위치한 포르투갈령 섬이다. 마데이라의 특징은 가열에 의한 숙성과 풍미를 더하는 독특한 와인이다. 사용하는 포도품종은 세시알(Sercial), 버델로(Verdelho), 보알(Boal), 마름세이(Malmsey) 등이다.

마데이라는 와인이 발효되는 도중과 발효 후 브랜디를 첨가해 알코올 함유량을

18~20% 높인다. 이것을 가라앉히기를 거쳐서 에스투파(estufa)라 불리는 방이나 가열로에서 약 50℃의 온도로 3~4개월 동안 가열시킨다. 이 때 와인은 누른 냄새가 나고, 마데이라 고유의 특성을 얻게 된다. 마데이라는 최소 3년 동안 숙성시키는데, 기간에 따라 reserve(5년 이상), special reserve(10년 이상), extra reserve(15년 이상), vintage(20년 이상) 등으로 구분한다. 또 마데이라는 드라이한 맛에서부터 단맛까지 4가지의 종류가 있는데, 포도 품종명을 그대로 사용한다.

표 3-39 마데이라 와인의 종류

종 류	특 징	
세시알 Sercial	드라이한 맛	(당분 2~3%)
버델로 Verdelho	중간 드라이한 맛	(당분 5~6%)
보알 Boal	단맛	(당분 8~10%)
마름세이 Malmsey	매우 단맛	(당분 10~14%)

▲ 대서양의 포르투갈령 마데이라 섬에서 생산되는 주정 강화와인 '마데이라'

따라서 세시알과 버델로는 식전주, 보알과 마름세이는 식후주로 적합하다. 포르투갈을 대표하는 와인 중 마지막 하나가 로제 와인이다. 로제 와인은 프랑스의 레드 와인, 독일의 화이트 와인과 함께 나란히 세계를 대표하는 와인이다. 단맛을 지니고 가벼운 탄산가스를 갖고 있어 입 안이 상쾌해지고 활력이 넘쳐 어떤 요리와도 잘 어울리는 와인이다. 포르투갈 와인 수출량 중 가장 큰 비중을 차지하고 있다. 마테우스 로제(Mateus Rose)와인이 널리 알려져 있다. 이 밖에도 비뉴 베르드(Vinho Verde)라고 하는 '그린와인(Green Wine)'이 있다. 약간 신맛의 와인으로 젊은 층에서 즐기는 와인이다. 레드와 화이트가 있는데, 알코올 도수가 낮고 가볍고 신선한 맛이다.

포르투갈은 원산지 품질 관리법을 세계 최초(1907년)로 시행할 정도로 와인의 품질 관리에 노력하고 있다. 와인의 등급은 다음 4단계로 나뉘어져 있다.

포트와인 유명제조회사

- Gonzalez Byass
- Harvey's of Bristol
- Sandeman
- Graham

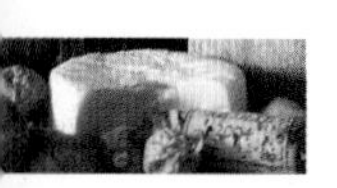

표 3-40 포르투갈 와인의 등급

와인 등급	특 징
최상급 와인 / DOC Denominacao de Origem Controlada	오랜 전통이 있는 지역에 부여된다. douro, madeira, vinho verde, dao 지역 등이 여기에 해당된다.
상급 와인 / IPR Indicacao de Proveniencia Regulmentada	최근에 특산지로 지정된 지역의 와인에 부여된다.
지방 와인 Vinho de Regional	테이블 와인 중에서 산지가 인정되고 있는 와인에 부여된다.
테이블 와인 Vinho de Mesa	산지명을 표기할 수 없는 일반적인 테이블 와인이다.

그림 3-18 포르투갈의 와인 라벨

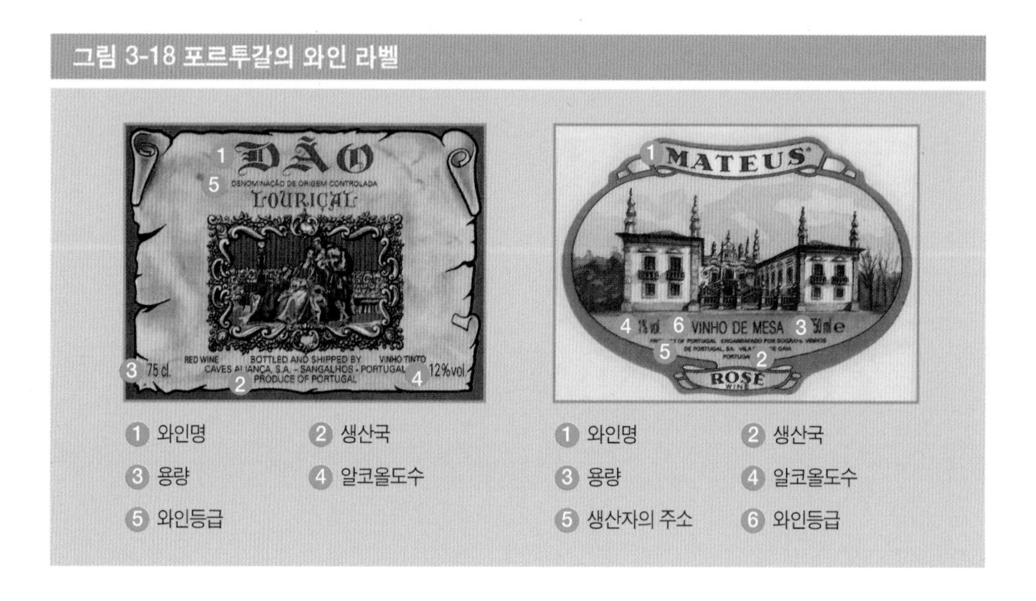

6) 미국 와인

미국은 캘리포니아, 뉴욕, 오리건, 워싱턴주 등에서 와인이 생산되고 있다. 그러나 미국 와인 생산량의 90% 정도는 미국 서부에 위치한 캘리포니아주에서 생산된다.

캘리포니아는 태평양 연안을 따라 포도밭이 조성되어 있고, 포도재배에 적합한 환경조건을 갖추고 있다. 그리고 유럽의 전통적인 와인 양조과정을 개선하면서 새로운 포도재배와 양조에 대한 학문을 도입하여 와인 산업을 발전시키고 있다.

유럽은 전통적으로 포도밭에 등급이 있고, 양조방법 또한 법으로 규제하고 있어 새로운 시도가 불가능하지만, 미국은 현대적인 포도재배 및 양조기술을 최대한 활용, 다양한 실험을 통해서 양질의 와인을 생산하고 있다. 캘리포니아 데이비스 대학에서 양조법을 포함한 연구가 이루어지고 있으며, 그 결과 캘리포니아산 와인의 품질은 세계적인 수준으로 크게 향상되었다. 미국 와인의 특징은 포도품종과 재배지역을 중요시한다. 재배되는 주품종은 카베르네 소비뇽, 메를로, 피노 누아, 진판델 등의 적포도와 샤르도네, 소비뇽 블랑, 리슬링, 세미용 등의 청포도가 있다. 미국 와인의 등급은 단일 품종의 포도를 사용하여 만드는 버라이어틀(Varietal), 여러 종류의 포도를 혼합하여 만드는 프로프라이어터리(Proprietary)와 일반적인 테이블 와인의 제너릭(Generic) 등이 있다.

그런데 프로프라이어터리와인은 최상품의 와인으로 메리티지(meritage)가 있다. 이 와인은 카베르네 소비뇽이나 메를로 같은 프랑스 보르도 지방산 포도를 적당한 비율로 섞어 양조한다. 보르도 지방의 그랑 크뤼에 도전하기 위해 만들기 시작했는데, 각 업체별로 연간 30만 병 이상을 생산하지 않는다. 주품종의 사용비율이 75%를 넘지 않기 때문에 포도품종은 라벨에 표기할 수 없다. 일부 회사의 경우 리저브(reserve)라는 단어를 라벨에 표기하는데, 법적 구속력은 없지만 오랜 숙성을 거친 프리미엄급 와인을 뜻한다. 미국 와인의 등급 분류는 다음과 같다.

표 3-41 미국 와인의 등급

와인 등급	특 징
버라이어틀 Varietal	단일 품종의 포도를 75% 이상 사용한 상급 와인이다. 라벨에 포도품종을 표기한다. 예) cabernet sauvignon, chardonnay
프로프라이어터리 Proprietary	여러 종류의 포도를 혼합하여 만드는 와인이다. 일반적인 것이 많지만, 보르도 지방 그랑 크뤼 타입의 최상급 와인도 있다. 양조장의 독자적인 상표를 라벨에 표기한다.
제너릭 Generic	포도품종명을 기재하지 않는 일반적인 와인이다.

미국은 1983년 프랑스의 AOC 제도를 모방해 포도재배의 원산지를 통제하는 AVA(American Viticulture Area, 미국 포도 재배지역) 제도를 도입하였다. 지역 명칭의 표기에 대한 규정으로 와인의 품질기준이 아니며, 프랑스와 같이 산지별로 엄

격한 생산 조건을 규정하지 않는다. 현재 153개 지역이 AVA로 지정되어 있는데, 원산지 표시 방법을 살펴보면 다음과 같다.

표 3-42 미국 와인의 원산지 표시 방법

구분	특징
주(州)명칭 표시	해당 주에서 생산된 포도를 100% 사용해야 한다.
카운티(county)명칭 표시	해당 카운티에서 생산된 포도를 75% 이상 사용해야 한다.
A·V·A 명칭 표시	해당 AVA에서 생산된 포도를 85% 이상 사용해야 한다.
포도밭 명칭 표시	해당 포도밭에서 생산된 포도를 95% 이상 사용해야 한다.

(1) 캘리포니아

그림 3-19 캘리포니아의 주요 와인 산지

캘리포니아에서 유명한 와인 산지는 북부해안에 위치한 나파 밸리(Napa Valley)와 소노마 카운티(Sonoma County)[18]가 있다. 나파 밸리는 명성에 비해 규모는 작지만, 최상품의 와인을 생산하는 곳이다. 재배되는 품종은 카베르네 소비뇽, 메를로, 샤르도네 등 유럽의 품종을 사용하고 있어 보르도 풍미의 진한 맛이 대부분이다. 유명 포도원은 로버트 몬다비(Robert Mondavi)와 오퍼스 원(Opus one, 로버트 몬다비와 프랑스의 와인 명가 샤토 무통 로칠드가 합작한 양조장), 베린저(Beringer), 클로 뒤 발(Clos du Val) 등이 산재해 있다.

▲ 캘리포니아의 전설적 존재 로버트 몬다비가 이름을 걸고 만드는 와인

소노마 카운티는 샌프란시스코와 나파 밸리 사이에 위치하고 있다. 소노마 카운티 안에는 알렉산더 밸리(Alexander Valley), 드라이 크릭 밸리(Dry Creek Valley), 러시안 리버 밸리(Russian River Valley), 초크 힐(Chalk Hill) 등에서 양질의 와인이 생산된다. 재배되는 주품종은 피노 누

18) 카운티(county)는 우리나라의 군(郡)에 해당하는 행정구역이다.

아, 진판델, 소비뇽 블랑 등이 있다. 유명 포도원은 세바스찬(Sebastiani), 캔 우드(Kenwood), 갤로(Gallo) 등이 있다.

그림 3-20 캘리포니아의 와인라벨

1. 수확연도(빈티지)
2. 생산 지역명
3. 포도품종명
4. 와인숙성의 조건
5. 생산회사
6. 용량
7. 생산국
8. 알코올

캘리포니아 와인 산지

북부해안(north coast) : 나파 밸리와 소노마 카운티가 있는 고급 와인 산지

중부해안(central coast) : 샌프란시스코 남쪽 해안 지대(몬트레이)

중부내륙(central valley) : 최대 와인 산지로 호아킨 밸리(대중적인 저그Jug와인)

시에라 풋힐즈(sierra foothills) : 시에라 네바다 산악 지구

남부해안 지구(south coast) : 산타 바바라(Santa barbara)

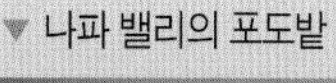

▼ 나파 밸리의 포도밭

(2) 뉴욕

뉴욕주는 미국 동부에 위치하고 있으며, 캘리포니아 다음으로 와인을 많이 생산하는 지역이다. 유명 와인산지는 단맛의 화이트 와인을 생산하고 있는 핑거 레이크(Finger Lake) 지역이다. 추운 날씨를 이용하여 독일의 리슬링 포도를 늦게 수확하여 만드는 아이스 와인을 생산하고 있다. 롱 아일랜드(Long Island)지역은 카베르네 소비뇽과 메를로를 주품종으로 보르도 타입의 레드 와인을 생산하고 있다.

그 밖의 미국 북서부에 위치한 워싱턴주는 와인의 역사는 비교적 짧지만, 양질의 와인으로 큰 명성을 얻고 있다. 초기에는 리슬링과 샤르도네 등 화이트 와인용 포도를 재배하였으나 최근에는 카베르네 소비뇽과 메를로의 품종으로 레드 와인을 생산하면서 인정받고 있다.

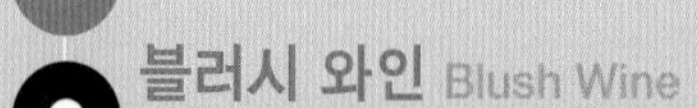

블러시 와인 Blush Wine

블러시 와인은 로제와 화이트의 중간색인 열은 핑크색으로 만들어 레드, 화이트, 로제에 이어 제4의 와인으로 불린다. 적포도의 진판델 품종으로 만든 것으로, 가벼운 단맛과 풍부한 과일향이 특징이다. 캘리포니아의 화이트 진판델이 인기가 있다.

Wine List

Champagne

101	Cuvée Dom Pérignon, Rosé 1992	375,000
102	Cuvée Dom Pérignon, Brut 1992, 1993	240,000
103	Dom Ruinart 1990	300,000
104	Taittinger, Brut Réserve. NV	170,000
105	Veuve Clicquot, Brut. NV	150,000
106	Piper Heidsieck, Brut. NV	150,000
107	Moët Chandon, Brut Imperial. NV	140,000
108	Laurent Perrier Brut, NV	(Half Bottle) 100,000
109	Ruinart, Brut. NV	170,000
110	Ruinart, Brut Rose. NV	210,000

White Burgundy

151	Chablis, Domaine Laroche, Premier Cru, 1998	140,000
152	Meursault, Ropiteau 1997	135,000
153	Pouilly-Fuissé, Bouchard P & F 2000	100,000
155	Chablis, Chateau De Maligny 1999	85,000

Red Burgundy

197	Romanée-Conti, Grand Cru 1996	3,000,000
201	Gevrey-Chambertin, Bouchard Pere & Fils 1998	150,000
202	Chassagne-Montrachet, Mommessin 1996	133,000
204	Moulin-A-Vent Laboure-Roi 1997	71,000
205	Beaujolais-Villages, Lupé-Cholet 1997	60,000

White Côtes-du-Rhone

301	Condrieu Vieilles Vignes "Les Chaillets" 1993	150,000
302	Chante Alouette Hermitage M. Chapoutier 1989	132,000
303	"Les Meysonniers" Crozes-Hermitage M. Chapoutier 1995	85,000

Red Côtes-du-Rhone

351	Châteauneuf-du-Pape, Paul Jaboulet Ainé 1998, 2000	125,000
353	Tavel Rosé, M. Chapoutier 2000	85,000
354	Côtes-du-Rhone, Barton & Guestier, 1999	50,000

White Loire

251	Pouilly Fumé, La Doucette 1999	120,000
252	Sancerre, La Doucette 1998, 1999	110,000

White Bordeaux

450 Château d'Yquem, ler Grand Cru, Sauternes 1994	630,000
451 Sauternes, Baron Philippe de Rothschild 1999	160,000
452 Mouton cadet, Baron Philippe de Rothschild 1999	70,000
454 Château Haut Peyruguet 1999, 2000	55,000
455 Bordeaux Sauvignon Blanc, Kressmann 1998	50,000

Red Bordeaux

501 Château Latour, ler Grand Cru, Pauillac 1973	1,400,000
502 Château Ausone, ler Grand Cru, Saint-Emilion 1994	660,000
503 Château Margaux, Premier Grand Cru, Margaux 1994	610,000
504 Château Mouton Rothschild, ler Grand Cru, Pauillac 1994	520,000
505 Château Lafite Rothschild, ler Grand Cru, Pauillac 1994	550,000
507 Château Haut-Brion, ler Grand Cru, Graves 1994	530,000
508 Château Cos d'Estournel, Grand Cru, Saint-Estephe 1994	320,000
509 Château Lynch-Bages, Grand Cru, Pauillac 1994	300,000
511 Château Talbot, Grand Cru, Saint-Julien 1996	250,000
512 Château Haut-Batailley, Grand Cru, Pauillac 1994	200,000
514 Château Lafon-Rochet, Grand Cru, Saint-Estephe 1997	210,000
516 Château Fortin, Grand Cru, Saint-Emllion 1998	120,000
517 Château Canon-Moueix, Canon Fronsac 1996	120,000
518 Château La Commanderie, Saint-Estephe 1997	118,000
521 Château Ferrande, Grand Cru, Grave 1997	100,000
519 Château Lasalle, Grand Cru, Saint-Emilion 1997	95,000
520 Médoc, "La Grande Cuvée" 1998	80,000
522 Mouton Cadet, Baron Philippe de Rothschild 1999	75,000
523 Château Le Dauphin, Saint-Emilion 1998	65,000
524 Château Haut Peyruguet 1999	55,000

White Germany

402	Gewürztraminer Spälese Ellerstadter Weingut Pfalz 1999	68,000
403	Trittenheimer Apotheke Riesling Auslese Weingut Mosel 2000	75,000
404	Rüdesheimer Berg Rottland Riesling Kabinett Wegeler Rheingau 1996,1997	60,000

White Italy

601	Elioro, Langhe, Chardonnay, Annata, 1999	80,000
602	Pinot Grigio, Collio, Subia Di Monte 2000	60,000
603	Soave Classico, DOC Zonin 1999	50,000
604	Villa Antinori, Toscana 2000	50,000

Red Italy

646	Tignanello, Antinori 1998	140,000
647	Brunello Di Montalcino "Barbi" DOCG 1995	135,000
649	Barolo, Fontanafredda 1997	120,000
650	Barbaresco, Fontanafredda 1998	115,000
651	Ruffino, Chianti Classico, Riserva, Ducale 1998	100,000
653	Vino Nobile Di Montepulciano, LaBraccesca 1998	90,000
654	Peppoli, Chianti Classico, Antinori 1999	80,000
656	Chianti Classico, Cecchi 1999	70,000
657	Chianti Classico, Castello di Querceto 1998	67,000
658	Santa Cristina, Antinori Toscana 2000	50,000
659	Dolcetto d'Alba, Aurellio Settimo 1997	65,000

White Australian

801 Wolf Blass, Chardonnay 2000	70,000
802 Penfolds, Semillon-Chardonnay, Barossa Valley 1999	70,000
803 Wyndham Estate, Bin 222, Chardonnay, 1999, 2000	55,000

Red Australian

848 Lindemans Cabernet-Merlot-Franc, Pyrus Coonawarra 1997	140,000
851 Penfolds, Kalimna Bin 28, Hunter Valley 1997, 1998	90,000
852 Hardys, Tintara, Cabernet Savignon 1998	78,000
855 Wyndham Estate, Bin 555, Shiraz, 2000	55,000
856 Hardys, Notage Hill, Cabernet-Shiraz 1999, 2000	50,000

White Chilean

901 Santa Monica, Sauvignon Blanc, Rapel Valley 1999	60,000
902 Conchay Toro, Chardonnay, Aconcagua Valley 1998, 2000	50,000
903 J.Bouchon, Chardonnay, Gran Reserva 1999	70,000

Red Chilean

951 Montes Alpha, Cabernet Sauvignon, Curico Valley 1999	90,000
952 Santa Monica, Merlot, Rapel Valley 1998	70,000
953 Santa Monica, Cabernet Sauvignon, Rapel Valley 1998	63,000

White California

700 Geyser Peak, Chardonnay, Reserve, Sonoma 1998	130,000
702 Kenwood, Chardonnay, Sonoma County 1999	95,000
703 Kendall Jackson, Chardonnay, California 2000	82,000
705 Columbia Crest, Chardonnay, Columbia 1998	70,000
706 Wente, Chardonnay, Livermore Valley 2000	65,000
707 Beringer, White Zinfandel, 2000	50,000
708 Ivan Tamas, Chardonnay 2000	60,000

Red California

751 Opus One, Robert Mondavi 1997	670,000
752 Caymus Vineyards, Cabernet Sauvignon, Napa 1996	230,000
753 Clos du Val, Merlot, Napa Valley 1997	170,000
754 Shafer, Merlot, Napa Valley 1998	160,000
755 Clos du Val, Cabernet Sauvignon, Napa Valley 1997	148,000
757 Kenwood, Cabernet Sauvignon, Sonoma County 1998	125,000
758 Kenwood, Pinot Noir, Sonoma County 1997	105,000
759 Wente, Reserve, Cabernet Sauvignon, Livermore 1998	100,000
760 Kendall Jackson, Cabernet Sauvignon, California 1998	90,000
761 Columbia Crest, Cabernet Sauvignon, Columbia 1998	70,000
762 Ivan Tamas, Cabernet Sauvignon 1998	60,000
764 Wente, Cabernet Sauvignon, Livermore 1998, 1999	65,000
765 Beringer, Zinfandel, California 2000	55,000

Korean Wine

1002 Majuang Margaux 1999	98,000
1003 Majuang Medoc 1998	48,000
1004 Majuang Mosel 1998	38,000
1005 Majuang Chianti Classico 1998	65,000

Wine by the Glass Selection

Champagne & Sparkling Wine

	Glass	Bottle
Eclipse Chandon, Brut NV, Spain *Fresh, Fruity Sparkling Wine*	11,000	55,000
Cuvée Champagne Ritz, Brut NV, France *Smooth, Rich and Powerful*	21,500	107,500

Red Wine

1997 DL-Chevaliere, Cabernet Sauvignon, Burgundy *Deep Cherry and Blackberry Aromas*	12,500	50,000
2000 Canyon Road, Cabernet Sauvignon, Califomia *Blackberry Flavors and Full Bodied*	14,000	55,000
1995 Michel Lynch, Bordeaux *Medium Bodied Bordeaux Blend with Ripe Cherry Flavors*	15,000	60,000
1998 Chianti Classico, Castello di Querceto, Toscana *Elegant Fruity and Medium to Full Bodied*	17,000	67,000
1998 Columbia Crest, Cabernet Sauvignon, Columbia *Mouthfilling and Delicious*	17,500	70,000
1997 Jean Pierre Moueix, Saint-Emilion *Bright and Ripe Cherry Flavors*	(Half Bottle)	50,000

White Wine

2000 Canyon Road, Chardonnay, California *Light, Elegant with Refreshing Pear Flavors*	14,000	55,000
2000 Michel Lynch, Bordeaux *Smooth, Fruity Blend of Semillon Blanc*	15,000	60,000
1998 Columbia Crest, Chardonnay, Columbia *Balance of Ripe Pears and Pineapples*	17,500	70,000
1999 Chablis, Château De Maligny *Dry, Well Balanced Chardonnay*	21,000	85,000

10% Service charge and 10% Tax will be added. 10% 봉사료와 10% 부가세가 별도로 가산됩니다.

제3절 맥주 Beer

세계적으로 가장 널리 마시는 술이 맥주이다. 맥주의 주원료는 보리맥아, 호프(hop, 뽕나무과의 덩굴성 다년생 식물)에 물을 첨가하고 효모로 발효시켜 만든다. 맥주의 독특한 쓴맛과 향은 원료인 호프 때문이다. 맥주의 성분은 일반적으로 물이 90%로 대부분을 차지하며, 그 외 알코올과 탄수화물, 유기산 등이 함유되어 있다.

▲ 담색의 '페일에일' 영국

맥주의 맛은 쓴맛, 단맛, 신맛 등이 잘 조화되어 있으며 탄산가스를 함유하고 있어, 상큼하고 시원한 맛을 갖는다. 거품은 맥주 중에 녹아 있던 탄산가스가 방출될 때 일어나는 현상으로 탄산가스의 유출을 막아주고 맥주의 산화를 억제하는 보호막의 역할을 한다. 따라서 맥주는 거품의 형상과 지속성이 유지되어야 제 맛을 느낄 수 있다. 대표적인 맥주 생산국은 독일, 영국, 체코, 미국, 벨기에 등이 있다. 우리나라 최초의 맥주는 1876년 일본에서 들어온 삿뽀로 맥주 이후, 1900년에 기린맥주가 들어왔으며 1980년대에 대중화되었다.

1. 맥주의 분류

맥주는 세계 여러 나라에 다양한 종류가 있다. 맥주를 분류하는 기준은 발효에 사용되는 효모로 결정하는데, 하면발효 맥주와 상면발효 맥주로 나뉜다. 그리고 맥주의 색은 맥아의 건조방법에 따라 농색맥주와 담색맥주로 나뉘어진다.

1) 효모에 의한 분류

(1) 하면발효 맥주

하면발효 맥주는 발효가 끝나면서 바닥에 가라앉는 효모를 사용하여 만드는 맥주이다. 비교적 저온(5~10℃)에서 발효되며 알코올 도수가 낮고, 산뜻한 맛의 맥주이다. 우리나라를 비롯하여 전 세계적으로 하면발효 맥주가 대부분을 차지한다. 체코의 필젠, 독일의 도르트문트, 뮌헨 맥주 등이 있다.

(2) 상면발효 맥주

상면발효 맥주는 사용한 효모가 발효 중 표면에 뜨는 성질을 가진 효모를 사용하여 만드는 맥주이다. 상온(10~20℃)에서 발효되며 알코올 도수가 높고, 깊이 있는 맛이 된다. 영국의 스타우트, 포터, 페일 에일 맥주 등이 있다.

2) 색에 의한 분류

(1) 담색맥주

맥아를 저온에서 건조시켜 옅은 색의 맥아를 사용하면 담색맥주가 된다. 짙은 색의 맥주에 비하여 깨끗한 맛이 있다. 전 세계적으로 산뜻한 맛의 담색맥주 소비량이 깊이 있는 맛의 농색맥주에 비해 많다. 우리나라의 맥주는 대부분 담색맥주이다. 독일의 도르트문트(Dortmund), 체코의 필젠(Pilsen), 영국의 페일 에일(Pale Ale) 등이 있다.

(2) 농색맥주

맥아를 고온에서 건조시켜 짙은 색의 맥아(또는 흑맥아)를 사용하면 농색맥주가 만들어진다. 담색맥주에 비하여 깊고 진한 풍미를 갖고 있다. 독일의 뮌헨(Munchen), 영국의 스타우트(Stout), 포터(Porter) 등이 있다.

효모와 맥아색으로 구분한 맥주의 종류를 살펴보면 [표 3-43]과 같다.

▲ 담색맥주와 농색맥주

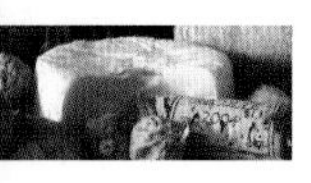

표 3-43 효모와 색으로 구분한 맥주의 종류

효모에 의한 구분	색에 의한 구분	맥주의 유형	
하면발효 맥주	담색맥주	독일	도르트문트, 필젠(체코) 맥주
	농색맥주		뮌헨 맥주
상면발효 맥주	담색맥주	영국	페일 에일 맥주
	농색맥주		스타우트, 포터 맥주

이 밖에도 맥주는 살균처리의 유 · 무에 따라 병맥주와 생맥주로 구분한다. 병맥주는 발효가 끝난 상태에서 가열 살균이라는 단계를 거쳐 맥주에 남아있는 효모를 비롯한 미생물을 살균하여 보존성을 높인 맥주이다. 맛과 향이 일부 파괴되는 단점이 있다. 국내 유통되고 있는 병맥주와 캔 맥주가 이에 해당된다. 생맥주는 살균하지 않은 것으로 효모나 미생물이 살아있는 상태의 맥주로 신선한 풍미가 있다. 살균하지 않은 것이므로 저온에서 운반, 저장해야 하며 빨리 소비해야 한다. 오래 보존하면 미생물 혼탁이 생기고 맛이 변하게 된다.

2. 맥주서비스 및 관리

맥주의 적정온도는 생맥주 2~3℃, 병맥주 6~8℃(여름), 10~12℃(겨울)에서 맛있게 느껴진다. 맥주의 거품은 탄산가스가 새는 것을 막아주고, 산화를 억제하는 뚜껑과 같은 역할을 하므로 맛에 큰 영향을 준다. 적당한 거품이 있을 때 마시는 맥

호프(hop)의 작용

- 맥주의 독특한 맛과 향을 낸다.
- 맥주의 부패를 방지하고 맑고 깨끗하게 하는 역할을 한다.
- 맥주는 신경을 진정시키고 이뇨(利尿)작용에 도움을 준다.
- 맥주 거품의 지속성, 항균성을 부여한다.

주가 가장 맛있다. 맥주잔 2~3부 정도의 거품이 생기도록 따른다. 또 맥주의 맛은 깨끗하고 시원한 잔 그리고 청결도가 중요하다. 맥주를 너무 차갑게 보관하거나 잔에 기름기가 묻어 있는 경우에는 거품이 잘 생기지 않게 된다. 맥주와 잘 조합되는 음식은 소시지, 치킨, 꼬치구이, 야외의 바비큐 등이 있다. 맥주의 관리는 선입선출(FIFO)의 원칙을 준수하고 병맥주는 3개월, 영업장 내의 생맥주는 1개월 이내에 소비하도록 한다. 장기간의 저장과 직사광선에 노출되는 것은 피하고, 통풍이 잘되는 시원한 곳에 보관한다. 또, 진동이나 충격을 주지 않고 얼지 않도록 한다.

3. 세계의 맥주

▲ 세계의 맥주

1) 독일

독일은 맥주의 종주국이다. 하면발효에 의한 산뜻한 맛의 맥주 양조법을 세계에 널리 전파하였다. 현재 독일의 각 지방에서는 그 고장 특유의 브랜드가 있는데, 그 중에서 도르트문트와 뮌헨 맥주가 대표적이다. 유명 맥주에는 벡스(Beck's), 로벤브로이(Lowenbrau) 등이 있다.

2) 영국

하면발효 맥주를 독일식이라고 한다면 상면발효 맥주는 영국식이라고 할 수 있다. 영국식 상면발효 맥주는 에일, 스타우트, 포터, 기네스 맥주가 대표적이다. 영국 맥주는 너무 차지 않은 상온에서 마셔야 맛과 향을 느낄 수 있다.

3) 네덜란드

대표적인 맥주회사로 1864년에 창립된 하이네켄(Heineken)이 있다. 암스텔담에 본부를 두고 있으며, 창립자의 이름이 하이네켄이다. 세계에서 두 번째로 큰 맥주회사로 세계 여러 나라에 잘 알려져 있다.

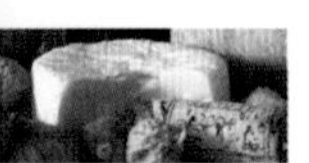

4) 미국

초기의 미국 맥주는 영국식 상면발효 맥주가 생산되었는데, 독일인들의 이민이 증가하면서 현재는 하면발효 맥주가 주를 이루고 있다. 독일계 제조회사가 중심이며 시장점유율 세계1위이다. 버드와이저(Budweiser), 쿠어(Coors), 밀러(Miller) 맥주 등이 있다. 세계 각국의 유명 맥주를 살펴보면 다음과 같다.

표 3-44 세계 각국의 유명 맥주

독일	Beck's	영국	Pale Ale, Guiness, Stout
체코	Pilsner Urquel	네덜란드	Heineken
덴마크	Carlsberg	미국	Budweiser, Miller
일본	Kirin, Sapporo	중국	Tsingtao

제4절 위스키 Whisky

위스키는 증류주(distilled liquor)이다. 증류기술이 유럽에 전파된 것은 12세기 동양과 서양이 충돌한 십자군 전쟁으로 동서양의 문물을 서로 교환하는 데 크게 기여했다. 십자군 전쟁에 참여했던 가톨릭 수사들이 아랍의 연금술사로부터 전수받아, 영국의 에일(Ale)맥주를 증류하여 만든 거친 알코올을 스코틀랜드의 게릭어로 '우스게바(Usquebaugh, 생명의 물)'라고 불리게 되었다. 이것은 라틴어의 Aqua-vitae(생명의 물)와 같은 의미이다. 이후 음 변형이 되어 우스키

그림 3-21 세계 4대위스키

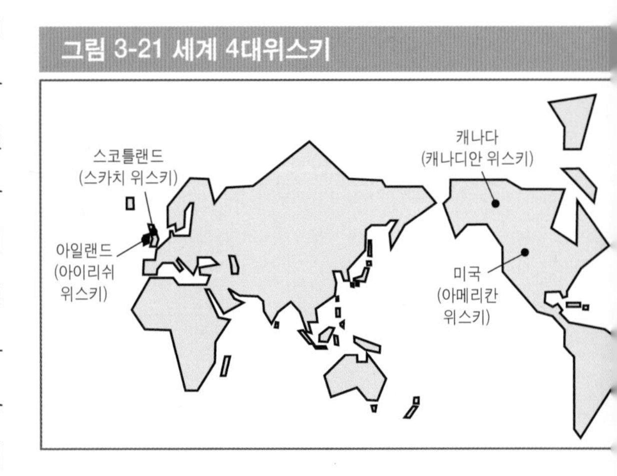

(Usky)로 불러지다가 오늘날 위스키가 되었다.

위스키의 원료는 보리를 비롯한 옥수수, 호밀, 귀리 등의 곡류이다. 곡류를 발효, 증류, 통숙성이라는 세 가지 조건을 갖추어야 비로소 위스키가 되는 것이다. 숙성은 위스키의 완성에 결정적인 영향을 미친다. 증류기로부터 얻어진 무색투명한 알코올을 양질의 참나무(oak)통에 수년 또는 수십 년의 숙성과정에서 나무 성분이 우러나와 호박색을 띤다. 장기 저장 · 보관이 가능하며 숙성기간에 따라 상품의 맛과 품질, 가격차이가 있다. 위스키는 세계 여러 나라에서 생산되고 있지만 주요 산지는 스코틀랜드, 아일랜드, 미국, 캐나다 등이다. 이것을 세계 4대 위스키라고 한다.

표 3-45 세계 4대 위스키

4대 산지	특 징
스코틀랜드 Scotch Whisky	스카치 위스키는 깊이 있는 맛과 피트향이 특징이다.
아일랜드 Irish Whiskey	아이리쉬 위스키는 향이 강하고 가벼운 혀의 감촉이 특징이다.
미국 American Whiskey	아메리칸 위스키는 주로 캔터키주의 버번 카운티에서 생산된다.
캐나다 Canadian Whisky	캐나디안 위스키는 가벼운 감촉과 매끄러운 맛이 특징이다.

1. 스카치 위스키

1) 스카치 위스키의 개요

영국 스코틀랜드 지방에서 생산되는 위스키로 세계에서 가장 많은 사랑을 받고 있다. 스카치 위스키의 특징은 깊이 있는 맛과 피트향에 있다. 이는 맥아를 건조시킬 때에 피트 탄(peat)[19]을 연료로 사용하는데, 피트의 연기 냄새가 스며들어 보리를 태운 듯한 독특한 향이 생기는 것이다. 스카치 위스키는 원료나 제조방법의 차이에 따라 몰트(Malt), 그레인(Grain), 블렌디드 위스키(Blended Whisky) 등의 세 가지 종류가 있다.

19) 식물이 퇴적해서 오랜 기간에 걸쳐 이탄으로 변한 것을 피트(peat)라고 한다.

2) 스카치 위스키의 종류

(1) 몰트 위스키

몰트 위스키는 보리 맥아만을 원료로 하여 제조한 위스키로, 싱글 몰트(single malt)와 배티드 몰트(vatted malt, 혼합 몰트)위스키로 구분된다. 배티드 몰트 위스키는 여러 증류소에서 만들어진 서로 다른 몰트 위스키를 혼합한 것이다. 싱글 몰트 위스키는 단일 증류소에서 만들어진 몰트 위스키만을 사용해서 만든 것으로, 깊고 강한 향과 맛을 지닌 위스키이다.

몰트 위스키의 산지에는 하일랜드(Highland), 로우랜드(Lowland), 캠벨타운(Campbelltown), 아일레이(Islay), 스페이사이드(Spey Side)[20]등이 있다.

(2) 그레인 위스키

그레인 위스키는 약 80%의 옥수수, 호밀을 원료로 하고, 피트향을 주지 않은 소량의 맥아를 가해 당화, 발효시킨 후 연속식 증류기로 증류한 것이다. 피트향이 없는 부드럽고 순한 맛이 특징이다. 그레인 위스키로 판매되는 것은 거의 없고, 몰트 위스키와 혼합하여 블렌디드 위스키를 만드는 데 주로 사용된다.

(3) 블렌디드 위스키

블렌디드 위스키는 40% 이상의 몰트 위스키와 그레인 위스키를 적당한 비율로 혼합하여 만든다. 몰트 위스키의 묵직한 향은 매우 독특하여 일부 사람들에게 거부감을 주는 경우가 있으나, 상대적으로 가벼운 그레인 위스키와 혼합하면 풍미가 순하고 부드러운 맛이 완성된다. 우리가 마시고 있는 스카치의 대부분이 블렌디드 위스키이다. 숙성 정도에 따라 다음과 같이 구분된다.

---

20) 스페이사이드 지방에서 생산되는 유명제품은 글렌피딕(glenfiddich), 맥캘란(macallan), 아벨라우어(aberlour), 크래건모어(craggan more) 등이 있다.

표 3-46 위스키의 등급

구 분	숙 성
스탠다드 Standard	3~6년 숙성
세미 프리미엄 Semi- Premium	8년 숙성
프리미엄 Premium	12년 숙성
디럭스 Deluxe	15년 숙성

3) 스카치 위스키의 유명제품

▲ 오크통에 숙성되고 있는 위스키

(1) 블렌디드 스카치 위스키

① Ballantine's

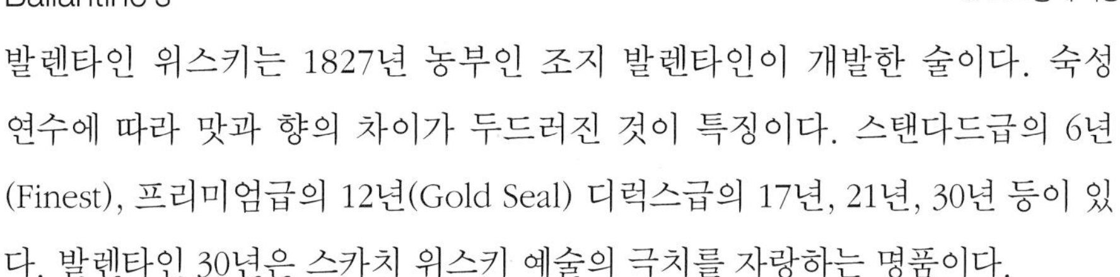
발렌타인 위스키는 1827년 농부인 조지 발렌타인이 개발한 술이다. 숙성 연수에 따라 맛과 향의 차이가 두드러진 것이 특징이다. 스탠다드급의 6년(Finest), 프리미엄급의 12년(Gold Seal) 디럭스급의 17년, 21년, 30년 등이 있다. 발렌타인 30년은 스카치 위스키 예술의 극치를 자랑하는 명품이다.

② Johnnie walkers

조니워커는 1820년 스코틀랜드 남서부에 위치한 킬마냑에서 존 워커가 브랜드 고유의 독특한 맛과 향을 지닌 위스키를 만들었다. 스탠다드급의 6년(Red Label), 프리미엄급의 12년(Black Label), 디럭스급의 15년(Swing Label), 18년(Gold Label), 30년(Blue Label) 등이 있다. 블루 라벨은 최상의 품질을 유지하기 위해 생산되며, 모든 병마다 고유번호를 부여하고 있다.

③ Chivas Regal

시바스 리갈이란 '시바스 집안의 왕자'라는 뜻이며, 라벨에는 두 개의 칼과 방패가 그려져 있다. 이는 위스키의 왕자라는 위엄과 자부심을 나타낸다. 1843년에 빅토리아 여왕의 궁정 납품을 인정받은 위스키로 프리미엄급의 12년, 디럭스급의 18년 등이 있다.

▲ 12년 숙성된 프리미엄급 '시바스 리갈'

▲ 스탠다드급 'J&B Rare'

④ J & B

제이 앤 비 위스키는 창업자 저스테리니(Justerini)와 브룩스(Blooks)의 첫글자를 이니셜(initial)한 것으로 몰트의 풍미가 강한 위스키이다. 스탠다드급의 6년(J & B, rare), 프리미엄급의 12년(J & B, jet), 디럭스급의 15년(J & B, reserve) 등이 있다.

⑤ Dimple

딤플은 국내 맥주 3사 중 위스키 브랜드가 없는 조선맥주가 그 대안으로 직수입 판매하면서 국내에 알려졌다. 딤플은 12년 숙성의 몰트를 사용한 프리미엄급으로 독특한 병모양이 영국에서 '보조개(dimple)'라는 애칭을 얻어 붙여진 이름이다.

⑥ Royal salute

로얄 살루트(왕의 예포)는 영국 여왕 엘리자베스 2세의 즉위식(1952년)에 맞추어 오크통에서 21년 숙성시켜 만든 위스키이다. 국왕의 즉위식 때 21발의 축포를 쏘는 데서 기인하여 만든 위스키로 '여왕의 술'이라는 별칭이 있다. 거대한 대포 탄알을 모방한 도자기 병에 자주색, 청색, 고동색 등의 세 가지가 있다.

⑦ Cutty sark

커티�은 게릭어로 '짧은 셔츠'라는 뜻인데, 1923년 빠르기로 이름을 날렸던 영국 신예 범선의 이름을 따서 만든 위스키이다. 부드러운 맛과 신선한 향이 특징이다. 스탠다드급의 6년, 프리미엄급의 12년(Emerald), 디럭스급의 18년(Discovery)산 등이 있다.

▲ 프리미엄급의 스카치 몰트 위스키 'Glenfiddich'

(2) 몰트 스카치 위스키

① Glenfiddich

글렌피딕이란 게릭어로 '사슴이 있는 골짜기'라는 뜻이다. 이 위스키는 하일랜드산의 싱글 몰트 위스키로 산뜻한 맛의 드라이 타입이다. 남성적인 풍미의 순한 맛도 있다. 프리미엄급의 12년, 디럭스급의 15

년, 18년, 21년, 30년 등이 있다.

② Macallan

맥캘란은 하일랜드산 싱글 몰트 위스키로 쉐리(sherry, 주정강화 와인)통에 숙성시켜, 풍미가 중후한 맛이 특징이다. 피노 쉐리, 아몬틸라도, 크림 쉐리 통에 이르기까지 폭넓게 쓰고 있다. 세미 프리미엄급의 맥캘란 8년, 10년 그리고 프리미엄급의 12년, 디럭스급의 15년, 18년, 25년 등이 있다. 이 밖에도 한국에 알려진 스카치 위스키를 살펴보면 다음과 같다.

표 3-47 기타 스카치 위스키의 유명 제품(블렌디드 & 몰트)		
블렌디드 스카치 위스키	Old Parr	Black & White
Dewars White label	Bell's	Grants
Famouse Grouse	Teacher's	몰트 스카치 위스키
Mackinlay	Spey Royal	Aberlour
Legacy	White Horse	Glenlivet

▲ 12년 숙성의 프리미엄급 '올드 파'

2. 아이리쉬 위스키

1) 아이리쉬 위스키의 개요

영국의 서쪽에 위치한 아일랜드는 위스키의 역사가 깊다. 12세기부터 아스키보(생명의 물)라는 증류주를 만들어낸 위스키의 발상지이다. 아이리쉬 위스키는 탄생의 역사적인 배경이나 자연 조건의 측면에서 스카치 위스키와 비슷하다. 그러나 아이리쉬 위스키는 사용하는 원료나 제조방법이 스카치 위스키와 다르다. 대부분의 스카치 위스키는 몰트 위스키와 그레인 위스키를 따로 만들어, 마지막에 블렌딩한다. 그러나 아이리쉬 위스키는 주원료 맥아에 보리, 호밀, 밀 등을 혼합하여 발효시킨 후 단식 증류기로 3회에 걸쳐 증류해 오크통에서 3년 이상 숙성시킨다. 그리고 아이리쉬는 맥아를 건조시킬 때 피트가 아니라 석탄을 사용한다. 또 스카치 위스키는 2회 증류하는 데 비해 아이리쉬는 3회에 걸쳐 증류하는 전통적인 제법을 고

수하고 있다. 이에 따라 아이리쉬는 스카치의 피트향이 없는 중후하고 강렬한 향과 맛의 전통적인 아이리쉬 스트레이트 위스키[21)]가 생산된다. 그러나 최근에는 옥수수를 발효시켜 연속식 증류기를 이용한 그레인 위스키를 아이리쉬 스트레이트 위스키에 혼합하여 만든 블렌디드 위스키가 현재 보편화되고 있다.

2) 아이리쉬 위스키의 유명 제품

(1) Old bushmills

1743년 밀조주로 출발한 영국령 북아일랜드의 유일한 제품이며, 현존하는 아이리쉬 위스키 중 가장 오랜 역사를 가지고 있다. 부시밀즈는 이 지역의 도시 이름으로 '숲 속의 물레방앗간'이라는 뜻이다. 그 곳에서 만들어지고 있는 데서 붙여진 이름이다. 중후하고 강렬한 향과 맛의 전통적인 아이리쉬 위스키이다. 스탠다드급의 6년(Old Bush)과 프리미엄급의 12년(Black Bush) 등이 있다.

▲ 스탠다드급의 아이리쉬 위스키 '존 제임슨'

(2) John Jameson

1780년 아일랜드의 수도 더블린에서 존 제임슨이 설립한 증류소의 위스키이다. 1970년대 이후부터 콘위스키를 블렌딩하여, 가볍고 부드러운 맛의 위스키로 인정받고 있다. 스탠다드급의 6년과 프리미엄급의 12년 등이 있다.

(3) Tullamore dew

털러모어 듀는 1829년 마이클 모로이에 의해서 탄생되었다. 이후 품질 개선을 통하여 19세기말부터는 해외에 널리 알려지게 되었다. 털러모어 듀는 아일랜드 중앙부에 예부터 번영해 온 아름다운 거리 '털러모어의 이슬'이라는 뜻이다. 병 중앙에 'Light & Smooth'라고 표기되어 있는데, 가볍고 매끄러운 감촉의 맛이 특징이다.

---

21) 단식증류기로 3회 증류한 후, 3년 이상 숙성시킨 것을 스트레이트 아이리쉬 위스키라고 한다.

3. 아메리칸 위스키

1) 아메리칸 위스키의 개요

미국 위스키는 신대륙에 이주한 영국계 이민에 의해서 시작되었다. 1770년 피츠버그에서 라이보리로 증류주를 만들었다는 내용의 기록이 있다. 이후 1789년 켄터키주의 버번 카운티의 옥수수로 만든 콘위스키가 본격적인 미국 위스키의 시초이다. 현재 미국 위스키는 미연방 알코올 통제법에 의해 다음과 같이 정의하고 있다. '곡류의 발효액을 알코올분 95도 이하에서 증류하여, 오크통에서 숙성시켜, 알코올 농도 40도 이상으로 병 입한 것'으로 규정하고 있다. 기타 중성 알코올(neutral spirits)[22]을 섞은 것도 포함하고 있다.

2) 아메리칸 위스키의 종류

아메리칸 위스키는 크게 스트레이트(straight) 위스키와 블렌디드(blended) 위스키로 구분하고 있다.

(1) 스트레이트 위스키

스트레이트 위스키는 알코올 농도 62.5% 이하로, 오크통 안쪽을 불로 그을린 새 통에서 2년 이상 숙성한 것을 말한다. 원료에 따라 스트레이트 위스키는 다음과 같이 분류된다.

표 3-48 스트레이트 위스키의 분류

구분	내용
버번위스키 Bourbon Whiskey	원료의 옥수수 함량이 51% 이상(단, 80% 미만)
라이위스키 Rye Whiskey	원료의 라이보리 함량이 51% 이상
콘위스키 Corn Whiskey	원료의 옥수수 함량이 80% 이상

※ 콘위스키는 통 숙성을 하지 않거나, 한 번 사용한 헌 오크통을 사용해도 된다.

22) 알코올 농도 85% 이상인 순수 알코올로서, 위스키나 기타 혼성주의 블렌딩에 사용된다. 우리나라 주정의 개념이다.

스트레이트 위스키에서도 켄터키주 버번 카운티에서 생산되고 있는 버번 위스키가 가장 인기가 있다. 영국의 스카치와 같이 미국위스키의 대명사가 되었으며, 개성 있는 위스키로서 세계에서도 인정을 받고 있다. 또 법률적으로는 버번위스키의 일종이지만, 테네시주에서 생산하는 잭 다니엘 위스키가 있다. 테네시산의 사탕단풍나무(sugar maple)의 숯으로 여과한 후 통 숙성시켜 순한 맛이 특징이다.

(2) 블렌디드 위스키

미국의 독특한 위스키로 블렌디드 위스키가 있다. 이것은 스트레이트 위스키에 중성 알코올 등을 혼합해 마시기 좋게 만든 것으로, 스트레이트 위스키 20%이상에, 기타 중성 알코올 80% 미만으로 혼합한다. 원료에 따라 블렌디드 위스키는 다음과 같이 분류된다.

표 3-49 블렌디드 위스키의 분류

구분	내용
블렌디드 버번위스키	스트레이트 버번위스키 20%이상에 기타 중성 알코올 80%미만 혼합
블렌디드 라이위스키	스트레이트 라이위스키 20%이상에 기타 중성 알코올 80%미만 혼합
블렌디드 콘위스키	스트레이트 콘위스키 20%이상에 기타 중성 알코올 80%미만 혼합

3) 아메리칸 위스키의 유명 제품

(1) 버번위스키

① Jim Beam

1795년 제이콥 빔이 버번 카운티에 위스키 증류소를 건립하면서 시작되었다. 현재 미국의 증류회사 중 가장 오랜 역사를 가지고 있다. 맛이 부드러워 소프트 버번의 대명사로 인정받고 있다. 스탠다드급의 4년(White Label), 세미 프리미엄급의 8년(Black Label) 등이 있다.

② Wild Turkey

1855년 사우스캐롤라이주에서 열리는 야생의 칠면조(wild turkey)사냥에 모

이는 사람들을 위해 제조되었다. 켄터키주에 있는 오스틴 니콜스사의 제품으로 알코올 농도는 101proof(우리나라의 50.5% 해당)이다. 세미 프리미엄급의 8년, 디럭스급의 15년, 18년 등이 있다.

③ I · W Harper

1877년 공동 창업자 아이작(I), 울프(W) 번하임과 버나드 하퍼의 이름을 합쳐서 붙인 것이다. 현재까지도 대맥, 라이보리의 사용비율이 높아 감칠맛과 강한 풍미가 특징이다. 스탠다드급의 4년, 프리미엄급의 12년 등이 있다.

④ Jack Daniel

1846년 테네시주 링컨 카운티 린치버그 마을에서 창업하였다. 테네시산의 사탕단풍나무로 만든 숯으로 여과하여 숙성하는 독특한 방법을 사용한다. 맛이 부드럽고 향이 좋아 미국을 대표하는 위스키로 널리 알려져 있다. 세미 프리미엄급의 8년, 디럭스급의 17년(Single Barrel) 등이 있다.

▲ 칠면조를 심벌로 하고 있으며 8년 숙성, 알코올 농도 50.5%의 '와일드 터키'

⑤ Old Grand Dad

올드 그랜대드(old grandpa, 할아버지)는 창업자 하이든 대령의 애칭이다. 스탠다드급의 4년산은 품질이 매우 순한 맛이나, 프리미엄급 12년산의 스페셜 셀렉션(Special Selection)은 순한 맛의 풍미와 함께 알코올 도수 57로 버번에서 가장 강한 위스키이다.

▲ 사탕단풍나무 숯을 통과해 걸러내는 목탄숙성 법으로 제조한 '잭 다니엘'

(2) 라이 · 콘위스키

① Jim Beam Rye

버번위스키로 유명한 짐빔 사가 만들고 있는 스트레이트 라이 위스키로, 라이 51% 이상 사용하고 안쪽을 그을린 새 오크통에서 숙성한다. 라이보리에서 나오는 감칠맛 나는 향미를 느낄 수 있다. 스탠다드급의 4년(White Label), 세미 프리미엄급의 8년(Black Label) 등이 있다.

② Plate Valley

1858년 미주리주의 플래트 계곡에서 맥코믹 사가 이 지역의 옥수수를 주원료로 생산하였다. 일반적으로 콘위스키는 통 숙성을 하지 않으나 플래트 밸리는 숙성 조건을 유지하고 있다. 스탠다드급의 5년, 세미 프리미엄급의 8년 등이 있다.

③ Schenley Reserve

버번위스키의 명문 센레이 사(社)의 블렌디드 버번위스키이다. 스트레이트 버번 35%와 라이트위스키 65%의 비율로 블렌드되어 부드러운 감촉과 매끄러운 풍미가 특징이다.

4. 캐나디안 위스키

1) 캐나디안 위스키의 개요

1920년대 미국에서 시행된 금주법으로 캐나다 위스키가 급격히 발전하기 시작하였다. 금주법 폐지 이후 미국의 위스키 생산 시설이 재가동되기 전후로, 캐나다 위스키의 수요가 크게 증가하면서 오늘날 세계 4대 위스키 생산국이 되었다. 캐나다는 양질의 호밀과 옥수수, 보리가 많이 생산되며, 깨끗한 하천이 많아 위스키 생산에 좋은 조건을 갖추고 있다.

캐나다의 위스키는 독특한 제법을 유치하고 있다. 먼저, 호밀을 주원료로 한 향미가 있는 플레이버링 위스키를 만든 후, 옥수수를 주원료로 한 풍미가 가벼운 맛의 베이스 위스키를 만든다. 그리고 각각 3년 이상 오크통에 숙성시킨 다음 블렌딩하여, 캐나다 특유의 가볍고 부드러운 맛의 위스키를 만든다. 이와 같이 캐나디안 위스키는 라이위스키와 콘위스키의 블렌디드(blended)인데, 가볍고 부드러운 맛이 현대인의 기호에 맞아 많은 인기를 얻고 있다. 그 중에서도 호밀을 51% 이상 사용하면 라이 위스키(rye whisky)라는 표기가 인정된다.

2) 캐나디안 위스키의 유명 제품

(1) Canadian Club

1858년에 창업한 하이럼 워커(hiram walker)사의 주력 제품이다. C · C라는 애칭으로 전 세계에 알려져 있다. 빅토리아 여왕시대인 1898년 이래로 영국 왕실에 납품되고 있으며, 라벨에 영국 왕실의 문장을 표시하고 있다. 스탠다드급의 6년, 프리미엄급의 12년산이 있다. 칵테일 C · C 7up의 칵테일 기주로 많이 사용되고 있다.

▲ 부드럽고 깔끔한 맛의 6년산 '캐나디안 클럽'

(2) Crown Royal

1939년 영국 국왕 조지 6세 내외가 캐나다를 방문했을 때, 시그램 사가 심혈을 기울여 만든 진상품이다. 왕관의 모양을 본 뜬 위스키로서 12년 숙성한 프리미엄급의 위스키이다.

(3) 씨그램스 V · O

1924년 캐나다의 퀘백주의 몬트리올에서 창업하여 초기부터 옥수수와 호밀로 위스키를 만들었다. 최소 6년 이상 숙성한 원주를 섞은 것으로 'Light & Smooth' 풍미가 그 특징이다.

5. 위스키 서비스

위스키는 알코올 농도 40% 이상의 증류주로 마시는 방법에 따라 서비스 형태가 3가지로 나뉜다. 즉 스트레이트, 온더락, 하이볼 등으로 글라스 명을 그대로 사용한다.

1) 스트레이트 Straight Up

가장 기본적인 위스키를 마시는 방법이다. 폭이 좁고 소주잔 모양의 숏 글라스

(shot glass, 1온스 30mL)에 따라서 마신다. 스트레이트는 강렬한 위스키의 향과 맛을 즐길 수 있지만 강한 알코올로 기호에 맞는 체이서(chaser, 독한 술 뒤에 마시는 비알코올 음료)가 필요하다. 예를 들어 탄산음료, 미네랄워터, 커피, 차, 주스 등이 해당된다.

2) 온더락 On the Rocks

온더락 글라스에 얼음과 위스키를 넣고 스트레이트보다 향이나 맛을 순화해서 마시는 방법이다. 얼음 위로 흘러내리는 짧은 순간에 술의 온도가 알맞게 되어야 제 맛을 즐길 수 있다. 그러나 얼음이 너무 많이 녹아 온도가 내려가면 향의 발산이 억제되는 단점이 있다.

▲ 발렌타인 12년 산의 'on the rocks'

3) 하이볼 High Ball[23)]

영국이나 아일랜드에서 많이 이용하는 방법으로 위스키에 상온의 물을 타서 마시면 위스키의 향을 잘 느낄 수 있다. 이 외에 콜라나 사이다 같은 청량음료 및 탄산음료를 섞어 마시는 것도 한 방법이다. 예를 들어 스카치 위스키에 물 또는 소다수, 버번 위스키에 콜라, 캐나디안 위스키에 세븐 업 등이다.

▲ 조니워커 블랙 라벨과 소다수를 혼합한 하이볼류 'scotch soda'

---

23) 증류주에 탄산음료 나 청량음료 등을 섞어 하이볼 글라스(highball glass)에 제공되는 형태이다. 만드는 방법은 먼저 하이볼 글라스에 얼음을 반 정도 채워 넣고, 위스키 1온스(30mL) 또는 1.5온스(45mL)를 따른다. 그리고 탄산음료를 선택적으로 넣고, 바 스푼으로 젓는다. 대표적인 것으로 scotch water, scotch soda, bourbon coke 등이다.

제5절 브랜디 Brandy

1. 브랜디의 개요

과실류를 원료로 한 증류주를 총칭하여 브랜디(Brandy)라고 한다. 그러나 일반적으로 브랜디라고 하면 포도로 만든 와인을 증류[24], 숙성시킨 것을 가리킨다. 브랜디의 어원은 포도를 와인으로 만들어 증류한 것을 네덜란드 무역상이 '브랜드 웨인'(brande-wijn, 태운 와인)이라 불렀고, 이후 영국인들이 줄여서 '브랜디'가 되었다. 프랑스어로는 오드 비(eau-de-vie, 생명의 물)라고 한다. 현재 브랜디는 세계 여러 나라에서 생산되고 있지만 프랑스의 코냑(cognac)과 알마냑(armagnac)지방에서 생산하는 것을 2대 브랜디라고 한다. 코냑과 알마냑 등은 다른 지방이나 다른 나라에서 그 명칭을 사용할 수 없도록 규제를 받고 있다. 이것은 프랑스가 품질관리의 중요성을 일찍이 인식하고 명주가 생산되는 지방의 명성을 널리 알리고 유지, 보호하려는 노력의 결과라고 할 수 있다. 프랑스에서도 코냑과 알마냑 외의 지역에서 만들어진 포도브랜디는 프렌치 브랜디로 분류된다.

▲ 식후주의 대명사 'brandy'

그리고 사과나 배, 나무딸기, 체리 등 포도 이외의 과실로 만든 것은 프루츠 브랜디(fruit brandy)라고 한다. 이 브랜디는 프랑스와 독일에서 많이 생산하고 있다. 프랑스에서는 오드비(eau de vie~과일의 이름)라 부르며 원료 과일의 이름을 넣는다. 독일에서는 ~밧서, ~가이스트라고 부른다. 브랜디는 디저트 이후에 향과 맛을 음미하면서 식후주로 마시는 것이 보통이다.

24) 보통 8병 정도의 와인을 증류하면 1병의 브랜디를 얻는다.

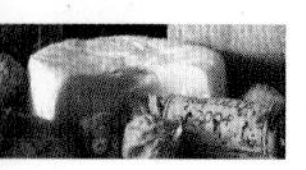

2. 브랜디의 종류

1) 코냑 Cognac

(1) 코냑의 개요

그림 3-22 2大 브랜디의 '코냑과 알마냑'

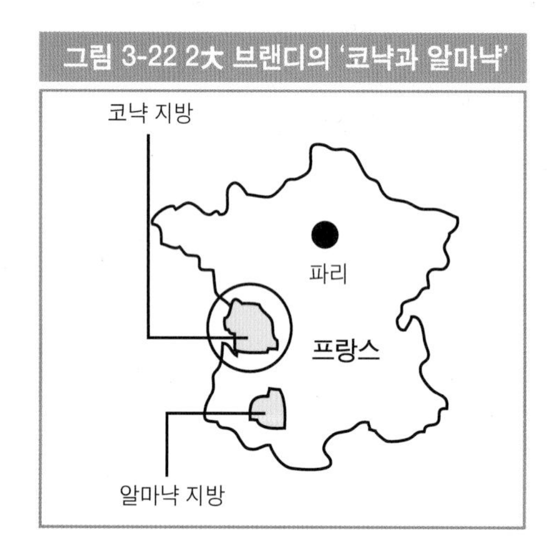

코냑 지방은 와인의 명산지인 보르도의 북쪽에 위치하고 있다. 보르도와는 달리 코냑 지방에서 생산되는 포도는 당도가 낮고, 산도가 높아 양질의 와인을 생산할 수가 없었다. 그런데 와인을 증류하면 와인의 산이 브랜디의 방향 성분으로 전환되고, 알코올 농도가 낮은 와인은 다량의 와인이 사용되므로, 와인의 향이 농축되어 품질 좋은 브랜디를 만들 수 있다. 코냑 한 병을 만드는 데에는 약 8병의 화이트 와인이 필요하며, 와인은 법에 의해 규정된 청포도 위니 블랑(Ugni Blanc)이 주품종이다. 그리고 포도재배 지구는 토질에 따라 품질순위 6개 지역으로 구분하여 AOC법으로 엄격하게 규제하고 있다.

표 3-50 코냑의 생산지역

Grande Champagne	Petite Champagne
Borderies	Fins Bois
Bons Bois	Bois Ordinaires

코냑은 숙성연한에 따라 별 또는 문자로 구분하여 표기하고 있다. 법으로 규정되어 있지 않아 회사별로 그 의미가 같지 않으며, 숙성기간의 표기는 다음과 같다.

표 3-51 코냑과 알마냑의 등급	
3 star	★★★(별셋), 3년 이상
V. S. O. P	Very 매우, Superior 뛰어난, Old 오래된, Pale 색이 맑은, 10년 이상
Napoleon	15년 이상
X. O, Cordon Bleu	Xtra별격 別格의, Old 오래된, 20년 이상
Extra, Paradise	30년 이상

(2) 코냑의 유명 제품

① Hennessy

헤네시 코냑은 1765년 아일랜드 출신의 리차드 헤네시에 의하여 설립되었다. 헤네시의 특징은 리무진산의 떡갈나무로 자사에서 만든 새 오크통에 숙성한다. 오크통에서의 용출성분을 많이 배게 한 다음 묵은 통으로 숙성시킨다. 따라서 헤네시는 유명한 다른 제품에 비해 주질이 중후하다. 헤네시 제품으로는 V. S. O. P, Napoleon, X. O, Extra, Paradise급 등이 있다. 파라디스급은 숙성의 중후한 맛을 살린 최상품이다.

▲ V. S. O. P급의 헤네시 코냑

② Remy Martin

레미마틴 코냑은 별셋 급의 제품은 생산하지 않고, 전 제품이 V. S. O. P급 이상의 브랜디를 생산한다. 그랜드 상파뉴와 프티트 상파뉴 지구에서 생산된 원주만을 혼합하여 'Fine Champagne' 칭호를 갖는다. 레미마틴 제품으로는 V. S. O. P, Napoleon, X. O, Extra 그리고 루이 13세는 레미마틴사 제품 가운데 유일한 그랜드 상파뉴의 것으로 루이 왕조를 상징하는 백합 모양의 병에 담아 판매하고 있다.

▲ X. O급의 레미 마틴 코냑

③ Courvoisier

쿠르브아제는 헤네시, 레미마틴 등과 함께 3대 메이커이다. 1790년 파리의 와인상인 쿠르브아제가 설립하였다. 별셋급(3star)은 쿠르브아제의 주력 제품으로 전 생산량의 80%를 차지하고 있다. V. S. O. P급은 핀느 상파뉴 규격품으로 약간의 단맛을 가진 미디엄타입이다. Napoleon급은 감칠맛이 있고, X. O

급은 20년 이상 숙성한 최상품으로 강렬한 향과 맛이 특징이다. Extra급은 장기 숙성한 후 정선된 원주를 블렌딩한 것이다.

④ Camus

카뮈 코냑은 1969년 나폴레옹 탄생 2백주년을 기념하여 나폴레옹급 코냑을 생산하면서 널리 알려지게 되었다. 그랜드 상파뉴, 프티트 상파뉴, 보르드리세 지구의 15년 이상 된 원주를 사용하는데, 부드러우면서도 감칠맛이 특징이다. 이 밖에도 V. S. O. P, X. O급 등이 있다.

⑤ Martell

1715년 장 마텔이 코냑에서 창업하였다. 마텔 코냑은 프루티한 맛과 향이 특징이다. 별셋 급, V. S. O. P, Napoleon, Cordon Bleu 급이 있다. X. O급의 코르동 블루(Cordon Bleu)는 중후한 풍미와 구조를 갖춘 상급의 코냑이다. 엑스트라(Extra)는 60년 숙성한 것으로 연간 400병의 한정 생산품으로 최상품이다. 풍요로운 향기는 숙성의 극치를 보여준다.

▲ V. S. O. P급의 카뮈 코냑

코냑의 기타 유명 제품

Bisquit	Otard	Landy
Croizet Hine	Larsen	Gautier
Polignac	Château paulet	

2) 알마냑 Armagnac

(1) 알마냑의 개요

코냑과 함께 쌍벽을 이루는 알마냑은 보르도의 남서쪽에 위치하고 있다. 알마냑은 세 지역으로 구분하는데, 남쪽의 오 알마냑(Haut-Armagnac)과 북쪽의 테나레즈(Tenarez), 바 알마냑(Bas-Armagnac)으로 나뉜다. 이 지역에서 생산되는 포도는 코냑과 같은 청포도 위니 블랑(Ugni Blanc)이 주품종이다. 그러나 알마냑은 제조방법이 코냑과 다르다. 알마냑은 반 연속식 증류기로 한 번 증류하는 데 비해 코냑은 단식 증류기로 두 번 증류한다. 그리고 알마냑은 블랙 오크통, 코냑은 화이트 오크통에 숙성한다. 이와 같은 차이가 꼬냑산(産)은 전반적으로 기품 있고 그윽한 향기가 매력이며, 알마냑산(産)은 당분이 많고 신선한 향미가 특징이다. 그리고 알마냑의 숙성 표기는 코냑에 준하고 있다.

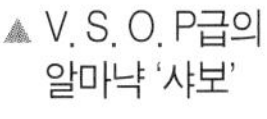
▲ V. S. O. P급의 알마냑 '샤보'

(2) 알마냑의 유명 제품

① Chabot

16세기 프랑스와 1세 때에 프랑스 최초의 해군 원수 필립 드 샤보는 긴 항해에 와인이 변질되는 것을 방지하기 위해 증류해서 선적하였다. 그리고 오크통 속에서 세월이 경과할수록 타닌성분과 방향성분이 가미되어 양질의 브랜디가 되는 것을 발견하였다. 이후 알마냑은 전통적인 증류기로 한 번만 증류하여,

알마냑의 기타 유명 제품

Montesqiou	Castagnon	Cles des Ducs
Domaine D'Enjoie	Guizot	Prince D'Armagnac

블랙 오크통에서 숙성된다. 이에 따라 원주의 주질은 중후하지만, 숙성에 의하여 순한 풍미가 되는 것이 특징이다.

② Janneau

1851년 테나레즈 지구에서 설립되어 6대째 가업으로 계승되고 있다. 자뉴의 증류는 알마냑 전통의 증류법으로 1회만 하며, 숙성은 블랙 오크의 새 통에 2년 동안 저장하여 통의 향기를 배이게 하고 있다. 이어서 묵은 통에 옮겨져 숙성하는 것이 특징이며, 이로 인해 중후한 감칠맛과 짙은 향기가 특징이다.

③ Malliac

알마냑 지방 몽레알 마을의 샤토 드 말리약 사의 제품이다. 말리약의 특징은 10년 이상 숙성한 원주를 사용하는 데 있다. 원주는 알마냑 각 지구의 것을 정선해서 사용하고 있다. Napoleon, X. O급도 5년 이상의 숙성된 원주를 쓰도록 되어 있지만, 말리약은 10년 이상 숙성된 원주를 사용하는 것으로 정평이 나 있다.

3) 오드비 Eau de Vie

(1) 오드비의 개요

포도 브랜디는 코냑과 알마냑이 유명하지만, 이외에도 사과나 배, 나무딸기, 체리 등 포도 이외의 과실로 만든 양질의 프루츠 브랜디가 있다. 이 브랜디는 프랑스와 독일에서 많이 생산하고 있다. 프랑스에서는 오드비(eau de vie~과일의 이름)라 부르며, 원료 과일의 이름을 넣는다. 독일에서는 ~밧서,~가이스트라고 부른다. 밧서는 원료인 과실의 즙을 발효 · 증류한 것에 사용하고, 가이스트는 과실을 알코올에 담가서 함께 증류한 것을 말한다. 오드비는 탱크에서 숙성하여 무색투명한 것과 오크통에 숙성하여 진한 풍미와 색을 지닌 것 등이 있다.

표 3-52 프랑스, 독일의 오드비 이름		
구 분	프랑스	독 일
체리 Cherry	Kirsch	Kirschwasser
나무딸기 Raspberry	Framboise	Himbeergeist
배 Pear	Poire williams	Birngeist

(2) 오드비의 유명 제품

① Calvados

사과를 발효, 증류, 숙성과정을 거쳐 만든 브랜디로 프랑스 노르망디 지방의 특산주이다. 코냑과 함께 A · O · C법에 의해서 원산지, 양조방법, 명칭 등이 엄격히 규제되어 있다. 기타 지역에서는 eau de vie de cider라고 한다.

▲ 애플브랜디 '칼바도스'

② Poire Williams

포아르 윌리암은 서양배로 만든 브랜디로 부드럽고, 상쾌한 향미를 지니고 있다. 잘 익은 배 한쪽을 병 속에 넣은 것도 있으며, 일정기간 통 숙성한 제품도 있다.

③ Eau de vie de Marc

포도로 와인을 만들고 난 찌꺼기를 재발효한 후 증류한 브랜디이다. 정식 명칭은 오드비 드 마르이다. 이탈리아에서는 Grappa(찌꺼기 브랜디)라고 한다. 마르나 그라파는 깔끔한 풍미의 식후주로 널리 알려져 있다.

▲ 찌꺼기 브랜디의 '오드비 드 마르'

3. 브랜디 서비스

브랜디는 디저트 이후에 향과 맛을 음미하면서 식후주로 마시는 것이 보통이다. 커피나 차 코스 이후에 코냑을 비롯한 브랜디를 제공한다. 이것은 브랜디 고유의 향미를 상승시키고, 입 안에서의 좋지 못한 냄새를 제거하면서 식사를 마무리하는 단계이다. 글라스는 향을 보존하고 극대화시키기 위해 와인과 같은 튜립형태의 글라스이어야 한다. 식후주로 가장 보편화된 것은 코냑, 알마냑, 칼바도스, 찌꺼기 브랜디의 마르, 그라파 등이 있다.

제6절 진, 럼, 보드카, 테킬라

맥주와 포도주를 기초로 증류한 위스키나 브랜디는 오늘날까지 유럽문화와 함께 태어나 세계 음식문화를 이끌어가고 있다. 위스키나 브랜디와 함께 비슷한 역사를 갖고 있는 진, 럼, 보드카, 테킬라 등은 각국의 국민주로서 애용되었다. 현대에는 사람들의 음주성향이 변하면서 산뜻하고 가벼운 주류를 찾게 되고, 신대륙에서 유행한 칵테일이 전 세계로 전파되면서 기본주로 각광받기 시작하였다.

1. 진 Gin

진은 17세기 중엽 네덜란드의 의과대학 교수인 실비우스 박사가 약주(藥酒)로서 개발한 것이 시초이다. 주니퍼베리(Juniper berry, 두송나무 열매)를 알코올에 넣고 증류를 하여 해열제로서 약국에서 판매하기 시작하였다. 그러나 약으로서보다는 산뜻한 향이 각광을 받아 주니퍼베리의 네덜란드어 주네바(Genever)라는 이름의 술로서 널리 알려지게 되었다. 그리고 17세기 말엽에 영국으로 건너가 짧게 줄여서 진(Gin)이 되었는데, 영국에서는 더욱 풍미가 가벼운 술로 발전하였다. 그 후 진은 미국으로 건너가 칵테일의 기본주로 활용되면서 전 세계로 알려지게 되었다. 진은 옥수수, 보리맥아, 호밀 등의 곡류를 1회 증류한 것에 주니퍼베리를 비롯해 다양한 허브를 첨가해서 증류한 술이다. 통 숙성을 하지 않으므로 무색투명하고 산뜻한 허브향과 드라이한 맛이 특징이다. 일반적으로 '드라이 진' 이라고 한다.

1) 진의 종류

진은 산뜻한 맛의 영국 '드라이 진'과 전통적인 제법으로 만들고 있는 중후한 맛의 네덜란드 진 '주네바' 그리고 '혼성 진' 등이 있다. 진은 크게 세 가지 종류로 나뉜다.

(1) 영국 진 London Dry Gin

영국 런던을 중심으로 발달하여 붙여진 이름이다. 세계 각국에서 생산되는 진의 대부분이 이 분류에 속한다. 주원료는 맥아, 옥수수 등을 당화시켜, 발효한 다음 연속식 증류기로 증류해서 주정을 만든다. 여기에 쥬니퍼베리, 코리앤더, 안젤리카의 뿌리, 레몬껍질 같은 방향성 물질을 넣고 단식 증류기로 다시 증류한다. 이렇게 증류된 알코올을 40% 정도의 함량으로 제품화한다.

(2) 네덜란드 진 Holland Gin, Dutch Genever

네덜란드 진은 맥아에 옥수수, 호밀 등을 당화시켜 발효한 다음 단식 증류기로 3회 증류하여 주정을 얻는다. 여기에 쥬니퍼베리를 넣고 다시 증류하므로 향기성분을 얻게 된다. 영국 진에 비해 중후한 풍미를 가지고 있으며, 홀랜드 진 또는 주네바 진이라고 한다.

(3) 혼성 진 Compound Gin

드라이 진에 가당을 한 단맛의 올드톰 진(Old Tom Gin) 그리고 과일이나 허브향을 첨가한 플레이버드 진(Flavored Gin) 등이 있다.

표 3-53 진의 종류

Gin	영국 진 London Dry Gin	영국에서 시작되어 런던 드라이 진이라고 한다.
	네덜란드 진 Genever	향미가 짙고, 중후한 맛이 특징이다.
	혼성 진 Compound Gin	드라이 진에 과즙이나, 허브, 가당한 것으로 리큐르 타입이다.

2) 진의 유명 제품

▲ 허브향과 드라이한 맛의 '탱커레이'

(1) Tanqueray

1830년 런던시 핀츠베리 구의 맑은 자연수를 이용하여 만들어졌다. 탱커레이 진은 상쾌한 허브향과 드라이한 맛이 특징이다. 현재까지의 드라이진으로는 가장 품질이 우수한 것으로 알려지고 있다.

(2) Beefeater

비휘터란 런던 탑에 주재하는 근엄한 근위병을 뜻한다. 산뜻한 향과 매끄러운 풍미가 특징이다. 칵테일 드라이 마티니의 기주(base)로 보편화되어 있다.

(3) Gordon's

고든 진은 주니퍼베리, 코리앤더, 감귤류의 과피 등으로 향미를 낸 런던 진의 정통파이다. 올드 톰 진(Old Tom Gin)은 가당하여 당도를 2% 정도 함유한 것으로 단맛의 진이다.

(4) Gilbey

1857년에 길베이가(家)의 월터 알프레드 형제에 의하여 창업되었다. 현재 길베이 진은 네모난 병으로 유명한데, 그것은 주요 수출국인 미국에서 금주법 시대에 위조하지 못하도록 디자인되었다. 레드 라벨은 37도, 그린 라벨은 47.5도로 생산되고 있다.

(5) Bombay

1781년에 탄생한 런던 드라이진으로 곡류만을 사용하여 만들고 있다. 봄베이는 지금까지도 전통적인 방법으로 생산하고 있는데, 각지에서 수집한 약초를 증기로 만들어 향기를 준다. 드라이한 풍미의 제품이다.

▲ 약초의 향미가 강한 '봄베이'

(6) Bols Genever

진의 탄생지 네덜란드에서 만들어지는 진이다. 볼스 사는 네덜란드 쉬이담(Schiedam)에서 1575년 창업되어 오랜 역사를 갖고 있다. 전통적인 중후한 풍미의 주네바를 생산하고 있다.

2. 럼 Rum

럼은 설탕의 원료인 사탕수수로 만든 술이다. 사탕수수를 짠 즙에서 사탕의 결정을 분리하고, 나머지 당밀을 물로 희석해서 발효 후 증류시킨다. 럼의 발생지는 사탕수수의 보고(寶庫)인 카리브 해의 서인도 제도이다. 현재 사탕수수는 열대 지방에서 널리 재배되어 그 고장마다 독특한 럼을 만들고 있다. 럼을 색으로 분류하면 화이트와 골드, 다크 등 세 가지 유형으로 나눌 수 있다. 풍미(風味, 맛)로 분류하면 가벼운 맛의 라이트 럼, 중후한 맛의 헤비 럼 그리고 중간 맛의 미디엄 럼 등이 있다. 이 밖에도 빈티지 럼이 있다. 사탕수수의 원료는 당분이 많아 브랜디나 와인같이 30~50년 장기간 숙성이 가능하다. 양질의 빈티지 럼은 브랜디와 같이 깊이 있는 향과 맛을 즐길 수 있다.

1) 럼의 종류

(1) Light Rum

연속식 증류방법으로 생산되므로 풍미가 가볍고 부드럽다. 열대 과일과 잘 혼합되어 칵테일 기주로 많이 사용된다. 쿠바가 원산지이다.

(2) Heavy Rum

당밀을 자연 발효시켜 단식 증류한 후 통숙성시킨 것으로 향미가 풍부하다. 주로 자마이카(Jamaica)에서 많이 생산하고 있다.

(3) Medium Rum

색과 풍미가 라이트와 헤비의 중간에 위치하는 럼이다. 라이트 럼과 헤비 럼을 혼합하거나 또는 캐러멜 착색 등의 다양한 방법으로 만들어지고 있다.

2) 럼의 유명 제품

▲ 라이트 럼 '바카디'

(1) Bacardi

바카디 럼은 세계적으로 가장 지명도가 높은 제품의 하나로 꼽히고 있다. 가벼운 맛의 라이트 럼과 순한 풍미의 골드 럼 그리고 헤비 럼의 아네호(Anejo)는 6년 숙성의 고급품이다. 아네호란 스페인어로 'old'를 뜻하며 감칠맛이 있는 풍미가 특징이다.

▲ 자마이카산의 헤비 럼 '마이어즈'

(2) Myers's

자마이카산의 마이어즈는 8년 숙성한 헤비 럼으로 세미 프리미엄급이다. 자마이카에서 양조한 후 기후가 온난한 영국의 리버풀에서 숙성하고 있다.

(3) Ronrico

스페인어의 론(ron)과 리치라는 뜻의 리코(rico)가 합성된 것이다. 론리코 화이트는 부드럽고, 산뜻한 풍미의 라이트 럼이고, 론리코 151proof(75.5%)는 강렬한 맛의 헤비 럼이다.

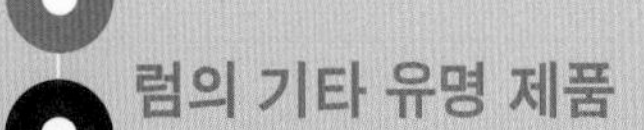

럼의 기타 유명 제품

Havana Club	Hansen	Anejo
Green Island	Negrita	Pinga Pontal

표 3-54 세계의 명주

구 분	프랑스	영 국	러시아	카리브해	멕시코	중 국	한 국
원료	포도	보리	감자	사탕수수	용설란	수수	쌀
발효주	와인	맥주	-	-	풀케	소흥주	막걸리
증류주	브랜디	진, 위스키	보드카	럼	테킬라	고량주	소주

3. 보드카 Vodka

러시아의 국민주 보드카는 즈에즈니즈 보다(Zhiezenniz Voda, Water of life)의 Voda(물)가 애칭형인 보드카로 변한 것이다. 주원료는 감자, 옥수수, 호밀, 보리 등의 곡류를 발효, 증류해서 주정을 만들고 물로 희석한 다음 자작나무 숯으로 여과한다. 그 결과 무미, 무색 그리고 무취(無臭)의 3무가 특징인 술이 된다. 이로서 보드카는 주스나 청량음료 등 어떤 재료와도 잘 조합되어 진과 함께 칵테일의 기본주로 각광받고 있다. 러시아에서 보드카는 철갑상어의 알(Caviar)과 함께 식전주나 식후주로 마시는 것이 보통이다. 보드카는 세계 여러 나라에서 생산되고 있는데 러시아, 폴란드, 핀란드, 미국, 스웨덴 등이다. 보드카의 종류는 크게 무미, 무취에 가까운 중성 보드카(Neutral)와 향을 첨가한 플레이버드(Flavored) 보드카 등이 있다.

1) 보드카의 종류

(1) Neutral Vodka

무색투명한 것으로 무미, 무취에 가까운 레귤라 타입의 보드카이다. 대부분 보드카의 90% 이상이 이에 속한다.

(2) Flavored Vodka

플레이버드는 과실, 약초, 향초 등의 향미를 첨가한 보드카이다. 향초로 향을 첨가한 주브로브카(Zubrowka)가 대표적이다.

2) 보드카의 유명 제품

▲ 정통 러시아의 보드카 '스톨리치나야'

(1) Stolichnaya

스톨리치나야란 러시아어로 '수도(首都)' 라는 뜻이다. 알코올 농도 40%의 부드럽고 산뜻한 풍미의 정통 러시아 보드카이다.

(2) Zubrowka

폴란드 산의 향이 강한 주브로브카 풀(草)의 향기를 첨가한 보드카이다. 독특한 맛과 향이 나는 연한 황 녹색의 보드카로 병 속에 풀잎이 들어 있다.

▲ 폴란드산의 보드카 '스피리투스'

(3) Spirytus

폴란드산의 알코올 농도 96%의 강렬한 보드카이다. 병 라벨에 '화기 주의' 라고 표기되어 있다. 입술에 닿는 순간 윗입술이 저릴 정도로 그 농도가 강하여 주스나 탄산음료를 혼합하여 마신다. 알코올 도수가 높은 술은 제과나 칵테일에 살짝 떨어뜨리면 흡수가 잘되어 재료 본래의 향이 강하게 살아나는 특성이 있다.

보드카의 기타 유명 제품

Smirnof	Stolovaya	Fleischmann's
Absolut	Hiram Walker's	Limonnaya

4. 테킬라 Tequila

테킬라는 용설란(Agave)을 원료로 하여 만든 멕시코의 국민주이다. 용설란은 수선과에 속하는 다육식물(多肉植物, 수분을 축적하기 위해 줄기나 잎이 두터워진 식물)의 일종으로 그 줄기를 발효, 증류해서 만든다. 테킬라는 숙성하지 않은 화이트 테킬라(White, Joven)와 오크통에서 숙성한 골드 테킬라(Gold, Anejo)로 구분된다. 화이트 테킬라는 풀케(Pulque)[25]에서 나는 향이 그대로 옮겨와 향미가 거칠다. 멕시코에서는 손등에 라임이나 레몬즙을 바르고 거기에 소금을 뿌린 다음 핥은 후 입안이 상쾌해지면 테킬라를 단숨에 들이킨다. 이처럼 테킬라는 자극이 강한 재료와 조합이 잘되고, 식욕을 돋우기 때문에 식전주로도 어울린다. 1968년 멕시코올림픽을 계기로 세계 여러 나라에 알려지게 되었다.

1) 테킬라의 종류

(1) White or Joven 화이트 또는 호벤

화이트 테킬라는 통 숙성하지 않은 것으로 샤프한 향미가 있다. 무색투명하며 테킬라 호벤이라고도 한다.

(2) Gold or Anejo 골드 또는 아네호

골드 테킬라는 오크통에 숙성한 것으로 통의 향과 감칠맛이 특징이다. 1년 이상 통에서 숙성시키면 테킬라 아네호라고도 한다.

▲ 전 세계 시장을 석권한 골드 테킬라 'Jose Cuervo Especial'

2) 테킬라의 유명 제품

(1) Cuervo

쿠엘보 화이트는 통 숙성을 하지 않은 화이트 테킬라, 2년 이상 통 숙성

25) 용설란의 수액을 발효시킨 것으로 멕시코인들이 즐겨 마시는 우리의 탁주와 같은 술이다. 이를 증류시켜 테킬라가 만들어진다.

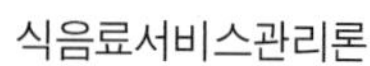

시킨 골드 테킬라, 그리고 골드의 최상품인 센테나리오(centenario) 등이 있다. 쿠엘보 1800은 장기 숙성의 딜럭스 테킬라이다.

▲ 화이트 테킬라 '사우자 실버'

(2) Sauza

사우자는 쿠엘보 사와 함께 멕시코의 2대 테킬라 메이커이다. 사우자 실버(silver)는 통 숙성을 하지 않은 신선한 향미의 화이트 테킬라, 그리고 통 숙성한 사우자 엑스트라(Extra), 콘메모라티보 등이 유명하다.

(3) Olmeca

멕시코의 고대 문명 중에서 가장 오랜 올메카 문명의 이름을 주명(酒名)으로 하였다. 라벨에 그려져 있는 사람 머리의 그림은 올메카 문명의 유물에서 묘사한 것이다. 통 숙성 3년 이상의 최상품 테킬라이다.

▲ 보드카와 오렌지 주스를 혼합한 'Screw Driver'

(4) Pancho villa

판초빌라는 테킬라 최량(最良)의 산지인 하리스코주(州)의 산이다. 알코올 도수 55도로 증류하여 스테인리스 탱크에 저장한 후, 물을 희석하여 40도로 병입한다. 테킬라 본래의 샤프한 향미를 갖고 있으며, 멕시코와 미국에서 높이 평가되고 있는 테킬라이다.

5. 진, 럼, 보드카, 테킬라 서비스

증류주는 발효주를 증류시켜 알코올 도수를 높인 술이다. 진이나 보드카 등은 위스키나 브랜디와 동일한 증류주이지만, 특성을 살펴보면 차이가 있다. 즉 위스키나 브랜디는 통 숙성에 의해 향미가 개선되는 술이지만 진이나 보드카 등은 통 숙성이 필요 없는 인공적인 술이다. 식전주나 칵테일파티의 연회에서 탄산음료, 주스 등을 혼합한 칵테일로 주로 이용하고 있다. 따라서 진, 럼, 보드카, 테킬라 등과 잘 조합되는 것을 살펴보면 다음과 같다.

표 3-55 진, 럼, 보드카, 테킬라 서비스

구 분	탄산음료	하이볼
진	토닉워터	Gin Tonic
럼	코카콜라	Rum Coke
보드카	토닉워터(오렌지)	Vodka Tonic(Orange)
테킬라	토닉워터	Tequonic

멕시코에서는 특별한 방법으로 테킬라를 마신다. 라임이나 레몬을 반으로 잘라서 손등에 즙을 묻힌 다음 소금을 뿌린다. 그리고 테킬라를 스트레이트로 마신 후 라임이나 레몬의 즙을 빨고 손등의 소금을 핥으면서 마신다. 따라서 테킬라 서비스는 라임 또는 레몬이나 소금 등을 제공해야 한다. 또 다른 형태로 아래와 같은 슬래머(slammer)가 있다.

- 긴 테킬라 샷 잔에 골드 테킬라를 1/2정도 따른다.
- 탄산음료(7up 또는 소다수)를 채운다.
- 냅킨으로 잔을 덮은 후 테이블을 내려친다.
- 거품이 일어나는 동시에 원 샷으로 마신다.

▲ 소금과 레몬이 제공되는 테킬라 서비스

기타 유명 제품

Sierra	Olmeca	Pancho Villa
Pepe Lopez	Two Finger's	El Toro

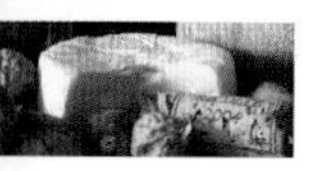

제7절 리큐르

리큐르는 증류주에 식물성 향미성분을 배합하고 다시 감미료나 착색료 등을 첨가하여 만든 술의 총칭이다. 세계의 여러 나라에서 생산되는 식물들을 원료로 사용하기 때문에 맛과 향이 다양하며 그 종류는 헤아릴 수 없이 많다.

리큐르의 어원은 증류할 때에 각종 약초, 향초(香草)를 넣어서 그 성분이 녹아들어 있으므로, 라틴어의 리케파세레(Liquefacere, 녹아들게 했다)에서 유래하였다. 의학이 발달하지 않았던 중세시대, 연금술사와 수도사들은 다양한 약초와 향초 성분을 알코올과 섞어 약주 만들기에 몰두하였다. 이것이 리큐르의 시초이다. 이후 의학이 발달하면서 과일 향미를 주체로 한 맛과 아름다움에 중점을 두게 되었다. 이로 인해 향미 성분에 다양한 원료와 착색법을 연구해 여러 가지 색의 리큐르가 탄생되었다. 이것이 리큐르가 '액체의 보석'이라는 별칭을 얻게 하였다. 사용되는 원료에 따라 약초・향초계, 과실계, 종자계, 특수계로 구분하는 데 다음과 같다.

약초・향초계 : 아니스, 캄파리, 갈리아노 등
과실계 : 그랑 마니에, 슬로우 진, 서던 컴포트 등
종자계 : 아마레토, 칼루아, 카카오 등
특수계 : 아드보카트, 베일리스 아이리쉬크림 등

1. 리큐르의 제법

1) 침지법 Infusion

증류주에 과일이나 향초 등을 침지하여 향기나 맛을 내는 방법이다. 리큐르 제조법 중에서 가장 오래 전부터 사용되어 온 방법이다. 가정에서 담아 마시는 매실주가 한 예이다.

2) 에센스법 Essence

증류주에 에센스를 첨가해 향을 내는 방법이다. 증류법이나 침지법 등으로 만든 리큐르에다 에센스법을 사용하여 향이나 맛을 보충하기도 한다.

3) 증류법 Distill

증류주에 과일이나 향초 등을 침적하여 함께 증류하는 방법이다. 일반적으로 리큐르의 제법은 한 가지 방법으로만 만들지 않고, 대부분 두 가지 이상을 병용해서 만든다.

2. 리큐르의 종류

1) 약초 · 향초계 Herbs & Spices

중세시대 약으로 마시던 초기의 리큐르로 가장 역사가 깊다. 당시 수도원에서 만들어진 리큐르 중에는 수십 종의 약초나 향초를 배합한 리큐르로 강장건위, 소화불량에 효능이 있는 것으로 알려져 있다. 프랑스와 이탈리아의 리큐르는 맛을 추구하는 것이 대부분이고, 독일은 약용효과를 추구하는 것으로 오늘날 최상품의 리큐르를 생산하고 있다. 약초 · 향초계의 리큐르를 살펴보면 다음과 같다.

(1) Chartreuse

약초, 향초계를 대표하는 리큐르의 여왕으로 인정받고 있다. 1764년 프랑스 샤르트르즈 수도원의 수도사가 리큐르의 원형을 제조하였으며, 100종류 이상의 약초가 배합되어 있다. 현재까지도 약초 원료의 배합은 수도사가 직접 행하고 있으며, 강한 약초향이 균형 있게 스며 있다.

(2) Benedictine D · O · M

▲ 27종의 약초와 향초가 배합된 '베네딕틴 디 · 오 · 엠'

1510년 프랑스 북부의 베네딕트 파 수도원에서 성직자가 만든 술로, 샤르트르즈와 함께 명성을 이분해 온 약주이다. 27종의 약초와 향초를 배합하여 양조한 후 통 숙성시킨 제품이다. 라틴어 'Deo Optimo Maximo'의 D · O · M이란 '최대 최고로 좋은 것을 신에게 바친다'라는 기도의 말이 이름의 유래가 되었다. 샤르트르즈는 약초의 맛을 강조하고 있으나 베네딕틴은 무게있는 감미가 특징이다.

(3) Galliano

이탈리아에서 생산하는 리큐르로 이디오피아 전쟁의 용장 갈리아노 소령의 이름을 주명으로 하였다. 아니스, 바닐라 등 식물 40여 종의 주된 성분이 조화를 이루고 있다.

▲ 이탈리아 육군소령의 이름을 주명(酒名)으로 한 '갈리아노'

(4) Peppermint

페퍼민트는 유럽산의 박하를 물과 함께 증류하여 시럽을 첨가한 것이다. 박하향의 청량감뿐만 아니라 향미가 신선하고, 소화를 촉진하는 작용도 한다. 화이트, 그린, 블루 등 세 가지의 색이 있다.

(5) Violets

전 세계 수백 종의 제비꽃 중에서 리큐르가 되는 것은 스위트 바이올렛(Sweet Violet)뿐이다. 바이올렛의 리큐르에는 파르페 아무르(Parfait Amour, 완전한 사랑), 크림 드 바이올렛(Creme de Violet) 등이 있다. 엷은 보랏빛이 나며 달콤한 향미가 특징이다.

(6) Anisette

아니스(Anise, 미나리과 1년 초 식물)를 중심으로 하는 허브에 오렌지, 레몬 등의 과피를 주정에 첨가하여 증류시킨 것이다. 아니스 풍미와 레몬이나 오렌지의 과피 향이 특징이다. 이 외에도 아니스의 리큐르에는 Pernod, Ricard, Sambuca 등의 유명제품이 있다. 삼부카는 이탈리아의 제품으로 글라스에 볶은 커피콩을 세 알 띄워서 제공하는 것이 전통적인 방식이다. 커피콩의 의미는 자유, 평화, 사랑을 표현한다.

(7) Campari

1860년 이탈리아 밀라노에서 탄생한 비터(bitter, 쓴맛의 약초 풍미)계의 리큐르이다. 주원료는 오렌지 과피, 여기에 캐러웨이, 커리앤더의 씨, 용담뿌리 등이 배합되어 있다. 주홍빛의 캄파리는 쌉쌀한 쓴맛과 상쾌한 감미가 특징으로 식전주의 캄파리 소다, 오렌지 등으로 혼합해 마신다.

▲ 용담뿌리, 허브 등이 배합된 쓴 맛의 비터계 '캄파리'

(8) Amer picon

'아메르'는 프랑스어로 '쓰다'는 의미이다. 피콘은 아메르 피콘의 창시자 이름으로, 아프리카의 약초를 원료로 리큐르를 만들었다. 증류주에 오렌지 과피, 용담뿌리, 설탕을 배합하여 만든다. 캄파리와 같이 식전주로 생수나 소다수를 혼합해 마신다.

(9) Underberg

독일산 비터의 일종으로 20mL 용량에 알코올 도수 49%이다. 세계 43개국에서 수입한 30여 종의 약초 추출액을 주정에 배합하여 숙성시킨 드라이한 맛의 리큐르이다. 주로 술 마시기 전에 숙취 예방이나 소화촉진을 위해 식후주로 마신다.

▲ 스카치 몰트 위스키에 꿀이 배합된 '드람부이'

(10) Drambuie

1745년 스코틀랜드 왕가의 비주(秘酒)를 전수한 맥킨논 사(社)가 제조한 리큐르이다. 15년 이상 통 숙성된 하일랜드산 몰트 위스키에 각종 식물의 향기와 벌꿀을 배합한 것이다. 드람부이란 게릭어로 '만족할만한 음료' 라는 뜻이다. 드람부이와 비슷한 것으로 '아일랜드의 짙은 안개'란 뜻의 아이리쉬 미스트가 있다. 이 술은 아이리쉬 위스키에 벌꿀, 오렌지, 아몬드 등의 향기를 배합시켜 숙성시킨 것으로 은은한 향기가 일품이다.

2) 과실계 Fruits

오렌지나 체리, 베리, 살구 등의 과실계는 근대의 미식학적 요청에 의하여 탄생된 술이다. 리큐르 본래의 약용 효과보다 향기나 맛에 중점을 두고 있다. 이것은 단일의 과실만으로 만들어지는 것이 아니라 식물의 향미 성분과 배합하여 단조로운 맛을 피하고 균형과 조화를 이루고 있다.

(1) 오렌지 리큐르

오렌지 리큐르는 전통적인 큐라소(Curacao)라는 명칭을 부여하는 것이 일반적이다. 원산지 서인도 제도의 큐라소 섬에서 재배되는 오렌지를 원료로 하여 만든 것이 원조라서 붙여진 이름이다. 색에 따라 통 숙성을 하지 않는 화이트 큐라소와 통 숙성을 거친 오렌지 큐라소로 크게 구분된다. 그러나 최근에는 다양한 색의 블루, 레드, 그린 등의 제품이 있는데, 화이트 큐라소에 착색료를 첨가하여 만들어진다. 오렌지 리큐르는 과즙이나 과육을 사용하는 것이 아니라 대부분 과피(果皮)만을 사용하여 만든다.

▲ 브랜디에 오렌지 과피, 시럽 등이 배합된 '코인트로'

① Cointreau : 1849년 프랑스의 루아르 지방에서 탄생한 화이트 큐라소의 대표적인 제품이다. 브랜디의 주정에 오렌지 과피를 침지한 후 증류하여 시럽 등을 첨가해 만든다. 오렌지의 감미와 꽃향기의 조화를 이루고 있다. 이 외에도 화이트 큐라소에는 Triple Sec, Orange

Heering 등의 유명제품이 있다. 그리고 화이트 큐라소에 착색을 한 Blue, Red, Green Curacao 등이 있다.

② Grand Marnier : 코냑과 오렌지의 향이 조화롭게 어우러진 오렌지 큐라소의 대표적인 리큐르이다. 3년 이상 숙성된 코냑에 오렌지 과피를 배합한 후 오크통에 숙성한 호박색의 제품이다. 다른 큐라소와의 차이는 통 숙성으로 인한 오렌지 과피와 코냑의 향기를 갖는 것이 특징이다. Cordon Rouge란 '빨간 리본'이라는 뜻이다.

▲ 오렌지계의 대표적인 리큐르 '그랑 마니에'

(2) 체리 리큐르

체리를 침지하여 체리 고유의 색과 향미를 살린 적색의 것과 체리의 원료를 사용하지만 증류를 시킴으로써 무색투명한 마라스키노 등으로 구분된다.

① Cherry Heering : 체리를 주정에 침지해 체리 고유의 색과 향미를 살린 적색의 리큐르이다. 다양한 이름의 제품이 있는데 cherry brandy, peter heering, cherry marnier 등이다.

② Maraschino : 적색 빛의 매력적인 체리 리큐르에 비해 마라스키노는 3회 증류하여, 3년 숙성 후 시럽을 첨가하여 만든 무색투명한 리큐르이다. 이탈리아 북동부의 슬로베니아에 걸쳐 재배되는 마라스카종의 스위트 체리를 원료로 한다.

▲ 적색의 체리 리큐르

(3) 베리 리큐르

베리의 종류는 카시스(블랙커런트), 라즈베리, 블랙베리, 슬로베리, 블루베리 등이 있다. 현재 세계적으로 인기 상승에 있는 것은 카시스와 라즈베리 등이다.

① Cassis : 베리계 중에서 가장 인기가 높은 것이 카시스(black currant)원료의 리큐르이다. 제법은 파쇄한 카시스를 주정에 담갔다가 설탕을 첨가한 후 여과하여 만든다. 유럽에서는 비타민 C가 많이 함유된 카시스의 약효에 착안하여 리큐르를 만들었다.

② Raspberry : 라즈베리는 한국어로는 나무딸기, 프랑스어로는 프람부아즈

▲ 베리계의 리큐르 '슬로우 진'

(framboise)라고 한다. 제조법은 파쇄한 과일을 주정에 침지하여 증류한 다음 숙성한 것으로 적색과 무색의 두 종류가 있다.

③ Sloe Gin : 유럽에서 야생하는 서양자두(sloeberry)를 진에 배합하여 만든 적색의 리큐르이다.

그 밖의 베리계 리큐르로 아름다운 색과 상큼한 향기의 blackberry(검은 딸기), blueberry(월귤) 등으로 만든 리큐르가 있다.

(4) Apricot

주원료인 살구를 주정에 침지하여 시럽을 첨가해 만든 것으로, 아페리코트 브랜디 또는 아페리코트 리큐르라고 불린다. 깊은 감미와 향기가 특징이다. 살구 외의 과일이나 허브를 사용하기도 한다.

(5) Pear

배 리큐르의 원료에는 윌리암(williams)종이 주로 사용된다. 그래서 영어로는 페어 윌리암, 프랑스어는 포아르 윌리암이라는 표기가 많다. 제법은 배를 으깨어 발효시키고, 2회 증류한 다음 시럽을 첨가하여 달콤한 맛의 리큐르로 만든다.

(6) Peach Tree

복숭아는 여성에게 인기가 높은 과일 중 하나로 리큐르 분야에서도 각광을 받고 있다. 제법은 주정에 복숭아의 향미 성분을 넣고 증류하여 만든다. 오렌지 주스와 잘 조합되며 신선한 감미가 특징이다. 그 밖의 멜론, 바나나, 만다린(mandarin, 귤), 레몬 리큐르 등이 있다.

3) 종자계 Beans & Kernels

과일의 씨에 함유되어 있는 방향 성분이나 커피, 카카오, 바닐라 콩 등의 성분을 추출하여 향과 맛을 낸 리큐르이다. 초기의 종자계는 카카오 맛이 압도적이었으나 최근에는 커피 맛의 리큐르와 살구씨의 아마레토가 인기상승에 있다.

(1) Amaretto

아마레토는 살구의 핵(씨)을 물과 함께 증류하여 향초 추출액과 주정을 배합하고, 탱크에 숙성한 다음 시럽을 첨가해서 만든다. 갈리아노, 삼부카와 더불어 이탈리아에서 생산하는 3대 리큐르의 하나이다.

▲ 살구 핵의 종자계 '아마레토'

(2) Cacao

카카오 리큐르는 초콜릿 맛의 감미가 특징이다. 제법은 카카오 콩을 볶은 다음 주정과 함께 증류하여 향기 높은 원액을 만든다. 여기에 시럽을 첨가하면 화이트 카카오(White Cacao), 색소를 첨가하면 브라운 카카오(Brown Cacao)가 된다.

(3) Coffee

커피가 생산되는 여러 나라에서 만들어지고 있다. 럼, 브랜디, 아이리쉬 위스키 등에 커피의 맛과 향미를 배합하여 만든다. 칼루아(Kahlua)는 럼 베이스에 멕시코산의 아라비카종 커피로 만든다. 티아 마리아(Tia Maria)는 브랜디 베이스에 자마이카산의 블루 마운틴 커피로 만든다. 아이리쉬 벨벳(Irish Velvet)은 아이리쉬 위스키에 커피와 당분을 첨가한 것이다.

▲ 멕시코산의 커피로 양조된 리큐르 '칼루아'

4) 특수계 Specialities

대부분의 리큐르는 식물성 향미 성분을 배합한 것이 주를 이루고 있으나 동물성의 크림, 계란 등의 재료가 배합된 특수계가 있다. 위스키나 브랜디에 크림이나 계란 등을 첨가해 맛을 낸 것으로 식후주에 많이 이용된다.

(1) Baileys Irish Cream

아일랜드의 수도 더블린산의 베일리스 아이리쉬 크림은 아이리쉬 위스키에 크림, 카카오를 배합하여 만든 감미로운 맛의 리큐르이다.

(2) Advocaat

19세기 네덜란드 농촌에서 브랜디에 계란의 노른자위와 설탕을 가열하여 만든 에그 브랜드가 시초이다. 아드보카트는 네덜란드어로 '변호사'를 의미하는데 이것을 마시면 변호사처럼 말이 많아진다는 데서 유래하였다.

▲ 위스키에 크림이 배합된 특
'베일리스 아이리쉬 크림
식후주의 온더락으로 마신

3. 리큐르의 서비스

혼성주는 드라이한 맛에서부터 단 맛에 이르기까지 다양하다. 약초와 향초 그리고 과일의 향과 맛은 식전주, 식후주로서 식욕촉진과 소화촉진의 효과를 준다. 식전주는 전채요리 이전, 식후주는 커피나 차 코스 이후에 제공한다. 마시는 형태는 스트레이트, 온더락, 하이볼 등 세 가지 등이다. 스트레이트의 경우 풍부한 색채와 향미를 눈, 코, 입의 관련감각기관을 이용하여 최대한 감상한다. 알코올 농도가 강렬한 것은 주스나 탄산음료 등을 혼합하여 15% 미만의 혼합주(cocktails)로 마시는 게 보통이다. 또한 약초, 향초계는 식전주, 과실계와 종자계는 식후주가 일반적이다.

Study Questions

1. 양조주, 증류주, 혼성주의 개념을 정의하고 어떠한 종류가 있는가?
2. 적포도와 청포도의 종류 그리고 각 품종의 특징은 무엇인가?
3. 와인을 양조법, 색, 당도, 무게, 식사코스에 따라 분류하고 와인 서비스와 관리에 필요한 조건에는 무엇이 있는가?
4. 와인 테이스팅의 3단계 및 와인과 요리의 조합에는 어떠한 원리가 있는가?
5. 세계 각국의 와인 등급과 산지는 어떻게 분류되는가?
6. 4대 위스키 산지를 구분하고, 스카치와 아메리칸 위스키의 종류에는 어떠한 것들이 있는가?
7. 식후주의 2대 브랜디와 기타 브랜디에는 어떠한 것들이 있는가?
8. 리큐르의 개념과 종류를 설명하고 음식과는 어떻게 조합하는가?

Beverage List / 음료리스트

APERITIFS 아페리티프

	Per Glass	Per Bottle
Campari 캄파리	₩6,000	90,000
Martini Rosso 마티니-로소	6,000	90,000
Dubonnet 두보네	6,000	90,000
Cynar 쉬나	6,000	90,000
Pernod 45 페르노 45	6,000	90,000
Underberg 운더버그	6,000	90,000

SHERRIES & PORTS 쉐리, 포트와인

Tio Pepe Dry Sherry 티오 페페 드라이 쉐리	₩6,000	110,000
Harvey's Bristol Cream Sherry 하베이스 크림 쉐리	6,000	110,000
Ruby Port 루비 포트	6,000	110,000
Graham's 20 Years Port 그레함스 포트 20년산	15,000	290,000

PREMIUM SCOTCH WHISKY 프리미엄 스카치 위스키

Johnnie Walker Black Label 조니워커 블랙 라벨 12년산	₩10,000	220,000
Cutty Sark 12 Years 커티 샥 12년산	10,000	220,000
J&B Jet 12 Years 제이 앤 비 제트 12년산	10,000	220,000
Ballantine 12 Years 발렌타인 12년산	10,000	220,000
Chivas Regal 12 Years 시바스 리갈 12년산	10,000	220,000
Old Parr 12 Years 올드 파 12년산	10,000	220,000
Dimple 15 Years 딤플 15년산	11,000	240,000
Johnnie Walker Swing 조니워커 스윙	11,000	240,000
Johnnie Walker Gold Label 조니워커 골드 라벨 18년산	12,000	290,000
Ballantine 17 Years 발렌타인 17년산	12,000	290,000
Cutty Sark 18 Years 커티 샥 18년산	12,000	290,000
Royal Salute 21 Years 로얄 살루트 21년산	25,000	590,000
Johnnie Walker Blue Label 조니워커 블루 라벨	35,000	850,000
Ballantine 30 Years 발렌타인 30년산	40,000	900,000

STANDARD SCOTCH WHISKY 스탠다드 스카치 위스키

Cutty Sark 커티 샥	₩6,000	135,000
Johnnie Walker Red Label 조니워커 레드 라벨	6,000	135,000
White Horse 화이트 호스	6,000	135,000
Famous Grouse 훼이머스 그라우스	6,000	135,000
J&B Rare 제이 앤 비 레어	6,000	135,000
Dewar's White Label 드워스 화이트 라벨	6,000	135,000
Ballantine Finest 발렌타인 화이네스트	6,000	135,000

Beverage List / 음료리스트

KOREAN WHISKY 국산 위스키

Windsor Premier/Imperial 윈저/임페리얼 12년산	₩8,000	165,000
Calton Hill 칼튼 힐	8,000	165,000
Passport 패스포트	6,000	135,000
Something Special 썸씽 스페샬	6,000	135,000
Premium, Half Bottle(375mL) 프리미엄(반병-375mL)		100,000
Standard, Half Bottle(375mL) 스탠다드(반병-375mL)		60,000

SINGLE MALT WHISKY 싱글 몰트 위스키

Glenfiddich(Speyside-Fiddich) 글렌피딕	₩10,000	220,000
Glenlivet(Speyside-livet) 글렌리벳	10,000	220,000
Miltonduff(Speyside-Lossie) 밀튼더프	10,000	220,000
Aberlour 1977(Speyside) 아벨라워	10,000	220,000
Singleton(Speyside) 씽글톤	10,000	220,000
Knockando(Speyside) 녹칸도	14,000	300,000
Laphroaig(Islay-South Shore) 라프로에그	14,000	300,000
Macallan 18 Years(Speyside) 맥캘란 18년산	19,000	470,000

AMERICAN WHISKEY 아메리칸 위스키

Wild Turkey Rare Breed 와일드 터키 레어 브리드	₩13,000	300,000
Maker's Mark 메이커스 마크	9,500	220,000
Wild Turkey 와일드 터키	9,500	220,000
Jack Daniel's Black Label 잭 다니엘 블랙 라벨	9,500	220,000
Jim Beam 짐 빔	6,000	135,000
Early Times 얼리 타임즈	6,000	135,000

CANADIAN&BLENDED 캐나디안 위스키

Seagram's Crown Royal 씨그램스 크라운 로얄	₩9,500	220,000
Canadian Club 12 Years 캐나디안 클럽 12년산	9,500	220,000
Seagram's 7 Crown 씨그램스 세븐 크라운	6,000	135,000
Seagram's V.O. 씨그램스 브이 오	6,000	135,000
Canadian Club 캐나디안 클럽	6,000	135,000

IRISH WHISKEY 아이리쉬 위스키

John Jameson 12 Years 존 제임슨 12년산	₩9,500	180,000
John Jameson 존 제임슨	6,000	135,000
Old Busjmill 올드 부시밀	6,000	135,000

GIN 진

Beefeater 비휘터	₩6,000	135,000
Gilbey's 길베이스	6,000	135,000
Tanqueray 탱커레이	6,000	135,000

Beverage List / 음료리스트

VODKA 보드카

Smirnoff Black Label 스미노프 블렉 라벨	₩9,500	220,000
Smirnoff Red Label 스미노프 레드 라벨	6,000	135,000
Absolut 앱솔루트	6,000	135,000
Stolichnaya 스톨리치나야	6,000	135,000

RUM 럼

El Dorado 15 Years 엘도라도 15년산	₩11,000	240,000
Bacardi Light 바카디 라이트	6,000	135,000
Myer's Planters 마이어스 플랜터스	6,000	135,000
Malibu 말리부	6,000	135,000

TEQUILA 테킬라

Two Fingers 투 핑거스	₩6,000	135,000
Jose Cuervo 1800 Tequila 호세 쿠엘보 1800 테킬라	10,000	230,000
Jose Cuervo Especial Tequila 호세 쿠엘보 에스페셜 테킬라	7,000	170,000
Tequila Monarch Silver 테킬라 모나크 실버	6,000	135,000

ARMAGNAC 알마냑

Chabot X.O. Armagnac 샤보 알마냑 엑스 오	₩21,000	440,000
Janneau X.O. Armagnac 자뉴 알마냑 엑스 오	21,000	440,000
Montesquiou V.S.O.P. 몽테스퀴우 브이 에스 오 피	8,000	180,000

COGNAC 코냑

Hennessy V.S.O.P. 헤네시 브이 에스 오 피	₩9,500	210,000
Remy Martin V.S.O.P. 레미 마틴 브이 에스 오 피	9,500	210,000
Camus Napoleon 까뮈 나폴레옹	14,000	310,000
Remy Martin Napoleon 레미 마틴 나폴레옹	14,000	310,000
Martell Napoleon 마텔 나폴레옹	14,000	310,000
Remy Martin X.O. 레미 마틴 엑스 오	22,000	500,000
Hennessy X.O. 헤네시 엑스 오	22,000	500,000
Courvoisier X.O. 꾸르브와지에 엑스 오	22,000	500,000
Camus X.O. 까뮈 엑스 오	22,000	500,000
Martell Cordon Bleu 마텔 꼬르동 브루	22,000	500,000
Hennessy Paradis 헤네시 파라디	40,000	900,000
Remy Martin Louis XIII 레미 마틴 루이 13세	120,000	2,800,000

EAUX-DE-VIE 오드비

Framboise Massenez 후람브와즈 마쎄네	₩6,000	135,000
Kirschwasser Schladerer 키르쉬 밧서 슬라데레	6,000	135,000
William's Birne Schladerer 윌리암스 비른 슬라데레	6,000	135,000
Steinhaeger 스타인해거	6,000	135,000
Grappa Barolo 그라파 바롤로	10,000	220,000
Grappa La Branda 그라파 라 브란다	10,000	220,000
Fine Calvados 파인 칼바도스	12,000	290,000

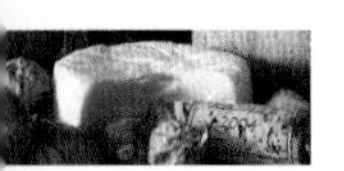

Beverage List / 음료리스트

LIQUEUR 리큐르

A Cup of Coffee with a Choice of Liqueur 리큐르 첨가 커피	₩7,000	
Amaretto 아마레토	6,000	135,000
Bailey's Irish Cream 베일리스 아이리쉬 크림	6,000	135,000
Creme de Cacao Brown 크림 드 카카오 브라운	6,000	135,000
Creme de Menthe Green 크림 드 멘트 그린	6,000	135,000
Cointreau 코인트로	6,000	135,000
Drambuie 드람부이	6,000	135,000
Benedictine D.O.M. 베네딕틴 디 오 엠	5,000	135,000
Tia Maria 티아 마리아	6,000	135,000
Sloe Gin 슬로우 진	6,000	135,000
Kahlua 칼루아	6,000	135,000
Grand Marnier 그랑 마니에	6,000	135,000
Creme de Cassis 크림 드 카시스	6,000	135,000
Galliano 갈리아노	6,000	135,000
Sambuca 삼부카	6,000	135,000

BEERS 맥주

Hefe Weissbier 헤퍼 바이스비어	₩12,000
Old Peculier, Guinness 올드 피큘리어, 기네스	12,000
Newcastle Brown 뉴 캐슬	12,000
Kirin 기린	9,000
Corona 코로나	8,000
Heineken, Beck's, Miller 하이네켄, 벡스, 밀러	7,000
Cafri, Exfeel, Red Rocks 카프리, 엑스필, 레드 락	7,000
OB Lager, Hite, Cass 오비라거, 하이트, 카스	7,000
Budweiser, Carlsberg 버드와이저, 칼스버그	7,000
Draft(Regular) 생맥주	(Pint)5,500

COCKTAILS 칵테일

Dry Martini 드라이 마티니	₩7,500
Manhattan 맨하탄	7,500
Bloody Mary 블러디 메리	7,500
Black Russian 블랙 러시안	7,500
B & B 비 앤드 비	7,500
Singapore Sling 싱가폴 슬링	7,500
Screwdriver 스크류드라이버	7,500
Rusty Nail 러스티 네일	7,500
Daiquiri 대큐리	7,500
Grasshopper 그라스 하퍼	7,500
Kahlua Milk 칼루아 밀크	7,500
Cacao Fizz 카카오 피즈	7,500
Tequila Sunrise 테킬라 썬라이즈	7,500
Margarita 마가리타	7,500
Salty Dog 솔티 덕	7,500
Moscow Mule 모스코 뮬	7,500
Stinger 스팅거	7,500
Pina Colada 피나 콜라다	7,500
Kir 키어	8,500
Kir Royal 키어 로얄	9,500
Long Island Ice Tea 롱 아일랜드 아이스 티	9,500
Brandy Alexander(V.S.O.P.) 브랜디 알렉산더(브이에스오피)	10,000

Beverage List / 음료리스트

Non-Alcoholic COCKTAILS 비알코올 칵테일

	Per Glass	Per Bottle
Fruit Punch 후루츠 펀치	₩7,500	
Virgin Pina Colada 버진 피나 콜라다	7,500	
Virgin Mary 버진 메리	7,500	
Lemonade 레몬에이드	7,500	
Shirley Temple 셜리 템플	7,500	

WINE 와인

	Per Glass	Per Bottle
House : La Seigneurie, Provence(White, Red) 하우스 : 라 세뇨리, 프로방스(화이트 & 레드)	₩7,000	35,000
Mouton-Cadet, Baron Philippe(White & Red) 무똥 카데, 바론 필립(화이트 & 레드)	12,000	560,000
Chablis, J.Drouhin(White-Burgundy) 샤블리, 죠세프 드루앵(화이트 버건디)	15,000	70,000
Le Vieux Moulin 1993(Red Bordeaux) 르 비오 물랭(레드 보르도)	10,000	50,000
Pauillac, Baron Philippe 1994(Red-Bordeaux) 포약, 바론 필립(레드 보르도)	15,000	70,000
Meursault-Mommessin(White Burgundy) 뫼르소-몽메생(화이트 버건디)		120,000
Montrachet, Domaine Jacaues Prieur(White Burgundy) 몽라쉐, 도멘 자끄 프리외(화이트 버건디)		500,000
Château Egmont Haut-Medoc 1993(Red Bordeaux) 샤토 에그몽 오-메독(레드 보르도)		60,000
Château La Couronne, St.Emilion 1993(Red Bordeaux) 샤토 라 쿠롱느, 생테밀리옹(레드 보르도)		70,000
Château Calon-Ségur, St.Estephe 1989(Red Bordeaux) 샤토 칼롱-새귀르 생-테스테프(레드 보르도)		200,000
Château Talbot, St.Julien 1993(Red Bordeaux) 샤토 딸보, 생-줄리엥(레드 보르도)		100,000
Château Margaux, Margaux 1988(Red Bordeaux) 샤토 마고, 마고(레드 보르도)		450,000
Grande Vin de Château Latour, Pauillac 1982(Red Bordeaux) 그랑 방 드 샤토 라투르, 포약(레드 보르도)		700,000
Château Margaux Premier Grand Cru Classé 1970(Red Bordeaux) 샤토 마고 프리미에 그랑 크뤼 클라세(레드 보르도)		800,000

CHAMPAGNE 샴페인

	Per Glass	Per Bottle
Moét et Chandon, Imperial Brut 모에 에 샹동, 임페리얼 브뤼		₩90,000
Laurent-Perrier, Brut 로랑 패리에, 브뤼		90,000
Pol Roger, Brut 폴 로제, 브뤼		90,000
Charles Heidsieck, Brut 샤를르 에드직, 브뤼		90,000
Dom Perignon, Brut 동 페리뇽, 브뤼		180,000
Krug, Grande Cuvée 크룩, 그랑 퀴베		240,000
House : Grandjoie, Brut 하우스 : 그랑주아, 브뤼	8,000	40,000

10% Service charge and 10% Tax will be added. 10% 봉사료와 10% 부가세가 별도로 가산됩니다.

‘한국인 손맛’ 세계를 주무른다

세계최고 호텔 두바이 ‘버즈 알 아랍’ 수석주방장 된 권영민씨

아랍에미리트 두바이공항에서 25km 떨어진 해안가에 자리잡은 초특급호텔 ‘버즈 알 아랍(Burj Al Arab · 왼쪽 사진)’. 높이 321m, 돛단배 모양의 이 호텔은 가장 비싼 방의 하루 숙박비가 3500만원에 달한다. 금으로 장식돼 있는 호텔 내부를 구경만 하는 데도 약 7만4000원의 입장료를 내야 한다. 이 호텔의 공식 등급은 5성(星)이지만, 고객들 사이에선 세계 최고급이란 의미로 7성급으로 통한다. 골프 황제 타이거 우즈가 호텔 옥상 헬기장에서 바다를 향해 드라이브 샷을 날렸고, 아랍 왕족과 세계 유명인들이 즐겨 찾는 이 호텔의 주방을 30대 한국인이 ‘점령’했다.

◆두바이의 요리세계를 장악한 한국인

2006년부터 두바이 페어몬트 호텔에서 수석 주방장을 맡고 있는 에드워드 권(37 · 한국이름 권영민)씨가 최근 버즈 알 아랍의 수석 주방장으로 스카우트됐다.

권씨는 5월 19일부터 버즈 알 아랍 수석주방장으로 일하기로 지난 7일 호텔측과 계약을 마쳤다. 앞으로 권씨는 이 호텔 주방의 최고 책임자로 460명의 요리사를 포함한 600여명의 주방 직원을 거느린다. 30대가, 그것도 동양인이 세계 최고급 호텔 주방의 최고봉에 오르는 것은 매우 드문 일이다. 책 출간 문제로 서울을 찾은 권씨는 8일 기자와 만나 “최고의 호텔인 만큼 선발과정도 엄격했다”고 전했다. 요리 테스트만 3일에 걸쳐 진행됐고 권씨가 만든 요리 종류만 50여 가지에 이른다. “16년 동안 요리를 했지만 정말 손에 땀이 났어요.” 테스트 마지막 날 권씨는 한국 음식인 ‘꼬리찜’을 프랑스식으로 변형해 내놓았다. 호텔 그룹 총괄사장을 포함한 5명의 평가단은 처음 맛보는 쫀득쫀득한 고기 맛에 “원더풀!”을 외쳤다. 호텔 전문가들은 “권씨와 같은 특급 요리사들은 연봉이 5억원이 넘는다”고 말했다.

◆세계 최고가 되기까지

원래 신부가 꿈이었던 권씨는 재수 끝에 2년제인 강릉 영동전문대(현 강릉영동대) 호텔조리학과에 입학했다. 대학 2학년 때인 1995년 서울 리츠칼튼 호텔에 실습을 나갔다가 권씨의 성실함을 높게 평가한 주방장의 추천으로 동기 가운데 유일하게 리츠칼튼 호텔에 취직했다. 하지만 여기서 만족하지 않았다. “서울에서는 한 호텔 주방에서 10년 가까이 일해도 조리과장이 되기 어려웠죠. 더구나 한국에서는 능력보다는 서열이 중시되는 분위기였습니다.” 그래서 실력으로 승부를 보기로 맘먹었다. 1997년 IMF외환위기가 왔고, 사람들이 일자리를 지키기에 급급했을 때 권씨는 하루 2시간씩 영어 공부에 매달렸다.

이 모습을 지켜본 리츠칼튼 총주방장 장 폴씨가 ‘리츠칼튼 샌프란시스코’호텔에 권씨를 추천했다. 이후 권씨는 이 호텔에서 하루 10시간 넘게 일하면서도 2년 과정인 미국요리학교(CIA · Culinary Institute of America)에 등록해 일과 공부를 함께 했다. 자동차를 구입하기도 어려운 생활이었지만, 번 돈의 70%를 치즈 등 식재료를 사서 요리실력을 연마했다. ‘내가 왜 여기까지 왔나’하는 회의와 좌절이 밀려 들 때는 일을 하며 견뎠다고 한다. 뼈를 깎는 노력이 드디어 열매를 맺기 시작했다. 미국 샌프란시스코 하프문베이 리츠칼튼 총주방장이던 프랑스인 자비에 살로몬의 눈에 띈 것이다. 남들이 10년 걸리는 조리과장을 그는 2년만에 달았다. 미국 요리협회가 주는 ‘젊은 요리사 톱10’에 뽑혔을 때 총주방장 살로몬이 권씨의 어깨를 두드리며 말했다. “프랑스인만 요리하는 줄 알았는데 한 나라를 추가해야겠어. 한국인.”

‘버즈 알 아랍(Burj Al Arab)’호텔의 수석 주방장이 된 에드워드 권(한국 이름 권영민)씨. 권씨가 두 아들(5살, 2살)을 위해 즐겨 만드는 메뉴는 간장떡볶이다. /페어몬트 두바이호텔(권씨의 전 직장) 제공

◆“한국음식 알릴 것”

권씨는 “중요한 자리를 맡게 돼 부담이 된다”고 했다. 그의 꿈은 한국의 맛을 세계에 알리는 일이다. 당장 10월쯤 버즈 알 아랍에 문을 열 아시아 식당에서 한국 요리를 소개할 계획이다. 11일 두바이로 돌아갈 예정인 권씨는 서울 청담동 일대를 돌며 새로 생긴 맛집들을 찾아 다니고 있다. “한 번은 고깃집에 갔는데 드레싱에 키위를 쓰더라고요. 정통 서양 요리에서는 안 쓰는 재료인데 나중에 응용해 볼 생각이에요.” 그는 “한국의 작은 식당에서 먹어본 음식도 세계인을 사로잡는 아이디어가 될 수 있다”고 말했다.

자료 : 조선일보 박수찬 기자 soochan@chosun.com입력 : 2007.04.10 00:27 / 수정 : 2007.04.10 06:50

제4장

메뉴관리

제1절 메뉴의 개요
제2절 메뉴계획
제3절 메뉴디자인
제4절 메뉴평가와 분석
제5절 메뉴해설

제 4 장 메 뉴 관 리

학습목표

메뉴의 정의와 역할, 메뉴계획과 메뉴디자인의 이론에 대한 이해를 통해 메뉴평가, 분석에 이를 적용한다.

- 메뉴의 정의와 역할을 이해하고 분류에 따른 특징과 일반적인 개요를 설명한다.
- 메뉴계획과 메뉴디자인의 구성 요소를 메뉴평가에 적용한다.
- 메뉴평가 항목의 세부요소를 파악하고, 메뉴분석 기법에 대한 이론을 활용한다.

제1절 메뉴의 개요

1. 메뉴의 정의

메뉴는 식사로서 제공되는 음식들에 관하여 상세히 기록한 차림표이다. 단순한 음식의 설명이나 안내에만 그치는 것이 아니라 고객과 레스토랑을 연결하는 판매촉진의 매개체이다. 즉 고객은 주문의 수단이 되며, 레스토랑은 판매하는 도구가 되는 것이다.

레스토랑이 상업화, 대형화, 전문화됨으로써 메뉴에 대한 개념은 시대에 따라 변화하였다. 원래 메뉴는 주방에서 조리하는 방법을 설명한 것이었으나 상품화의 중요한 수단으로 인식되면서 관리중심으로 변화하였다. 그 결과 메뉴에 대한 정의도 마케팅과 관리적인 양면이 강조되어 정의되고 있다. 식재료의 구매, 저장, 재고 등의 식재료 관리는 물론, 이와 연관된 가격정책과 그에 따른 원가관리와 깊은 관련을 맺고 있는 내부통제 수단으로 활용되는 도구일 뿐만 아니라 판매, 광고, 판매촉진을 포함하는 마케팅 도구(marketing tool)로 정의할 수 있다.

그림 4-1 일품요리(a la carte) 메뉴

SALADS

MIXED GREENS IN BOWL .75
Fresh Salinas lettuce, romaine and chicory. Finely chopped and mixed with your choice of dressing. Serving for one.

PRAWN LOUIS 2.25
Large Louisiana shrimp meat with Louis or mayonnaise dressing.

CRAB LOUIS 2.25
Local crab meat with Louis or our home-made mayonnaise dressing.

ROMAINE AND ROQUEFORT .85
Long green leaves of romaine lettuce with our version of roquefort cheese dressing. Tasty!

GREEN GODDESS 1.45
Famous salad originated here in San Francisco. Secret recipe! Crab meat or diced chicken or small baby shrimp added as a topping to this rich pantry delight. 2.45

AVOCADO AND CRAB MEAT 2.35
One-half California Avocado stuffed with crab meat and our home-made mayonnaise.

SEA FOOD COMBINATION 2.35
Small baby shrimp, crab meat and Louisiana prawns, topped with our home-made mayonnaise and curls of smoked salmon.

COMBINATION VEGETABLE 1.10
Fresh lettuce, romaine and chicory. Topped with fresh frozen vegetables. Your choice of any dressing.

HEARTS OF LETTUCE .85
Chilled hearts of fresh lettuce. Your choice of dressing.

APPETIZERS AND SEA FOOD COCKTAILS

LOUISIANA GIANT PRAWN COCKTAIL	.85
SHRIMP COCKTAIL	.85
CRAB MEAT COCKTAIL	.85
FRESH EASTERN OYSTER COCKTAIL	.90
OLYMPIA OYSTER COCKTAIL	1.00

ALL ABOVE COCKTAILS SERVED IN OUR SPECIAL TOMATO SAUCE

MEATS AND POULTRY

ALL OUR MEATS ARE U. S. "CHOICE" OR "PRIME" QUALITY

SCALOPPINI 2.35
Milk-fed veal with sauce Napolitaine and buttered green peas. A rich and filling meal.

TOP SIRLOIN 3.85
The choice cut from the finest sirloins. Broiled; thick; delicious.

OUR SPECIAL SIRLOIN STEAK 2.45
Broiled or pan fried in butter after a "salt and pepper rub." Terrific!

NEW YORK OR FILET MIGNON 3.95
One pound of U. S. Inspected grain-fed beef. Broiled exactly as you specify.

SALISBURY STEAK 2.10
Freshly ground top round steak, broiled or grilled to your liking. Served with sauted fresh mushrooms.

FRIED CALVES LIVER 2.25
Served with sauted fresh onions or with rasher of bacon.

ALL ABOVE ITEMS ARE SERVED WITH OUR FAMOUS FRENCH FRIED "TARANTINO'S" POTATOES

CHICKEN

YOUR CHOICE:
Country style or pan fried 2.25

Tarantino's

CHEF'S SPECIAL DINNER
PRICE OF ENTREE DETERMINES PRICE OF DINNER
SERVED: Daily and Saturday 4:30 to 11:00 p. m.
Sunday 11:00 a. m. to 11:00 p. m.

Seafood Cocktail
Choice of
Fresh Monterey Abalone Chowder
OR
Chef's Special Salad Bowl

French Fried Cubes of Deep Sea Food 2.35
(Salmon, Sea Bass, Sword Fish, Halibut)
Half Disjointed Chicken, Pan Fried 3.50
Fresh Rex Sole or Sandabs Meuniere 3.35
French Fried Large Eastern Scallops 3.35
Broiled Ground Round Steak, Sauted Mushrooms 2.95
Grilled Genuine Deep Sea Bass 3.35
Milk Fed Veal Scaloppini, Green Peas 3.50

Potatoes and Vegetables du Jour

Hot Apple Pie　Fruit Jello　Ice Cream

Coffee　Tea　Milk

PLEASE — NO SUBSTITUTIONS!

SOUPS

CONEY ISLAND CLAM CHOWDER	.40
MONTEREY ABALONE CHOWDER	.40
BOSTON CLAM CHOWDER	.40
CLAM BROTH	.35
CHICKEN BROTH (Clear)	.40
FRENCH ONION (House Special)	.75

SANDWICHES

CLUB HOUSE 1.55
California turkey meat, bacon and tomato on crispy toast.

TURKEY .95
Large white slabs of delicious California hen turkeys.

CRAB MEAT 2.15
Unique "open" sandwich with rich local crab meat.

MONTE CARLO 1.85
No gambling here! American cheese with Virginia ham. Dipped in egg yolk batter and fried. Served with fruit cup.

POTATOES

A LA CARTE

Hashed Brown	.40
French Fried	.35
Au Gratin	.60

VEGETABLES

A LA CARTE

Cut String Beans	.40
Green Asparagus Tips	.75
Small Green Lima Beans	.40
Kernels of Cut Corn	.35
Green Peas	.40
Leaf Spinach	.25

DESSERTS

IRISH WHIP — Smooth after dinner liqueur treat. Dreamy	.90
CHEESE CAKE — Rich. Creamy. Excellent. Try it!	.50
ICE CREAM — Popular flavors. Our peppermint chip is excellent after a fish entree. Smooth and creamy	.35
CHOCOLATE SUNDAE — Thick syrup over your choice of flavor	.45
FRESH HOT APPLE PIE — With cinnamon sauce. House specialty	.35
PISTACHIO PARFAIT — Our own Irish creation. Green!	.50
CHEESE — Camembert, Swiss, Liederkranz or Monterey	.60

BEVERAGES

Chocolate	.20	Tea	.15	Milk	.20
Iced Tea	.20	Sanka	.20	Coffee	.15

OPEN EVERY DAY FOR LUNCH & DINNER
(Minimum Service Per Person — One Dollar)

FISH

*SWORDFISH STEAK 2.10
The Gargantuans of the sea provide delicious steaks. Broiled and served with parsley butter, these giants of southern California waters are a real seafood treat.

HALIBUT FLORENTINE 2.10
Baked Halibut steak en casserole with cheese sauce, chopped spinach and egg yolks. A wonderful meal. Rich and filling. A house specialty.

*REX SOLE OR SANDABS 1.95
These delicious local flat fish are served Meuniere style. If you wish, your waiter will be glad to bone them. Amadene sauce (pure butter and chopped almonds) add 25¢.

*DEEP SEA BASS 2.10
Thick, grilled steaks, garnished with lemon and parsley butter. A Pacific Ocean delicacy.

*HALIBUT STEAK 2.10
"Chicken" Halibut from north Pacific waters. Broiled large white steaks. A deep sea delicacy.

*FILET OF SOLE 1.75
Large white filets of locally obtained English Sole, deep fried and served with parsley butter.

*SALMON STEAK 2.35
Columbia River or fresh local Silver Salmon; whichever is in season. Large, thick steaks. Broiled.

FINNAN HADDIE 1.95
World famous smoked Newfoundland Haddock. Steamed and served in melted butter with parsley potatoes.

STUFFED TURBOT 2.45
Boned local flat fish stuffed with deviled crab meat. Served in buttered casserole. Delicious!

GARLIC BREAD .35
Our savory individual loaf, dripping with garlic butter. Plenty for two people.

SHELL FISH

*CUBES OF DEEP SEA FOOD 2.10
Large cubes of local salmon, halibut, swordfish and sea bass. Deep fried to a golden brown.

CRAB A LA NEWBURG 2.25
Crabmeat, in our special cream sauce, with a dash of California sherry. En casserole.

CRAB CIOPPINO 2.65
Famous local shell fish stew of the native fishermen. Prawns, clams, cracked crab, eastern oysters and garlic toast. Delicious tomato sauce. During local crab season only.

"LAZY MAN'S" CIOPPINO 2.65
Same as above. We remove all meat from the shell.

*DEVILED CRAB 2.35
Crabmeat specialty in a cheese and mustard sauce. A Tarantino delicacy. An excellent luncheon dish. During local crab season, baked in the shell from which it came. Otherwise, casserole service.

CRACKED CRAB half 1.35; whole 2.65
You pick the white, firm, delicious meat from the shell. Gourmet's delight. Served with our home-made mayonnaise. In season from 8 November to 1 June.

*CRABMEAT OMELETTE 2.10
Local crabmeat sauted in butter and blended with three large fresh eggs. An omelette supreme. An excellent brunch item. One of our own creations.

*FRIED PRAWNS 2.25
Large Louisiana jumbo shrimps. California salutes their size! Deep fried to a rich golden brown.

*FRIED EASTERN OYSTERS 2.25
Deep fried to a golden brown. Chesapeake Bay oysters.

OYSTER STEW Please specify which oysters you wish. Cream or milk.
Large Eastern 1.75 OR small Olympia 1.95

OYSTERS KIRKPATRICK 2.25
Half dozen Eastern oysters baked on half shell. Tomato sauce and bacon topping. Baked in shell on rock salt.

OYSTERS TARANTINO 2.35
Our improvement on Rockefeller style. One half dozen Eastern oysters on half shell with spinach base cream sauce and Parmesan cheese. Baked in oven on rock salt.

*ABALONE STEAK 2.45
A California delicacy. A Tarantino specialty. Our steaks are dipped in egg yolk batter; fried in butter. This is the way you have tried to prepare it. Excellent!

*HANGTOWN FRY 2.45
Famous dish of the California '49er Gold Rush Days. Fried oysters blended into a three egg omelette, pancake style with large strip of bacon. An excellent luncheon dish.

*BUTTER FRIED CRAB LEGS 2.95
Large whole crab legs. Pan fried in butter. We consider this the most delectable way of serving crab. An excellent rich meal of choice crab legs.

*EASTERN SCALLOPS 1.95
Newfoundland large white scallops. Deep fried to a golden color.

CREOLE SHELL FISH 2.25
Chopped garlic, diced fresh green peppers and onions combined into a tomato base add the proper zest to the shell fish you select. Prawns? Crab? Shrimp? With rice ring.

*SEA FOOD PLATE 2.45
Fishermen's Wharf style. Eastern oysters, Northern scallops, Southern prawns and Western filet of sole. Truly an All-American dish from all points of our great nation!

CURRY SHELL FISH 2.25
Your choice of large prawns or rich crab meat or baby shrimp. Baked en casserole in curry sauce with steamed ring of California rice. Piping hot.

WESTERN LOBSTER

(IN SEASON ONLY)

*WHOLE BROILED LOBSTER 3.25
Baked in its own shell. Meat loosened. Served with drawn butter.

LOBSTER NEWBURG 2.95
Fresh lobster meat sauted with cream sauce and sherry wine, en casserole. A filling and wonderful dish.

*LOBSTER THERMIDOR 3.45
Cubed fresh lobster meat. Sauted with mushrooms. Baked in shell.

A Gourmet's Treat!

*FILET OF SOLE EN PAPILOTTE 2.35
Filet of fresh sole, covered with white wine cream sauce and sprinkled with mushrooms, eschalottes and chopped baby green onions. Baked in a buttered parchment bag.
YOU EAT IT OUT OF THE BAG!

ALL ITEMS MARKED (★) ARE SERVED WITH OUR FAMOUS FRENCH FRIED "TARANTINO'S" POTATOES

ALL OF US AT

cordially invite our customers to inspect our kitchen, our food storage and preparation areas and refrigeration spaces, AT ANY TIME. We are pleased to exhibit the cleanliness which exists in our establishment.

메뉴의 사전적 의미

- Webster(웹스터) : 『a detailed list of the foods served at a meal』
  -식사로서 제공되는 음식들에 관하여 상세히 기록한 표-
- Oxford(옥스퍼드) : 『a detailed list of the dishes to be served at a banquet or meal』
  -연회나 식사로서 제공되는 음식들에 관하여 상세히 기록한 표-
- 한영사전 : 차림표 또는 식단

2. 메뉴의 역할

일반적으로 메뉴는 레스토랑에서 제공하는 식료와 음료를 기록하여 고객에게 알리는 단순한 역할 정도만 생각한다. 그러나 메뉴는 식음료 운영의 모든 과정에 영향을 미친다. 즉 식재료의 구매 → 검수 → 저장 → 준비 → 생산 → 판매 → 분석 → 피드백(feedback) 등 일련의 과정을 포함하고 있다. 실제로 메뉴에 의해서 어떤 식재료를 얼마나, 어디서, 어떻게 구매해야 하고, 어떤 음식을 얼마나, 어디서, 언제, 누가 생산해야 하며, 생산된 음식은 누가, 어떻게 서빙하고 그리고 서빙에는 무엇이 필요하고 원가, 수입, 예산 등의 식음료부문 운영관리의 모든 과정이 관리될 뿐만 아니라 요구되는 공간의 규모, 시설, 디자인, 도구의 선택 등과 같은 시설에 관한 사항들도 메뉴에 담고 있다. 이러한 관리가 메뉴에 의해서 실행될 수 있음을 감안할 때 성공적인 식음료부문의 운영에 있어서 메뉴의 역할은 매우 중요하다.

① 레스토랑 컨셉(concept)의 표현
② 조리 및 서비스인력의 정보제공
③ 주방설비 및 업장의 시설
④ 주방기기 및 기물, 서비스 기물 및 비품
⑤ 필요한 식재료의 파악과 구매 및 공급시기
⑥ 서비스의 절차 및 방법
⑦ 원가관리(구매 → 검수 → 저장 → 준비 → 생산 → 판매)

3. 메뉴의 분류

메뉴의 변화 정도, 내용, 시간, 장소에 따라 분류기준이 구분된다. 일정기간 동안 메뉴의 내용이 고정되어 있는 고정 메뉴(static menu, fixed menu)와 주기적으로 교체되는 순환 메뉴(cycle menu)로 구분한다. 또한 특정 코스의 품목과 가격이 일정하게 고정되어 있는 정식요리 메뉴(table d'hote menu)와 제공되는 모든 품목에 각각 다른 가격이 설정되어 있고, 원하는 품목만을 고객이 선택하고, 해당하는 금액만을 지불할 수 있도록 구성된 일품요리 메뉴(a la carte menu)그리고 타블 도트와 알 라 카트를 혼합한 컴비네이션(combination)메뉴로 구분한다. 그리고 식료와 음료가 제공되는 시간(아침, 브런치, 점심, 저녁 등)과 장소에 따라(일식, 중식, 한식, 양식, 커피숍 등) 구분한다. 음료 메뉴는 와인리스트(wine list)와 음료리스트(beverage list)가 있다.

표 4-1 메뉴 분류기준

학 자	분류기준
Douglas C. Keister (1979)	모든 메뉴는 기본적으로 타블 도트(table d'hôte), 알 라 카트(à la carte), 혼합(combination) 메뉴로 구분한다. 이것은 다시 식료와 음료가 제공되는 시간(아침, 점심, 저녁 등)과 장소에 따라(일식, 중식, 한식, 양식, 커피숍 등) 분류하였다.
Jack E. Miller (1992)	모든 메뉴를 고정 메뉴(static, fixed menu)와 주기적으로 바뀌는 순환 메뉴(cycle menu) 그리고 식자재 공급시장의 조건에 따라 변하는 시장 메뉴(market menu)로 분류하였다.
Jack D. Ninemeier (1990)	메뉴는 타블 도트(table d'hôte)와 알 라 카트(à la carte) 메뉴 그리고 위의 두 가지를 혼합한 컴비네이션(combination)메뉴로 분류하였다. 그리고 고정 메뉴와 순환 메뉴, 식사시간에 따라 아침, 점심, 저녁 그리고 특별 메뉴(speciality menu)로 분류하였다.
Anthony M. Rey and Ferdinand Wieland(1985)	메뉴는 레스토랑의 타입, 식사가 제공되는 시간 그리고 고정메뉴와 순환 메뉴로 분류하였다. 또 다른 분류기준은 알 라 카트, 타블 도트, 컴비네이션 메뉴로 제시하였다.
Jack D. Ninemeier (1990)	메뉴는 타블 도트, 알 라 카트, 컴비네이션 메뉴로 분류하였다. 또 고정 메뉴와 순환 메뉴, 아침 · 점심 · 저녁 그리고 특별 메뉴(speciality menu)로 분류기준을 제시하였다.

자료: 나정기, 메뉴관리의 이해, 백산출판사, 2006. p. 23.

1) 변화 정도에 의한 구분

메뉴가 교체되는 빈도에 따라 일정기간(6개월 또는 1년)동안 반복적으로 제공되는 고정 메뉴와 일정한 주기로 바뀌는 순환 메뉴로 구분할 수 있다.

(1) 고정 메뉴 Static Menu, Fixed Menu

고정 메뉴는 일정기간 동안 메뉴품목이 변하지 않고, 새로운 메뉴가 등장하기 전까지 몇 개월 또는 그 이상 사용되는 메뉴이다. 따라서 같은 품목을 반복하여 제공하기 때문에 주방의 관리가 용이하고, 원가가 절감되며 생산성이 높아질 수 있는 장점이 있다. 반면에, 상품이 오랫동안 고정되어 있어 환경변화에 둔감하여 고객이 싫증내기 쉬우며, 시장이 제한적일 수 있다.

(2) 순환 메뉴 Cycle Menu

일정한 주기 또는 계절에 맞추어 교체하는 메뉴이다. 메뉴에 변화를 주어 고객에게 신선함을 제공할 수 있고, 계절에 따라 메뉴조정이 가능한 장점이 있다. 호텔이나 카페테리아, 단체급식 등에서 많이 사용되는 메뉴이다.

2) 식사 내용에 의한 구분

레스토랑에서 제공하는 음식의 종류는 식사 내용 및 가격에 따라 크게 정식요리(table d'hote) 메뉴와 일품요리(a la carte) 메뉴 그리고 위의 두 가지를 혼합한 컴비네이션(combination)메뉴로 구분한다.

(1) 정식요리 메뉴 Table d'Hôte, Full Course Menu

음식의 종류와 순서, 가격 등이 정해져 있어 고객의 선택이 제한된 메뉴이다. 전채 → 수프 → 생선 → 육류 → 샐러드 → 후식 → 커피의 순서가 표준이다. 일반적으로 미각, 영양, 분량을 고려하여 구성되는데, 5~9코스가 보통이다. 정식요리(定食料理) 메뉴의 특징을 살펴보면 다음과 같다.

① 메뉴가 정해져 있어 선택의 폭이 좁다.
② 제공되는 메뉴아이템의 구성이 한정되어 있다.
③ 메뉴에 대한 지식이 없어도 주문하기가 쉽다.

(2) 일품요리 메뉴 Á La Carte Menu

메뉴의 구성은 정식메뉴의 순으로 되어 있으나, 각 코스별로 여러 가지의 종류를 나열해 놓고, 고객의 기호에 맞는 음식을 한 아이템씩 선택할 수 있도록 만들어진 메뉴이다. 각 아이템에 가격이 정해져 있어 고객이 선택한 아이템에 대한 가격만을 지불하면 된다. 일품요리(一品料理) 메뉴의 특징을 살펴보면 다음과 같다.

① 제공되는 메뉴아이템이 다양하다.
② 고객의 기호에 따라 메뉴를 선택할 수 있다.
③ 메뉴아이템의 종류가 많아 식자재의 관리가 어렵다.
④ 가격이 정식보다 비교적 비싼 편이다.

(3) 컴비네이션 메뉴 Combination Menu

정식요리 메뉴와 일품요리 메뉴의 장점만을 혼합하여 만든 것으로 최근에 많이 선호되는 메뉴이다. 고객의 식사유형의 변화에 유연하게 대처할 수 있고, 다양성을 제공할 수 있다. 컴비네이션 메뉴의 특징을 살펴보면 다음과 같다.

① 타블 도트와 알 라 카트의 혼합으로 다양성을 제공할 수 있다.
② 고객의 기호에 따라 선택의 폭이 넓다.
③ 고객의 식습관 변화나 트렌드에 적절하게 반영할 수 있다.

3) 식사시간에 의한 구분

메뉴는 유형에 따라 그 범위가 다양하다. 식사시간에 따른 기본적 메뉴의 유형은 조식, 브런치, 중식, 석식 등으로 구분되며, 성수기의 식자재와 조리장의 창의성에 따른 특별메뉴가 있다.

(1) 조식 메뉴 Breakfast Menu

아침에 제공되는 요리를 총칭하는 것으로 보통 오전 7~10시까지 제공되는 요리를 말한다. 조식은 대체로 가벼운 요리로서 커피, 주스, 빵, 계란요리, 시리얼, 팬케이크, 과일 등을 제공하는 양조식과 한조식, 일조식 및 조식뷔페 등의 메뉴가 있다. 양조식은 미국식과 유럽식 조식으로 나뉘어진다.

① 미국식 조식

미국식 조식은 계란요리를 중심으로 빵, 주스, 커피 그리고 베이컨, 햄, 소시지를 기본적으로 제공하지만 모든 아이템이 선택적으로 주어지는 세트메뉴이다.

표 4-2 미국식 조식(American Breakfast)

Choice of Chilled Fruit Juice 신선한 과일주스의 선택
●
Two Eggs Any Style : Scrambled, Fried, Boiled, Poached or Omelette, served with Ham, Bacon or Sausage and Hash Brown Potatoes 햄, 베이컨 혹은 소시지를 곁들인 계란요리
●
Bakery Basket : Croissants, Danish Pastries and Toast with Marmalade, Jam, Honey and Butter 각종 빵과 마말레이드잼, 꿀, 버터
●
Freshly Brewed Coffee, Tea or Hot chocolate 커피, 홍차 혹은 핫초콜릿

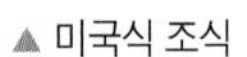
▲ 미국식 조식

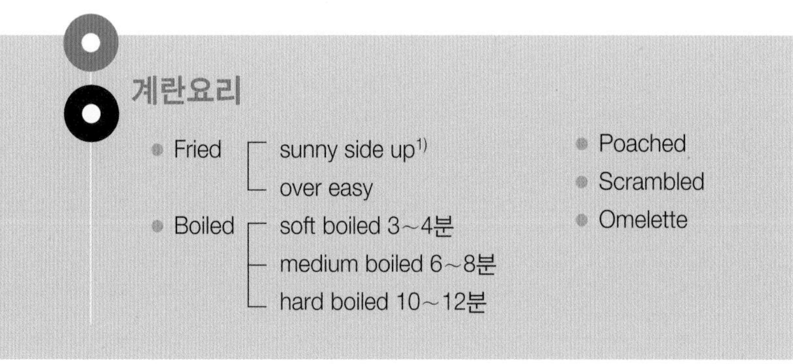

1) 계란을 깨어 한쪽 흰자위만 살짝 인힌 요리로서 노른자가 위쪽으로 보인다. 해가 뜨는 모양 같아서 붙여진 이름이다. 오버이지는 양쪽의 흰자위만 살짝 익힌 후라이한 계란요리이다.

② 유럽식 조식

유럽식 조식은 계란요리가 포함되지 않고 빵, 주스, 커피 정도로 간단히 하는 식사이다. 호텔객실료 책정방법 중 콘티넨탈 플랜(continental plan)이라고 하여, 객실료에 아침식사 요금이 포함된 형식으로 유럽에서 많이 사용하고 있다.

표 4-3 유럽식 조식(Continental Breakfast)

Choice of Chilled Fruit Juice 신선한 과일주스의 선택 ● Bakery Basket : Croissants, Danish Pastries and Toast with Marmalade Jam, Honey and Butter 각종 빵과 마말레이드 잼, 꿀, 버터 ● Freshly Brewed Coffee, Tea or Hot chocolate 커피, 홍차 혹은 핫초콜릿

시리얼(cereal)[2]

- Cold cereal
  - corn flakes
  - rice crispies
  - birchermuesli
- Hot cereal
  - oat meal
  - cream of wheat

▲ 유럽식 조식

③ 한식 조식

내국인을 위한 한식 조식은 밥과 국, 생선구이, 세 가지의 나물과 김치, 계절과일과 인삼차 등으로 구성되어 있다.

2) 주로 조식에 제공되는 곡물요리로서 차게 제공되는 cold cereal과 뜨겁게 제공되는 hot cereal이 있다. 뜨거운 시리얼은 더운 우유, 찬 시리얼은 냉 우유와 함께 서브된다.

표 4-4 한식 조식(Korean Breakfast)

Beef and Turnip Soup
쇠고기 무국
●
Baked Fish with Steamed Rice and Seaweed
생선구이, 밥과 김
●
Selection of Three Vegetables and Kimchi
세 가지 나물과 김치
●
Fresh Fruit in Season
신선한 계절과일
●
Ginseng Tea
인삼차

④ 일식 조식

일본 단체관광객을 위해 준비된 메뉴로서 밥과 된장국, 야채조림, 절임류, 생선구이, 김, 계절과일, 일본식 녹차 등으로 구성되어 있다.

표 4-5 일식 조식(Japanese Breakfast)

Braised Vegetables in Soy Sauce
야채조림
●
Broiled Mackerel Fish
고등어 구이
●
Dried Seaweed, Pickles
김과 절임류
●
Steam Rice and Miso Soup
밥과 된장국
●
Fresh Fruit in Season
신선한 계절과일
●
Japanese Tea
일본식 녹차

⑤ 조식 뷔페

조식 뷔페는 이른 아침 조찬모임이나 단체관광객의 식사시간을 고려해 만든 메뉴이다. 찬요리와 더운요리 그리고 빵과 음료로 구분되는데, 그 내용을 살펴보면 아래와 같다.

표 4-6 조식 뷔페(Breakfast Buffet)

Cold Buffet 찬요리
Selection of Chilled Fruit or Vegetable Juices : Orange, Grapefruit, Pineapple, Apple, Tomato and V-8 Juices
과일 또는 야채주스 : 오렌지, 그레이프후루트, 파인애플, 사과, 토마토와 야채주스
Fresh Fruit in Season 계절 과일
Fruit Cocktail 과일 칵테일
Fruit Compote 과일 설탕절임
Assorted Yoghurts 각종 요구르트
Swiss Bircher Muesli(Swiss Oat Meal) 스위스 오트밀
Homemade Cold Cuts 모듬 전채
Smoked Salmon with Garnishes 훈제 연어
Black Forest Ham 햄
International Cheeseboard 치즈 모듬
Choice of Cereals with Cold Milk 시리얼

Hot Buffet 더운요리
Scrambled Eggs 스크램블
Boiled Eggs 삶은 계란
Spanish Omelette 스페인식 오믈렛
Poached Egg Florentine 시금치 계란요리
Ham 햄
Bacon 베이컨
Sausage 소시지
French Toast with Cinnamon Sugar 프랑스식 토스트
Golden Pancakes with Maple Syrup 매플 시럽을 곁들인 팬케이크
Korean Rice Porridge with Garnishes 죽
Beef and Turnip Soup 쇠고기 무국
Fish Meuniere with Lemon 생선요리

From the Bakery 빵류
French Croissants, Danish Pastries 크로와상, 데니쉬
Fruit Muffins, Soft and Hard Rolls 머핀, 롤빵
Assorted Breads, Doughnut and Toast 각종 빵류, 도넛과 토스트
Marmalade, Jam, Honey and Butter 마말레이드, 잼, 꿀, 버터

Beverage 음료
Freshly Brewed Coffee or Tea 커피 또는 홍차

(2) 브런치 메뉴 Brunch Menu

브랙퍼스트(breakfast)와 런치(lunch)가 합쳐진 용어로 공휴일에 늦게 일어난 고객들을 위한 메뉴이다. 아침 겸 점심메뉴가 혼합된 것으로 보통 10시~12시까지 제공되는 요리를 말한다.

(3) 중식 메뉴 Lunch Menu

중식 메뉴는 보통 코스가 복잡하지 않고 저녁보다 가볍게 구성된다. 일반적으로 수프, 주요리, 후식, 커피 순의 정식요리가 표준이며, 기타 일품요리로 구성된다.

(4) 석식 메뉴 Dinner Menu

석식 메뉴는 비중이 크고 다양하게 구성되어 메뉴선택의 폭이 넓다. 대체로 스테이크(steak), 로스트(roast), 해산물(seafood), 파스타(pasta) 등이 전통적인 주요리 메뉴이다. 특히 음식과 곁들여지는 와인, 칵테일, 디저트 등은 매출에 높은 기여를 하는 중요한 음료들이다.

아침식사 서비스 요령

아침식사는 관광이나 비즈니스의 관계로 시간적인 여유가 없는 고객들이 대부분이므로 신속, 정확, 친절의 세 가지 요소가 필수적이다. 세부적인 사항은 다음과 같다.

① 아침식사에서 커피나 홍차는 식사주문 전에 먼저 제공하여 메뉴를 보는 동안 커피를 즐길 수 있게 한다. 식사 중에도 커피는 2~3차례 더 제공한다.

② 아침에는 주스 → 과일과 요구르트 → 시리얼(cereal) → 빵과 계란요리 → 팬케이크의 순으로 제공한다. 과일과 요구르트, 빵과 계란요리는 동시에 제공하도록 한다. 이는 계란과 토스트를 함께 먹을 때 토스트가 식으면 맛이 없기 때문이다.

③ 주문을 받을 때 프라이드 에그(fried egg)는 굽는 정도, 보일드 에그(boiled egg)는 삶는 시간을 정확히 물어 실수가 없도록 한다.

④ 계란요리는 보통 2개로 만드는데, 오믈렛은 3개로 만들며, 속 재료의 첨가 유무에 따라 플레인(plain) 오믈렛 또는 햄, 베이컨 또는 소시지를 곁들인 오믈렛 등으로 구분한다.

(5) 특별 메뉴 Speciality Menu

레스토랑의 차별화된 운영을 위한 메뉴로 여러 가지 유형이 있다. 계절 성수기의 식자재를 이용한 메뉴, 조리장의 아이디어에 따른 메뉴, 각종 기념일을 위한 메뉴 등이다. 이러한 특별 메뉴는 고객만족도를 높일 수 있고, 레스토랑은 식재료의 재고를 줄일 수 있으며, 매출까지도 증진시키는 효과가 있다.

제2절 메뉴계획

1. 메뉴계획의 의의

메뉴계획(menu planning)이란 레스토랑에서 제공될 여러 가지 종류의 음식을 판매하기 전에 어떤 고객에게 어떤 재료를 가지고, 어떻게 조리하여 어떤 가격으로 어떻게 판매할 것인가 등을 고려하여 고객이 원하는 아이템, 조직의 목표를 달성할 수 있는 아이템 그리고 아이템 수를 결정하는 것이다. 그러나 대부분의 메뉴계획자들은 새로운 메뉴를 계획하기보다는 과거의 메뉴를 수정, 보완하거나 모방하는 정도의 수준이다.

이에 따라 선호도와 수익성이 없는 메뉴, 창의성과 최근의 추세(trend)가 반영되지 못한 메뉴 등으로 편중되어 성공적인 메뉴계획을 기대하기가 어렵다. 아이템의 선정은 구체적인 메뉴계획과정을 거쳐 팀워크(team work)에 의해서 실행되어야 한다. 그리고 모방이 아닌 창조가 되어야 한다. 이러한 과정을 통해서만이 차별화될 수 있는 아이템이 선정될 수 있고, 차별화된 아이템만이 경쟁에서 우위에 설 수 있게 된다. 아이템의 선정에서 아이템의 다양성에 대한 논란은 계속되고 있다. 아이템의 수와 다양성은 서로 다른 차원에서 고려되어야 한다. 대부분의 메뉴계획자들은 아이템의 수를 제한하는 것은 다양성을 제한하는 것으로 생각하고 있으나, 반드시 그렇지 않다. 클립 온(clip-on), 팁 온(tip-on), 특별메뉴(speciality) 등의 활용

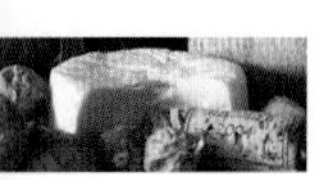

으로 고객에게 신선하고 다양한 아이템의 느낌, 메뉴교체의 효과까지 기대할 수 있다. 게다가 아이템의 수가 제한되면 고객이 아이템을 선택하는 데 소요되는 시간이 줄어들어 회전율을 높일 수 있고, 식자재의 재고를 줄일 수 있게 되며, 전문성이 있고, 생산과 서비스에 소요되는 시간이 줄어들며, 질과 수준의 유지가 용이하고, 공간과 기구를 축소할 수 있으며, 생산과 준비에 요구되는 인건비를 절감할 수 있는 장점이 있다. 이러한 점을 고려할 때 아이템의 수를 제한하는 것이 관리와 마케팅 측면에서도 유리하다. 그럼에도 메뉴계획자들은 다양성의 구실이나 이유로 아이템의 숫자를 늘리는 오류를 범하고 있다.

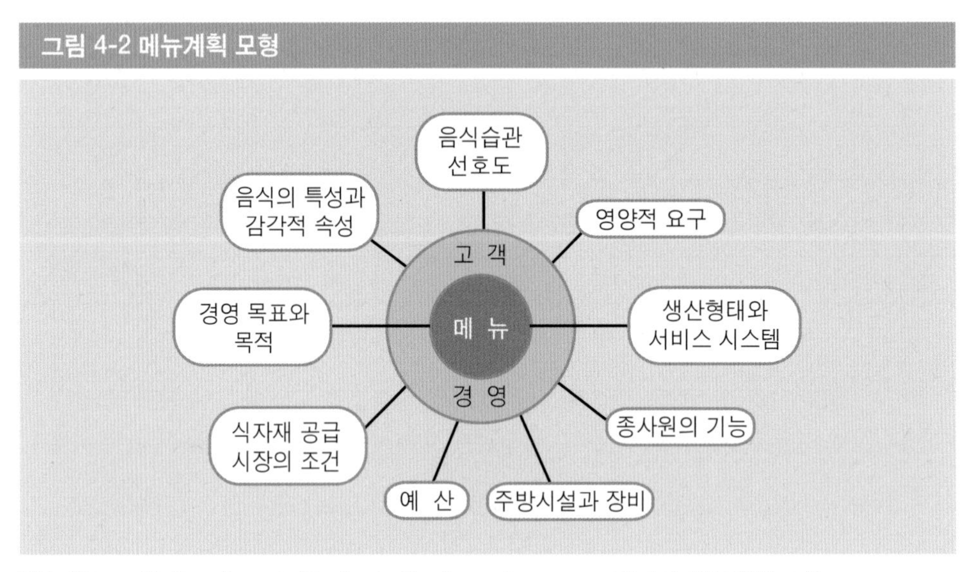

그림 4-2 메뉴계획 모형

자료: Mahmood A. Khan, Concept of Foodservice Opertions and management, 2nd ed., VNR, 1991, p. 41.

2. 메뉴계획시 고려 사항

메뉴를 계획하기 전에 고려해야 할 사항은 여러 가지가 있지만 크게 고객 측면과 경영자 측면으로 대별할 수 있다. 이 두 가지 측면을 중심으로 주요소를 살펴보면 다음과 같다.

1) 경영자 측면

(1) 경영목표와 목적

메뉴는 조직의 목표가 반영된 총체적 원가를 염두에 두고 계획해야 한다. 따라서 경제적으로 고객을 만족시킴과 동시에 비용을 최소화하고, 이윤을 극대화하여야 한다.

(2) 식자재 공급시장의 조건

식자재 공급시장의 조건은 원하는 식자재를 지속적이고 경제적인 가격에 구매 또는 공급받는 데 결정적인 역할을 하기 때문에 메뉴계획 과정에서 고려되어야 하는 중요한 요소이다.

또 식자재 유통구조에 대한 현재와 미래의 변화 가능성이나 식자재별 구입난이도, 가격 변화추이 등 식자재 구입에 관련된 전반적인 이해 없이 계획된 메뉴는 판매와 이익에 많은 영향을 미칠 수 있다.

(3) 주방시설과 장비

메뉴는 필요한 주방기기 및 조리기구의 유무를 고려한 후에 계획해야 한다. 주방기기는 음식을 원하는 시기에 신속하고, 경제적으로 생산할 수 있는 기반시설인 것이다. 또한 조리 기구는 음식의 양과 질의 관리를 빠르고 정확히 할 수 있고, 서비스 제공에 매우 중요한 요소이다.

(4) 종사원 기능

메뉴에 계획된 음식을 조리사가 만들어내지 못한다면 메뉴 상에 포함될 수 없다. 따라서 그들의 수준으로 생산할 수 있는 아이템이 메뉴를 계획할 때 반드시 고려되어야 한다.

2) 고객 측면

(1) 고객의 욕구

메뉴계획에 있어서 가장 우선적으로 고려되어야 할 것은 그 메뉴가 누구를 대상으로 계획되었으며, 그들이 선호하는 것이 무엇인가를 분석하는 것이다. 사회경제적 변화 및 수요시장과 공급시장의 변화에 따른 시장의 흐름과 목표 고객의 경향을 파악하는 것은 가장 중요한 요소이다.

(2) 영양적인 배려

건강에 대한 관심이 점점 높아지면서 음식의 균형과 다이어트 관련사항, 신선도와 영양 그리고 양과 관련된 모든 사항을 고려해야 한다. 이 밖에도 음식에 대한 습관과 선호, 문화와 종교적 요인[3] 등이 고려되는 요소이다.

제3절 메뉴디자인

1. 메뉴디자인의 개요

메뉴디자인은 메뉴계획에서 선정된 아이템을 메뉴판에 옮기는 과정이라고 정의할 수 있다. 따라서 고객이 쉽게 메뉴선택을 할 수 있도록 메뉴디자인 구성의 주요소로 충실하게 작성되어야 한다. 그런데 고객이 메뉴를 펼쳤을 때 원하는 대화거리(아이템)를 찾기 어렵고(아이템의 배열과 배치), 대화내용이 복잡하며, 이해하기 어렵다면(아이템설명), 고객은 대화를 포기하고(아이템선택을 포기), 또는 중단하

3) 사순절 기간의 금요일에 육식을 먹지 말 것을 요구하는 로마 가톨릭, 쇠고기를 금기식으로 하는 힌두교, 돼지고기를 금기식으로 하는 이슬람교와 유대교 등이 음식선호에 영향을 미치는 종교관의 일례이다.

며, 가격이 싼 아이템을 기준으로 선택하게 된다. 이렇게 선택된 아이템에 대한 만족도는 낮을 수밖에 없어 경영성과에 많은 영향을 주게 된다. 결국 잘 디자인된 메뉴란 레스토랑에서 많이 팔고자 하는 메뉴아이템을 고객이 많이 주문할 수 있도록 대화의 도구로서 디자인된 것이라 할 수 있다. 메뉴판의 이러한 기능을 다할 수 있도록 충분한 사전계획과 연구를 통해 메뉴디자인이 이루어져야 한다.

2. 메뉴디자인의 구성요소

메뉴디자인의 구성은 ① 메뉴의 포맷 ② 메뉴아이템의 위치와 순위 ③ 메뉴카피 ④ 타이포그래피 ⑤ 칼라와 가독성 등의 요소들이 조합되어 기능적으로 메뉴의 역할을 잘 수행할 수 있도록 해야 한다.

1) 메뉴의 포맷

(1) 메뉴의 크기

메뉴판의 디자인은 포맷(format)에 의해 결정되는데, 메뉴의 크기, 모양, 페이지 수, 패널(panel) 등에 따라 다양하다. 어떤 모양과 크기가 특정 레스토랑에 적합하다고는 할 수 없으며, 메뉴판의 각 기능에 따라 결정하면 된다. 메뉴의 크기와 페이지 수는 사용하는 언어, 아이템 수, 사진첨가 유무에 따라 달라진다. 그리고 식탁의 크기, 레스토랑의 수준과도 관계가 있지만 메뉴의 페이지 수는 겉표지를 제외하고 3페이지 이내로 제한하여, 고객의 메뉴 선택이 불편하지 않게 해야 한다는 공통적인 원칙을 고려해야 한다.

(2) 아이템의 배열

아이템의 배열순서는 음식이 주문되어 소비되는 순서를 따른다. 즉 전채 → 수프 → 생선 → 주요리 → 샐러드 → 후식 → 음료의 순서가 일반적이다. 일품요리는 메뉴품목 간의 특성에 따라 구분지어 배치하는 것이 대부분이다.

2) 메뉴 아이템의 위치와 순위

(1) 메뉴아이템의 위치

메뉴디자인에서 고려되는 주요소 중의 하나가 수익성과 선호도가 높은 메뉴를 시선이 집중되는 위치에 배치하는 것이다. 모든 메뉴판에는 고객의 시선이 집중되는 곳이 있다는 이론이다. 메뉴 디자이너인 윌리암 도플러(William Doerfler)는 메뉴의 페이지 수에 따라 시각 중심점을 다음과 같이 표시하고 있다. 1페이지 메뉴의 경우에는 메뉴를 수평으로 나눈 1/2의 바로 위 지점이 해당된다. 2페이지 메뉴인 경우에는 첫 장의 왼쪽 상단 모서리에서 두 번째 장 오른쪽 하단 모서리의 1/4쯤 위를 대각으로 가로질러 자른 선을 기준으로 윗부분에 해당된다. 3페이지 메뉴인 경우에는 수평으로 3등분한 후 밑에서부터 1/3에 해당하는 가운데 패널의 위가 시각중심점에 해당된다.

그림 4-3 페이지 수에 따른 시각 중심점

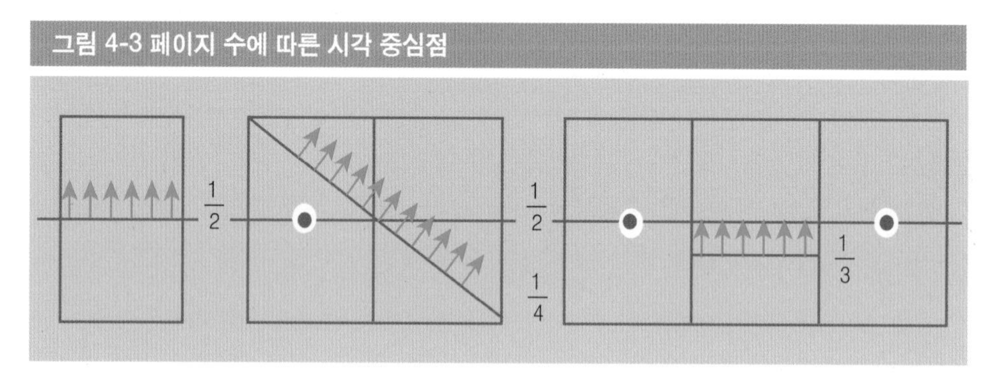

자료: Jack E. Miller & David V. Pavesic, op. cit., p. 39.

(2) 배열순위

메뉴를 펼쳐 보는 순간 고객의 시선이 움직이는 방향에 따라 매출이 변화하기 때문에 메뉴아이템의 전략적인 배치는 매우 중요하다. 지금까지 알려진 이론으로는 첫 번째와 두 번째 그리고 마지막에 위치한 아이템들이 선택되는 빈도가 높게 나타났다. 그래서 각 그룹 내에서 아이템의 순위를 정할 때 가장 많이 판매되기를 원하는 아이템을 첫 번째와 두 번째 그리고 마지막에 배치하는 이론이다. 또 가격의 높고 낮은 순서에 따라 메뉴아이템을 배치하는 것은 좋지 못하다. 이는 특별히 선호하는 아이템이 없는 경우 비싼 아이템보다는 싼 아이템을 선택하기 때문이다.

(3) 특정 아이템의 차별화

레스토랑에서 많이 팔기를 원하는 아이템으로 고객의 시선을 유도하여, 선택하게 하는 전략을 말한다. 즉 클립-온 또는 탑-온 메뉴, 박스, 선, 별표, 활자체와 크기, 칼라 등을 이용하여 다른 아이템과 차별화시켜 고객의 시선을 특정한 아이템으로 집중시키는 전략이다. 사진이나 삽화는 메시지 전달에 설득효과와 언어의 기능을 갖고 있는 커뮤니케이션의 수단이다. 따라서 레스토랑의 매출 기여도가 높거나 주력상품은 사진이나 삽화를 넣어 디자인함으로써 고객의 시선을 집중시켜 선택행동을 일으키게 할 수 있다. 그러나 모든 아이템을 사진으로 처리하는 것은 특정 아이템의 차별화가 어렵고, 비용적인 면에서 경제적인 방법이 못된다. 또 사진은 레스토랑과 고객 간의 동일한 음식을 제공한다는 약속이므로 반드시 일치시켜야 한다는 부담이 있다.

3) 메뉴카피[4)]

메뉴에 대한 설명과 시각적인 요소를 메뉴카피(menu copy)라고 한다. 메뉴카피에는 헤딩(heading)과 메뉴아이템에 대한 서술적인 카피(descriptive copy) 그리고 서플리멘틀 머천다이징 카피(supplimental merchandising copy)로 나눈다.

(1) 헤딩

헤딩은 코스(또는 음식의 그룹)를 분류하는 주헤드(major heads, 전채, 수프, 생선, 주요리 등)와 각 코스를 세분하는 서브헤드(subheads, 주요리를 다시 쇠고기, 가금류, 해산물 등), 그리고 아이템의 이름을 포함한다. 와인리스트의 경우 champagnes and sparkling wines, white wines, red wines 등이 주헤드에 해당된다. 그리고 서브헤드는 국가별, 지역별, 수확연도별, 포도품종별 등으로 다시 분류하는 기준이 해당된다.

4) 나정기, 메뉴관리의 이해, 백산출판사, 2006. pp. 168~170.

(2) 서술적인 카피

아이템의 설명에는 주재료와 보조재료, 곁들이는 소스, 그리고 조리방법 등이 포함된다. 과대한 미사여구, 전문적인 조리용어, 긴 표현을 피하고, 간단·명료하게 차별화되는 내용을 정확하고 쉽게 전달할 수 있는 문장의 구성이 절대적이다. 아이템의 설명을 기술하는 데 있어 지켜야 할 기본원칙은 다음과 같다.

- 재료(양, 등급, 질, 포션의 크기)
- 재료의 상태(신선한 것, 냉동된 것, 캔에 든 것)
- 재료의 생산지(수입산, 국산, 유명지역)
- 사진메뉴와 실제메뉴와의 일치
- 조리법, 영양가와 첨가물의 표기 등이 실제 제공되는 음식과 일치해야 한다.

(3) 서플리멘틀 머천다이징 카피

메뉴의 공간은 레스토랑에서 제공하는 서비스의 내용이나 정보를 알리는 데 이용된다. 주로 전화번호, 주소, 영업시간, 레스토랑의 이름, 지급방법, 편의시설 제공, 포장되는 요리, 특별한 이벤트 등의 내용이 포함된다. 그러나 대부분의 호텔·레스토랑에서는 세금이나 봉사료, 로고(logo)에 대한 문구가 있을 뿐 다른 문구를 사용하는 경우는 드물다.

4) 타이포그래피

타이포그래피(typography, 인쇄)란 메뉴디자인에서 활자의 크기, 서체의 특징과 조화, 메시지 내용과 활자와의 적합성, 활자행의 길이, 행간의 공백, 여백 등 인쇄상의 제요소를 적절하게 안배하는 기술을 말한다.

(1) 서체

메뉴 메시지를 고객에게 잘 전달하기 위해서는 고객에게 가장 친숙한 글자체를

선택하여야 한다. 글자체의 선택은 레스토랑의 목표고객에 따라 다르며, 활자를 선택하는 데 있어 글자간의 문단간격, 색깔, 글씨체, 공간, 심미성, 대비, 강조 등이 고려되어야 한다.

(2) 활자

메뉴판에 사용하는 활자의 크기는 일정한 규칙은 없으나 메뉴아이템의 수와 사용언어의 수, 메뉴판의 크기, 레스토랑의 조명 등에 따라 달라질 수 있다. 일반적으로 12포인트(point)보다 더 작은 형태의 메뉴를 인쇄해서는 안 되며, 줄 사이의 공간은 3포인트 이상을 띄어야 한다.

(3) 여백

메뉴선택시 고객이 쉽게 메뉴를 인지하기 위해서는 여백이 필요하다. 여백(餘白)은 지면에서의 문자, 사진, 그림 등 각각의 형태를 맺어주는 기능을 갖는다. 일반적으로 메뉴판의 여백은 인쇄량과 여백이 50 : 50일 때 적절한 것으로 알려져 있다.

5) 칼라와 가독성

메뉴판의 바탕색과 글자색에 따라 가독성은 많은 차이가 있다. 메뉴의 색상을 결정할 때에도 단순히 흰색 바탕에 검정글씨가 아니라 전체적으로 잘 조합되는 색을 선택하는 것이 시각반응에 효과적이다. 메뉴판의 바탕색이나 사용 칼라종이에 따라 또는 이용하는 활자의 잉크 색에 따라 가독성을 실험한 결과는 다음과 같다.

표 4-7 바탕색에 따른 가독성 정도

가독성이 아주 높음	가독성이 보통	가독성이 낮음
연한 크림색 바탕에 검정	밝은 황 녹색 바탕에 검정	밝은 황적색 바탕에 검정
연한 세피아크림색 바탕에 검정	밝은 청 녹색 바탕에 검정	적황색 바탕에 검정
밝은 담황색 바탕에 검정	황적색 바탕에 검정	
밝은 노랑색 바탕에 검정	붉은 오렌지색 바탕에 검정	

자료 : Lendal H. Kotschevar(1987), Managenent by Menu, John Wiley and Sons, Inc., p. 163.

또한 바탕색에 따라(종이에 따라) 사용하는 잉크의 색깔이 잘 돋보이는 정도가 각각 다른데 그 정도를 정리하면 다음과 같다.

표 4-8 바탕색에 따라 돋보이는 정도

돋보이는 정도가 아주 높음	돋보이는 정도가 보통	돋보이는 정도가 낮음
노랑 바탕에 검정	흰색 바탕에 파랑	검정 바탕에 흰색
흰색 바탕에 녹색	파란색 바탕에 노랑	노랑 바탕에 빨강
흰색 바탕에 빨강	빨강색 바탕에 흰색	빨강 바탕에 녹색
파란색 바탕에 흰색	녹색 바탕에 흰색	녹색 바탕에 빨강

자료 : Lendal H. Kotschevar(1987), Managenent by Menu, John Wiley and Sons, Inc., p. 163.

제4절 메뉴평가와 분석

메뉴평가와 분석은 메뉴가 계획되고 디자인되는 과정 그리고 일정기간 동안의 영업성과를 바탕으로 수익성과 선호도를 평가하고 분석하는 것을 말한다. 그리고 평가와 분석의 결과는 피드백(feedback)이라는 과정을 거쳐 다시 메뉴계획과 디자인에 반영되어야 한다.

1. 메뉴평가

1) 메뉴평가의 내용

메뉴평가는 메뉴계획과 디자인 과정을 평가하는 가치의 척도이다. 메뉴의 계획과 디자인에 대한 이론적인 배경이 없으면 실제의 메뉴도 이론적인 배경이 경시된 상태에서 메뉴가 제작된다. 이러한 점을 고려할 때 메뉴의 계획과 디자인 과정에 대한 평가는 매우 중요하다.

평가되는 내용은 메뉴계획과 디자인 과정에서 고려되는 변수를 특정 레스토랑에 적합한 변수들만을 선정하여 객관적으로 평가할 수 있도록 고려되어야 한다. 다음은 메뉴평가에 이용되는 변수 선정의 기준표이다.

표 4-9 메뉴의 계획과 디자인 그리고 평가에 이용된 변수 선정의 기준표

구 분	변 수
메뉴계획	• 목표고객의 기호와 욕구 • 레스토랑의 전체적인 컨셉 • 아이템 수와 다양성(조리법, 아이템의 소스, 가니쉬) • 다이어트 아이템, 설정된 질의 표준, 음식의 추세 • 종사원의 기능과 수, 주방공간과 기기 • 서비스방식, 아이템의 차별화 • 식자재의 공급시장, 재고현황
메뉴디자인	• 디자인의 전문성, 가독성과 독이성 • 레스토랑의 전체적인 컨셉 • 메뉴의 외형, 메뉴의 크기, 레이아웃 • 칼라(전체적인 컨셉, 종이, 활자, 잉크, 조명) • 디자인의 독창성, 메뉴 유지와 관리상태 • 아이템 설명의 용이성과 진실성 • 메뉴카피의 소구력, 아이템의 차별화 기교 • 클립-온, 또는 팁-온 메뉴위치 • 메뉴교체의 유연성 • 매가 표시 위치 전략 • 아이템의 포지션 전략(위치, 순위) • 균형과 조화

자료: 나정기(1994) "메뉴계획과 디자인의 평가에 관한 연구", 경기대학교 대학원 박사학위논문, p. 44.

2) 메뉴평가의 항목[5)]

메뉴계획과 메뉴디자인 그리고 평가에 이용되는 변수 선정의 기준 표를 중심으로 실제의 메뉴(판)를 평가할 수 있도록 개발된 평가항목들이다.

5) 나정기, 전게서, 2006, pp. 268~269.

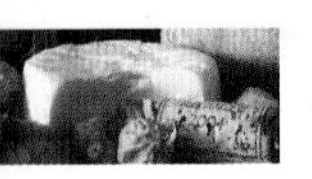

표 4-10 메뉴평가 항목

구 분	변 수
메뉴계획	• 레스토랑의 전체적인 컨셉과 일치하는 정도는 • 목표고객의 기호와 욕구를 반영한 정도는 • 분석된 결과가 메뉴 상에 반영된 정도는 • 아이템 수의 적합성 정도는 • 아이템의 다양성 정도는 • 조리방식의 다양성 정도는 • 소스의 다양성 정도는 • 가니쉬의 다양성 정도는 • 다이어트를 하는 고객을 위한 아이템의 고려 정도는 • 사전에 설정된 질의 표준을 유지하는 정도는 • 음식의 추세를 반영한 정도는 • 종업원과 주방기기의 분산을 고려한 정도는 • 종업원의 기능수준과 수를 고려한 정도는 • 주방공간과 기기를 고려한 정도는 • 서빙 종사원의 수준과 수를 고려한 정도는 • 식사가 제공되는 때를 고려한 정도는 • 가격 분산원칙을 적용한 정도는 • 아이템의 차별화를 고려한 정도는 • 수익성을 고려한 정도는 • 경쟁을 고려한 정도는 • 식자재의 공급시장을 고려한 정도는 • 재고현황을 고려한 정도는 • 본 메뉴의 활용정도는 • 판매촉진 정도는
메뉴디자인	• 디자인의 전문성 정도는 • 레스토랑의 전체적인 컨셉과 일치하는 정도는 • 가독성의 정도는 • 메뉴의 외형과 크기의 적합성 정도는 • 레이아웃(lay out)의 전문성 정도는 • 칼라의 적합성 정도는(전체적인 컨셉, 종이, 활자, 조명) • 서체와 그 크기의 적합성 정도는

표 4-10 메뉴평가 항목

구 분	변 수
메뉴디자인	● 디자인의 독창성 정도는 ● 메뉴 청결유지와 관리상태 정도는 ● 아이템 설명의 용이성 정도는 ● 아이템 설명의 진실성 정도는 ● 메뉴카피의 소구력 정도는 ● 특정 아이템의 차별화 정도는 ● 클립-온 또는 팁-온 메뉴 위치의 적합성 정도는 ● 메뉴교체의 유연성 정도는 ● 매가표시 위치전략 적용성 정도는 ● 아이템의 포지션전략 적용성(위치, 순위)정도는 ● 매가에 따른 아이템 배열순위 원칙 적용성 정도는 ● 전체적인 균형과 조화 정도는

이와 같은 메뉴평가 항목으로 현재 사용하고 있는 메뉴가 이론적인 배경을 가지고 계획되고, 디자인되었는가를 평가할 수 있게 된다. 그리고 메뉴계획자, 메뉴디자이너까지도 동시에 평가할 수 있다.

2. 메뉴분석

메뉴분석은 외부의 경쟁기업 혹은 내부의 다른 메뉴들과의 비교, 분석을 위하여 이용된다. 이를 통해 메뉴 중에서 수익성과 선호도가 높거나 낮은 음식들을 파악하는 데 유용한 정보를 얻을 수 있다. 메뉴분석은 다음과 같은 세 가지의 주요소 총수익, 판매량, 원가 등을 바탕으로 매출액과 개별 메뉴들의 수익에 대한 기여도를 파악할 수 있다.

1) Kasavana와 Smith의 선호도와 수익성 분석

M. L. Kasavana와 Smith의 분석방법은 판매량과 총수익의 상관관계를 파악하는 것이다. 높은 판매량과 높은 총수익의 상관관계를 가지는 메뉴성과가 가장 좋다는 접근법이다. 즉 가장 좋은 메뉴품목은 단위당 공헌이익(contribution margin)이 가장 높고, 판매량이 가장 많은 것으로서 한 품목의 공헌이익은 판매가격과 직접비용의 차익을 말한다.

표 4-11 M.L. Kasavana와 Smith의 방식

Ⅰ. Plow horses 높은 인기 낮은 수익	Ⅱ. Stars 높은 인기 높은 수익
Ⅲ. Dogs 낮은 인기 낮은 수익	Ⅳ. Puzzles 낮은 인기 높은 수익

(1) Stars

선호도가 높고 수익성도 높은 아이템으로 분류된 군(群)으로 다음과 같은 조치가 요구된다.

① 현재의 수준을 엄격히 지킨다(포션 크기, 질, 담는 방법 등).

② 가격의 변화에 고객이 민감한 반응을 보이지 않기 때문에 가격인상을 시도해 볼 수도 있다.

③ 메뉴상 최상의 위치에 배열한다.

(2) Plow horses

선호도는 높으나 수익성이 낮은 아이템군을 말한다. 주로 중간대 이하의 가격 군을 형성하는 아이템으로 가격의 변화에 민감한 반응을 보이는 아이템들이다. 이 아이템군은 수익성(공헌이익)만 높이면 'stars'가 될 수 있는 것으로 다음과 같은 조치가 이루어져야 한다.

① 가격인상을 시도한다.

② 선호도가 높기 때문에 메뉴상 아이템의 배열을 재고한다. 즉 고객의 시선이 덜 집중되는 곳에 위치시킨다.

③ 식자재 원가가 높은 아이템과 낮은 아이템과의 조화를 통하여 전체적인 원가를 줄이고, 가격을 그대로 유지하면서 공헌이익을 높일 수 있는 방안을 강구한다.

④ 포션을 약간 줄인다.

(3) Puzzle

수익성은 높지만 선호도가 낮은 아이템으로 가격대가 높은 아이템군을 말한다. 선호도만 높으면 'stars'군에 속하는 아이템들이다. 메뉴믹스의 이론에서는 이러한 아이템의 선호도가 높으면 높을수록 아이템의 평균 기여마진이 높게 나타난다. 이 아이템군은 선호도를 높이는 방안으로 다음과 같은 조치가 이루어져야 한다.

① 메뉴에서 삭제한다. 특히 생산하는 데 특별한 기능이 요구되거나, 많은 노동력을 요구하는 아이템의 삭제는 절대적이다.

② 메뉴상 최상의 위치에 배열한다.

③ 아이템의 이름을 바꾼다.

④ 가격의 인하를 통하여 선호도를 높인다.

⑤ 판매촉진을 통하여 선호도를 높인다.

⑥ 이 그룹군에 속하는 아이템의 수를 최소화한다.

(4) Dogs

수익성과 선호도 둘 다 낮은 아이템으로 가장 바람직하지 못한 아이템군에 속한다. 선호도와 수익성을 동시에 높일 수 있는 방안이 강구되어야 하는데, 다음과 같은 조치가 일반적이다.

① 메뉴에서 삭제한다.

② 가격을 인상하여 'Puzzles'군의 아이템으로 만든다.

2) Miller의 선호도와 원가분석

Jack E. Miller의 분석 방법은 식재료 비율과 판매량의 상관관계를 파악하는 것이다. 이 분석은 가장 낮은 식재료비의 메뉴와 가장 높은 판매량의 메뉴들이 가장 좋은 메뉴성과를 가져오게 한다는 접근 방법이다.

표 4-12 Jack E. Miller의 방식

Ⅰ. Winners 높은 인기 낮은 원가	Ⅱ. Marginals 높은 인기 높은 원가
Ⅲ. Marginals 낮은 인기 낮은 원가	Ⅳ. Losers 낮은 인기 높은 원가

이 분석은 가장 낮은 식재료비의 음식과 가장 높은 판매량의 메뉴들을 나타내 줄 수 있으나, 매출액이나 공헌이익은 나타나지 않는 한계가 있다.

3) Pavesic의 원가와 수익성 분석

Pavesic의 분석 방법은 총수익과 식재료 비율의 상관관계를 파악하는 것이다. 앞에서의 두 가지 방법의 결점을 보완하기 위하여 세 가지 변수, 식재료 비용의 원가비율(food-cost rate), 공헌이익(contribution margin), 판매량(sales volume)을 결합하였다. 여기서 총수익은 전체총수익으로 단위당 총수익에 판매량이 곱하여진 총수익이다. 가장 좋은 품목은 판매량에 따라 낮은 식재료 원가율과 높은 공헌이익을 가지는 품목이다. 고가격 품목에 주력하여 공헌차익을 증가시키려고 하지만, 그에 따른 고객의 수요 감소와 이익 감소가 나타날 수 있다. 이 방법은 앞서 언급한 접근 방법들과 달리 총수익과 식재료 비율을 고려하고 있고, 총수익도 전체총수익을 고려하고 있어 문제점들을 많이 보완한 방법이다. 그러나 식재료비 외의 비용까지 포함된 순이익을 고려하지 않은 한계점이 있다.

표 4-13 David V. Pavesic의 방식

Ⅰ. Primes 낮은 원가 높은 수익	Ⅱ. Standards 높은 원가 높은 수익
Ⅲ. Sleepers 낮은 수익 낮은 원가	Ⅳ. Problems 높은 원가 낮은 수익

4) ABC 분석[6)]

통계적 방법에 의해 관리대상을 A, B, C 그룹으로 나누고, 먼저 A그룹을 최중점 관리 대상으로 선정하여 관리 노력을 집중함으로써 효과를 높이려는 분석 방법이다. ABC 분석은 다음의 순서로 이루어진다.

① 1개월간 판매된 수량과 매출액을 합계한다.

② 매출액이 많은 순으로 정리한다. 이 때 판매되지 않은 아이템도 기재한다.

③ 총매출액의 합계를 낸다.

④ 각 아이템의 총수입을 전체 아이템의 총수입으로 나누어 전체에서 차지하는 %를 낸다.

⑤ %의 누계를 낸다.

⑥ 이 때 누적 구성 비율 70%까지를 A그룹, 90%까지를 B그룹, 그리고 나머지 100%까지를 C그룹으로 분류한다.

6) 조용범 외, 메뉴관리론, 대왕사, 2003, pp. 172~173.

표 4-14 ABC 메뉴 분석표

업장명 : 00년 월 일~00년 월 일

No	1	2	3	4	5	…	29	30	합계
품명	햄버거	스파게티	비프커리	그라탕				스테이크	
수량	1,440	788	1,479	612				12	
가격	6,850	11,000	5,000	7,500				3,000	
매출액	9,864,000	8,668,000	7,395,000	4,590,000				36,000	85,000,000
%	11.6	10.2	8.7	5.4				0.0	100.0
누계 %		21.8	30.5	35.9				100.0	100.0
원가	2,260	3,850	1,000	1,500					
재료비	3,254,400	3,033,800	1,479,000	918,000					31,875,000
매출이익	6,609,600	5,634,200	5,916,000	3,672,000					53,125,000
비고									37.5%

* 원가 × 수량 = 월간 재료비, 재료비를 매출액으로 나눈다(37.5%).

이와 같은 분석 방법은 고객의 메뉴 선호 성향을 파악할 수 있으므로 미리 신상품을 런칭하기 쉽다. 대부분 중소형의 단일 메뉴를 취급하는 레스토랑에서 이용되고 있다. 또 단순판매 수량과 매출액만을 기준으로 하기 때문에 업장 내부의 생산 과정에 생기는 인력강도 등은 배제되어 정확한 분석의 결과를 얻기가 어려운 한계점을 지니고 있다.

결과적으로 메뉴 엔지니어링을 활용하여 수익성 분석에 중심을 둔 카사바나와 스미스는 가격 결정과 메뉴 믹스 및 공헌이익 등을 중심으로 개발한 프로그램으로 많은 호응을 얻었다. 그러나 분석 과정에서 메뉴 원가만을 고려하고 프라임 코스트인 인건비 등은 고려하지 않은 단점이 있지만, 광범위하게 쓰이고 있다. 전체 매출에 대한 각 메뉴아이템들의 상대적인 비중을 살펴보는 이 방법은 일품요리의 메뉴를 갖춘 영업장에 적당하다. 식재료 비율과 판매량의 상관관계를 계산하는 밀러의 분석 기법은 전채, 주요리, 샐러드, 후식 등과 같이 각 부분별 메뉴를 구성하고 있는 패밀리레스토랑 등에 어울린다. 파베식의 기법은 총수익과 식재료 비율의 상관관계를 고려한 것으로 돈가스, 설렁탕, 우동처럼 일품메뉴를 취급하는 전문점에서의 분석이 적합하다. ABC 분석의 경우는 단순판매수와 매출액을 기준으로 하며, 선호

도가 높은 아이템에 집중하므로 패스트푸드형의 업체에 적합하다. 이와 같이 메뉴 분석의 목적은 판매아이템이 이용 고객에게 만족을 주며, 더불어 수익성 창출에 의의가 있다. 이러한 이유로 많은 연구자들이 메뉴분석 방법들을 개발하였으며, 호텔 기업을 중심으로 적용되고 있다. 하지만 메뉴분석 방법 과정에서 메뉴아이템의 선호도와 수익성에 중심을 둔 분석 방법으로는 실제 영향요인이 많은 레스토랑의 메뉴분석을 하기에는 한계점이 드러나고 있다. 또한 효율적인 경영관리를 위해서 전산화가 도입되어 이전보다 적용범위가 훨씬 늘어났음에도 불구하고 구성원들의 구매 및 원가관리 개념의 미비, 원가관리를 보다 쉽게 접근할 수 있는 식자재의 전처리과정 및 상태 등 내외부적인 개선 작업의 선행이 메뉴분석의 기본단계로 생각된다. 그리고 메뉴 생산과정에서 발생되는 인력 투입에 대한 연구도 함께 진행되어야 실용성 있는 메뉴분석이 될 것이다.

Study Questions

1. 메뉴의 정의와 역할은 무엇이며, 어떻게 분류되는가?
2. 메뉴의 계획과정에서 고객과 기업 측면에서 고려되어야 하는 주요소는 무엇인가?
3. 대화의 도구로 작성하기 위한 메뉴디자인의 주요소는 어떠한 것들이 있는가?
4. 메뉴평가와 분석에서 메뉴계획과 디자인에 대한 평가 항목에는 무엇이 있는가?
5. 메뉴아이템의 수익성과 선호도를 파악하기 위한 메뉴분석 기법에는 어떠한 이론들이 있는가?

제5절 메뉴해설

1. 정식요리 메뉴 Table d'Hôte Menu

Table d'Hôte Menu[1]

Cheju Island's Seafood Salad with Rape Flower Oil Dressing
제주산 해산물과 유채오일 드레싱

Baked Beef Consomme in Puff Pastry with Sherry Wine
쇠고기 콘소메수프

Fillet of Sole with Caper Sauce
케이퍼 소스의 혀넙치

Roasted Fillet of Beef and Perigourdine Sauce
페리고 소스를 곁들인 소 안심 구이

Cheju Mandarin Salad with Basil and Olive Oil
바질과 올리브로 맛을 낸 귤 샐러드

Vodka Cake with Cream Sauce
크림소스의 보드카 케이크

Moka and Petits Fours
커피와 프랑스 생과자

Table d'Hôte Menu[2]

Herbs Ravioli Served with Sweet Bread
라비올리 향초와 송아지 목살

Feva Bean Cream Soup
완두콩 크림수프

Grilled Rack of Lamb with Cumin and Eggplant
가지구이와 양 안심 구이

Seasonal Salad with Balsamic Vinegar
발사믹 드레싱의 계절 샐러드

"Grand Manier" Souffle
그랑마니에 수플레

Coffe or Tea
커피 또는 차

2. 일품요리 메뉴 A La Carte

Appetizers and Salads / 전채와 샐러드

WOOD SMOKED NORWEGIAN SALMON W11,000
With cucumber salad and a balsamic creamy dressing
노르웨이산 훈제 연어요리

OVEN BAKED SNAILS WITH CHABLIS WINE SAUCE W11,000
Served on a compote of leeks and tomatoes
달팽이 구이

PARMA HAM AND HONEY MELON W12,500
Served with watercress salad / 파마햄과 달콤한 메론

▣ CAFE SUISSE "CAESAR" SALAD W11,000
Crispy Roman lettuce tossed in our Chef special dressing with crunchy garlic croutons, smoked duckling breast and Parmesan chips
시저 샐러드

▣ SEASONAL GARDEN GREENS AND FRESH VEGETABLES W 8,000
With your choice of dressing ;
Italian, French, 1000 Island, vinaigrette, blue cheese or house.
신선한 야채 샐러드

▣ SALAD NICOISE W10,000
Green salad with poached fresh tuna, tomatoes, eggs, green, beans, olives and basil vinaigrette
니스 지방식 샐러드

▣ TOMATO AND FRESH MOZZARELLA SALAD "CAPRESE" W10,500
A taste of Tuscany with a balsamic and pesto vinaigrette
토마토와 모짜렐라 샐러드

Daily Home Made Soups / 수프

▣ FRENCH ONION SOUP "LES HALLES" W 7,000
Gratinated with Emmenthal cheese and farmer bread
프랑스식 양파 수프

BAKED POTATO SOUP W 7,000
Cream soup with chives and bacon bits
감자 크림 수프

▣ MUSHROOM CAPPUCCHINO W 6,000
Delicate and piquant cream soup / 버섯 크림 수프

▣ SHRIMP BISQUE W 7,000
Infused with cognac and shredded vegetables
새우 크림 수프

SOUP OF THE DAY W 6,000
Please ask your service attendant for today's soup
오늘의 수프, 저희 직원에게 오늘의 수프가 무엇인지 확인해 주십시오.

Main Courses / 주요리

OSSO BUCCO W21,000
Braised veal shank with hint of orange sauce, polenta and jardiniere of vegetables
야채와 송아지 정강이 요리 오소부코

GRILLED U.S. BEEF TENDERLOIN W27,000
Prime U.S. beef prepared to your liking. Served with baked potatoes.
seasonal vegetables and mushroom sauce
소안심 스테이크의 구운감자와 버섯소스

CONFIT OF DUCK W20,000
Duck leg stew with sauteed potatoes and fricassee of mushrooms
감자, 버섯 프리카세와 오리 다리 요리

COUNTRY STYLE ROAST CHICKEN W19,000
Served with mashed potato, farmer's vegetables and thyme jus
매쉬드 포테이토와 야채의 컨트리 스타일의 치킨구이

MEXICAN FAJITAS W17,000
Marinated strips of beef or chicken, Served on a sizzling plate
with tortillas, guacamole and chipotle salsa
쇠고기 혹은 닭고기를 선택해 토틸라에 싸서 먹는 멕시칸 화히타

ROAST RACK OF LAMB W23,000
With Nicoise ratatouille,"Anna potatoes" and fresh rosemary jus
양갈비 구이의 감자와 로즈메리 소스

※PAN FR1ED NORWEGIAN SALMON FILET W25,000
With fresh herbs "beurre blanc" sauce, sauteed spinach and new potatoes
시금치, 감자와 노르웨이산 연어팬 구이

※VOL AU VENT OF SEAFOOD W20,000
A delicious combination of clams, shrimps, mussels and scallops
in a crispy puff pastry shell / 야채와 해물 볼로방

Sandwiches and Burgers / 샌드위치와 햄버거

THE GRAND CLUB W14,000
Toasted whole wheat bread layered with egg, crispy bacon juicy roast
turkey, Emmenthal cheese and tomato. Served with potato salad
계란, 베이컨, 칠면조, 에멘탈 치즈와 토마토의 클럽 샌드위치

THE SWISS GRAND'S BURGER W18,000
Prepared with prime quality beef, topped with bacon, fried onions,
crunchy lettuce and tomato. Served with French fries and vegetable relish
감자튀김과 야채 릴리쉬를 곁들인 햄버거

MARINATED CHICKEN BREAST SANDWICH W12,000
Topped with eggplant. tomato and fresh mozarella.
Served with olives and foccacia bread / 닭가슴살 샌드위치

GRILLED MINUTE STEAK W15,000
Pure beef tenderloin in a French baguette, with crisp onion, tomato,
lettuce and pickles. Complimented with gravy and chips
소안심스테이크를 넣은 프랑스 바게트 샌드위치

Pastas, Rice and Pizza / 파스타, 라이스와 피자

SPAGHETTI, LINGUINE, PENNE OR FETTUCCINE

With your favorite sauce / 스파게티 종류와 소스를 선택하세요.

BOLOGNESE or ▣ NAPOLITANA **W13,000**
A rich beef tomato sauce or traditional fresh tomato sauce
쇠고기 소스 볼로네이즈 또는 토마토소스

CARBONARA **W13,000**
A creamy sauce with bacon, egg and parmesan cheese
베이컨, 파마산 치즈를 넣은 카르보나라 크림소스

※AL PESTO **W11,000**
With fresh basil
베질 소스

※PULTANESCA **W12,000**
A mild spicy tomato sauce with black olives, garlic and parsley
메콤한 토마토 소스

※ALLA BUCANIERA **W14,000**
With fresh shell fish and tomato broth
해물 소스

※SALMON LASAGNA **W14,500**
Fine layers of pasta and fresh salmon with spinach and tomato relish,
glazed with a wasabi-hollandaise sauce
시금치와 토마토의 와사비 홀랜다이즈 소스의 연어 라자니아

※LASAGNETTE OF FRESH VEGETABLES **W11,000**
Zucchini, egg plant, celery and leek, with a tomato and herb coulis
채식가를 위한 라자니아

※SEAFOOD RISOTTO **W13,000**
With shrimps, mussels, clams and mushrooms
해산물 리조토

NASI GORENG **W14,000**
Spicy Indonesian fried rice topped with a fried egg and served with chicken satay
나시고랭

HOME BAKED PIZZA **W13,000**
Deep pan pizza with fresh tomato sauce, Mozzarella cheese & oregano
Choose your own toppings ;
Mushrooms, shrimps, Ham, onions, olives, bell peppers, salami, chicken or bulgogi
버섯, 새우, 햄, 양파, 피망, 살라미, 치킨, 또는 불고기
(W500 per additional topping / 토핑 1가지 추가시 W500)

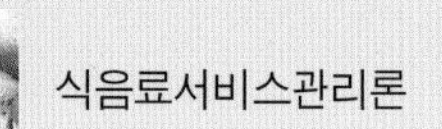

Korean Favorites / 한식

ALL OF THESE DISHES ARE COMPLIMENTED WITH A FRESH FRUIT PLATE
아래의 한식은 신선한 과일과 함께 제공합니다.

KALBIGUI **W18,000**
Grilled Barbecued spare ribs with rice and marinated spicy cabbage
갈비구이

BULGOGI **W17,500**
Marinated thinly sliced beef. Served with seaweed soup & rice
불고기

KORIGOMTANG **W17,500**
Oxtail stew with ginseng, dates and chestnut. Served with rice
꼬리곰탕

※OKDOMIGUI **W19,000**
Grilled Cheju red snapper. Served with condiments and rice
옥도미 구이

YOOKGYEGANG **W16,500**
Spicy beef and vegetable soup with steamed rice & kimchi
육계장

WOOKEOJIKALBITANG **W18,000**
Beef rib and vegetable broth
우거지 갈비탕

※BIBIMBAB **W17,500**
Steamed rice with spicy vegetables
비빔밥

OMRICE **W16,500**
Fried rice with beef wrapped in an egg pancake
오무라이스

Exciting "Fusion" Cuisine / 여러 종류의 요리

※TUNA SASHIMI SANDWICH **W14,000**
With a delicate wasabi dressing.
Served with a salad of seaweed and fresh ginseng
인삼 샐러드를 곁들인 참치 사시미 샌드위치

※PAN FRIED FILET OF SEABASS **W21,000**
Prepared with a fondue of leeks and shitake mushrooms,
accompanied with a soy-lemon sauce / 농어 팬 구이

ORIENTAL CHICKEN BREAST **W19,000**
With oyster creamy broth, vermicelli noodles and Chinese cabbage
굴 크림 소스의 닭가슴살 요리

MEDITERRANEAN LAMB **W23,000**
Roast lamb loin served with a curry-ginger sauce and Morcccan couscous.
카레와 생강소스의 양등심 구이

Swiss Specialities / 스위스 전통요리

VEAL "ZURICHOISE" W25,000
Sauteed slices of tender veal with mushrooms in a creamy sauce
served with "roesti" potatoes or "spaetzli" dumplings
"취리히식" 버섯 크림 소스의 송아지 요리

"ST GALLER" VEAL SAUSAGE W19,000
Grilled and topped with onions and red wine sauce,
"spaetzli" dumplings or "roesti" potatoes / 레드 와인 소스의 송아지 소시지 요리

CHEESE FONDUE W28,000
Our most famous Swiss "Hot Pot". Made with three kinds of Swiss cheese, gently simmered with white wine and kirsch
백포도주와 키르쉬를 끓는 스위스 치즈에 넣고 빵을 적셔먹는 치즈 퐁뒤

RACLETTE W16,000
Melted alpine cheese, potatoes, pickled onion and gherkins
녹인 치즈, 피클과 감자를 함께 곁들여 먹는 "라클렛"

FONDUE BOURGUIGNONNE W27,000
Beef and veal cubes fried in oil at your table, complimented with house made dips
끓는 기름에 직접 만들어 먹는 쇠고기 퐁뒤

Desserts / 후식

SELECTION OF INTERNATIONAL CHEESES W12,000
Matured cheese from around the world served with oven fresh bread & crackers
치즈 모듬

OUR ASSORTMENT OF ICE-CREAMS AND SHERBETS W 7,000
in almond tulip with raspberry coulis / 아이스크림과 셔벳

SLICED SEASONAL FRUITS W 8,000
계절 과일 접시

"MACARON" WITH COCONUT CRÈME BRULÈE W 8,500
Our Chef's secret recipe with Pinacolada ice-cream
코코넛 크림과 피나 콜라다 아이스크림의 "마카롱"

"SHINGO" PEAR MOUSSE W 8,500
With black currant coulis / 배 무스

FRESH FRUIT SALAD W 8,000
Served in Honey melon with mint and orange sorbet
메론과 오렌지 셔베트의 과일 샐러드

CREAM CHEESE CAKE W 6,500
With raspberry coulis / 크림치즈 케익의 라스베리 소스

CAKE OF THE DAY W 6,500
Please ask your service attendant for today's creation
오늘의 케익 / 저희 서비스 직원에게 문의하십시오.

▣ Vegetarian Dishes / 채식주의자들을 위한 음식

10% Service charge and 10% Tax will be added. 10% 봉사료와 10% 부가세가 별도로 가산됩니다.

Your flight attendant will advise you of the two red and two white wines available on today's flight.

red wines

2002 Chateau Peymouton Saint-Emilion Grand Cru

Classic Bordeaux wine with a nose of small back fruits, licorice and roasted characters on the palate. Round and pleasant tannins with a fruity, slightly mineral finish.

2000 Chateau St. Jean Cabernet Sauvignon Cinq Cepages

The finest Bordeaux-style grapes from four Sonoma Valley regions make this an extraordinary wine. It features blackberry with back notes of dried fruit, black cherry and black mountain fruit highlights, and a firm mouth-feel with pronounced tannins.

2002 Stags Leap Syrah Napa Valley

A symphony of color and nuanced perfumes introduce the wine. White pepper, red plums, lavender, chocolate mint, eucalyptus and white truffles make this a juicy and powerful, full bodied Syrah.

2000 Rodney Strong Reserve Cabernet Sauvignon Sonoma

Brilliant ruby red hue. Aromas of black cherry, black currant, violets and vanilla. Medium-full with very good concentration – a ripe and forward Cabernet finishing with firm tannins, ample oak and nice persistence of fruit.

2001 Sebastiani Merlot Sonoma County

Dark crimson red color with blueberry and black cherry fruit aromas mixed with the flavors of black tea and toasted oak. A soft and supple finish.

2002 Rutherford Ranch Napa Valley Cabernet Sauvignon

Bright aromas of ripe juicy blackberry, plum and black cherry with hints of wild blueberries and oak. Full-bodied and complex with deep ruby red color. A rich and creamy palate, slight menthol feel and just the right amount of tannins lead to a long, satisfying finish.

white wines

2004 Sacred Hill, Whitecliff, Sauvignon Blanc, New Zealand

Bright citrus aromas paired with tropical fruits. Citrus reveals itself as both sweet lemon and tart lime, balancing fruit and acidity perfectly.

2003 Beringer Napa Valley Sauvignon Blanc

A distinct Granny Smith apple character coupled with refreshing citrus qualities make this wine formidable in the California style.

2004 Sileni Semillion Sauvignon Blanc

Ripe lime and melon flavors from the Semillon blend with trademark gooseberry and tropical fruit of New Zealand Sauvignon Blanc giving a soft finish that is superb with food. Gold Medal Japan 2005.

2002 Mer Soleil Central Coast Chardonnay

A "true-to-form" chardonnay with ripe, broadly oaked, appley aromas. Rich and concentrated with a mix of mandarin orange, fruit cocktail, ripe pear and earthy citrus shadings. Buttery pear aftertaste.

2003 Wente Riva Ranch Reserve Chardonnay

Tropical fruits with mango, papaya and guava aromas surrounded by vanilla, coconut and toast flavors of the barrel. Subtle level of butter from partial malolactic fermentation rounds out the flavor.

2002 Murphy-Goode Sonoma County Chardonnay

Sweet oak spice complements fresh aromas of ripe peaches, green apples and juicy citrus flavors. Bright fruit and good acidity. Enjoy as an aperitif or with fish, poultry or vegetarian dishes.

champagne

Perrier Jouet Brut NV Champag

An aroma of fresh biscuits perfumed touches of honey Rich, creamy textu accented by citrus Finishes strong wi mouthwatering ap

port

Fonseca Bin No. 27 Port

Lush and sweet wi of black cherry and Aromas of red frui smoked meat. Fin dry and quite firm mélange of spices, and nuts.

beverages

Aperitifs

Dry Sack Sherry
Campari

Spirits

Bombay Sapphire Dry Gin
Tanqueray Gin
Bacardi Rum
Skyy Vodka
Maker's Mark Whiskey
Jack Daniel's Tennessee Whiskey
Seagram's V.O. Canadian Whisky
Glenlivet Single Malt Scotch Whisky
Chivas Regal Scotch Whisky
Johnnie Walker Black Label Scotch

Eisen Sake

Beers

Your flight attendant will advise you of today's s

Budweiser Miller Lite Heineken Asahi Sa
Singha Hite Tiger Tsing Tao San Miguel

Liqueurs

Amaretto di Saronno
Kahlua
Cointreau
Bailey's Irish Cream
Martell V.S.O.P. Cogna
Drambuie

Coffee and tea

Selection of soft drinks available.

제5장

주방관리

제1절 주방관리의 개요
제2절 주방의 분류
제3절 주방 조직과 직무
제4절 기본조리방법
제5절 주방기기 및 기물
제6절 주방위생과 안전관리
제7절 식재료관리

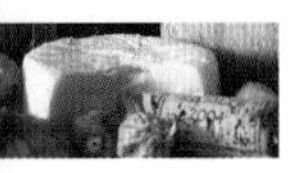

제 5 장 주 방 관 리

학습목표

생산지점의 주방에 대한 개념과 분류, 조직과 직무, 식재료 관리를 이해하고 식음료운영 관리에 이를 적용한다.

- 주방과 영업장의 상호관계를 이해하고, 주방의 기능적 분류와 직급에 따른 직무의 내용을 설명한다.
- 기본조리법의 개념을 이해하고 건식열, 습식열, 혼합열 조리방법 등을 설명한다.
- 주방기기 및 서비스기물의 종류, 용도 그리고 주방위생과 안전관리를 설명한다.
- 식재료의 구매, 검수, 저장, 출고, 재고관리와 원가와의 관계를 인지한다.

제1절 주방관리의 개요

1. 주방의 의의

주방(kitchen)은 각종 조리기구와 저장설비를 사용하여 기능적이고 위생적인 조리작업으로 음식물을 생산하고 고객에게 서비스하는 시설을 갖춘 작업공간을 말한다. 좁은 의미의 주방관리란 음식을 생산하기 위해 기본적으로 요구되는 주방설계, 주방시설, 주방기기, 주방기물, 주방비품 등을 체계적으로 관리하는 것을 말하고, 넓은 의미로는 여기에 주방의 조직과 직무, 위생과 안전, 메뉴관리, 원가관리 등이 포함된 주방에서 이루어지는 모든 업무와 관련된 관리활동을 의미한다. 즉, 주방관리는 질좋은 상품을 생산하는 단순한 관리부문이 아니라 총체적, 효율적인 관리가 요구되는 관리부문이라고 할 수 있다.

▲ 주방의 내부환경

2. 주방과 영업장의 관계

주방과 영업장의 상호협조 관계가 완벽한 조화를 이룰 때 고객욕구를 만족시킬 수 있고, 나아가 기업의 목표를 달성할 수 있다. 주방에서 맛있는 음식을 만들어도 인적 서비스가 불량하게 된다면 고객의 전반적인 평가는 불만족하게 되므로 주방과 영업장의 관계는 매우 중요하다.

1) 총체적 서비스의 제공

주방과 영업장이라는 구분 없이 고객의 기대와 욕구에 최대한 부응하는 총체적 서비스를 제공하는 것을 말한다. 그 결과 같은 내용과 의미의 서비스가 전달되도록 해야 한다.

2) 의사 교환

주방과 영업장의 직원은 정기적인 회의(meeting)를 통해 고객의 피드백과 서비스의 문제점 및 새로운 메뉴에 대한 의사 교환 등의 업무 협조를 논의함으로서 긴밀한 관계를 유지해야 한다.

3) 공동체 의식

주방과 영업장은 업무의 내용이 다르지만 고객의 편의와 욕구를 충족시켜 주어야 한다는 공통된 목적을 위해 업무를 수행한다는 공동체 의식이 필요하다.

스튜어드 Steward

레스토랑의 주방과 홀에서 사용하는 은기물, 도자기, 글라스 등을 세척, 보관, 관리하고 주방바닥, 벽, 기기 등을 청소하여 주방내의 청결을 유지한다.

제2절 주방의 분류

주방은 크게 지원 주방(support kitchen)과 영업 주방(business kitchen)으로 구분한다. 영업 주방은 영업장을 갖추고 고객이 요구하는 메뉴를 생산하는 주방을 말하며, 지원 주방은 1차적인 조리를 생산하여 영업 주방에 공급한다.

1. 지원 주방

지원 주방은 주로 연회장이나 각 영업 주방에서 필요로 하는 음식, 기본적인 스톡, 가공식품 등을 준비하여 지원하는 주방으로 다음과 같이 구분된다.

1) 더운 요리 주방 Hot Kitchen & Main Production

각 주방에서 필요로 하는 기본적인 더운 요리의 수프, 스톡, 소스를 생산하여 영업 주방에 공급해 주는 주방이다. 공급하는 이유는 각 주방에서 개별적인 생산보다는 시간과 공간, 재료의 낭비를 줄일 수 있고, 일정한 맛을 유지할 수 있어 대부분 이러한 시스템을 이용하고 있다.

▲ 연회장이나 영업 주방에 음식을 지원하는 메인 주방(main production)

2) 찬 요리 주방 Cold Kitchen & Gardemanger

찬 요리주방은 전채, 샐러드, 샌드위치, 카나페, 테린, 파테 등을 생산하여 영업 주방에 공급해 주는 주방이다. 찬요리와 더운 요리 주방으로 구분하는 것은 요리의 품질을 유지하기 위한 것이다. 즉 더운 요리 주방의 경우 많은 열기구의 사용으로 찬 요리는 쉽게 부패하기 때문이다.

3) 부처 주방 Butcher Kitchen

각종 육류, 가금류, 어패류 등을 부위별로 손질하고, 햄, 소시지를 생산하여 영업 주방에 공급해 주는 주방이다.

4) 제과 · 제빵 주방 Bakery & Pastry Kitchen

베이커리 숍에서 판매할 각종 제과 제빵과 각 영업 주방에서 필요한 빵과 후식 등을 공급해 주는 주방이다. 특히 제빵 주방은 신선한 빵을 공급하기 위해 24시간 운영하는 것이 특징이다.

5) 기물세척 주방 Steward

주방기기나 설비 그리고 레스토랑에서 고객들이 사용한 기물들을 세척하고 관리하는 주방이다. 또 주방에서 필요한 각종 기물들을 사전 계획하고 준비하여 각 영업 주방에 지원해 준다.

2. 영업 주방

영업 주방은 지원 주방의 도움을 받아 각 주방별로 요리를 완성하여 고객에게 제공한다. 대부분의 영업 주방은 불특정다수가 이용하므로 단시간 내에 조리가능한 메뉴를 구성하고 있다.

주로 특정 국가의 문화와 향토색이 짙은 음식을 만들어 내국인은 물론 외국인 고객들에게 제공한다. 영업 주방으로는 양식, 한식, 일식, 중식, 뷔페, 커피숍, 룸서비스, 연회, 바(bar) 등이 있다.

▲ 일품요리를 판매하는 커피숍 주방

제3절 주방조직과 직무

1. 주방조직

▲ 주방장과 조리사

주방은 음식생산, 식재료구매, 메뉴개발, 인력관리 등 주방운영에 관련된 전반적인 업무를 효율적으로 수행하기 위한 구성원들로 조직된다. 주방조직은 규모와 경영형태, 메뉴의 성격에 따라 차이는 있으나 기본적인 구성은 유사하다. 특히 주방조직과 직무는 전문적인 기술과 기능을 갖춘 조리사들로 구성되어 있어 직무의 역할은 매우 중요하다.

표 5-1 주방의 조직

직급	구분	직무
총주방장 Executive Chef	경영관리측면	주방의 전반적인 운영관리에 대한 권한과 책임
부총주방장 Executive Sous Chef		총주방장 부재시 직무대행
단위 주방장 Sous Chef		단위 주방의 인적, 메뉴, 생산, 원가관리 등
조리장 Chef de Partie		주방장 부재시 직무대행
부조리장 Demi Chef		조리장 부재시 직무대행
1급 조리사 1st Cook	기능생산측면	생산 라인의 숙련된 조리사
2급 조리사 2nd Cook		식재료의 부분별 손질 및 주방내 위생 담당
3급 조리사 3rd Cook		식재료 손질 및 주방시설 위생 전반관리
보조 조리사 Cook Helper		식재료 수령, 1차적 손질 등

2. 주방조직의 직무

1) 총주방장

조리부서 영업활동에 대한 전체적 권한과 책임을 갖는 총괄책임자이다. 직무는 식재료의 관리, 메뉴개발, 조리의 인력관리, 이익 극대화의 의무 등이다. 단위 주방장들과 자주 접촉하여 원활한 운영이 되도록 관리한다.

2) 부총주방장

총주방장을 돕고 부재시 업무를 대행한다. 직무는 각 주방의 메뉴계획을 수립하고 조리인력의 적재적소 배치 등 주방운영 전반에 관하여 총주방장과 의논하고, 각 단위 주방장들을 감독한다.

3) 단위 주방장

단위 주방의 메뉴관리, 생산관리, 원가관리, 인력관리 등을 감독한다. 직무는 경영진과 현장 직원 간에 중간 역할과 식재료 구매서 작성 등이다. 단위주방장 부재시에는 조리장, 부조리장 등이 대행한다.

4) 조리사

1급 조리사는 부조리장을 돕고, 전문적인 조리업무를 수행한다. 조리가공에 가장 많은 활동을 하며, 생산라인을 담당하는 숙련된 기술자이다. 이 밖에 2급 조리사, 3급 조리사, 보조 조리사 등의 조리실무 교육을 강화시킨다.

▲ 국제대회에 참가한 조리팀

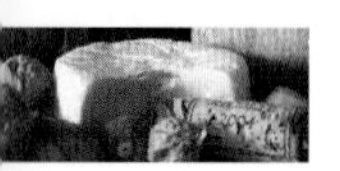

그림 5-1 대규모 호텔의 주방조직도

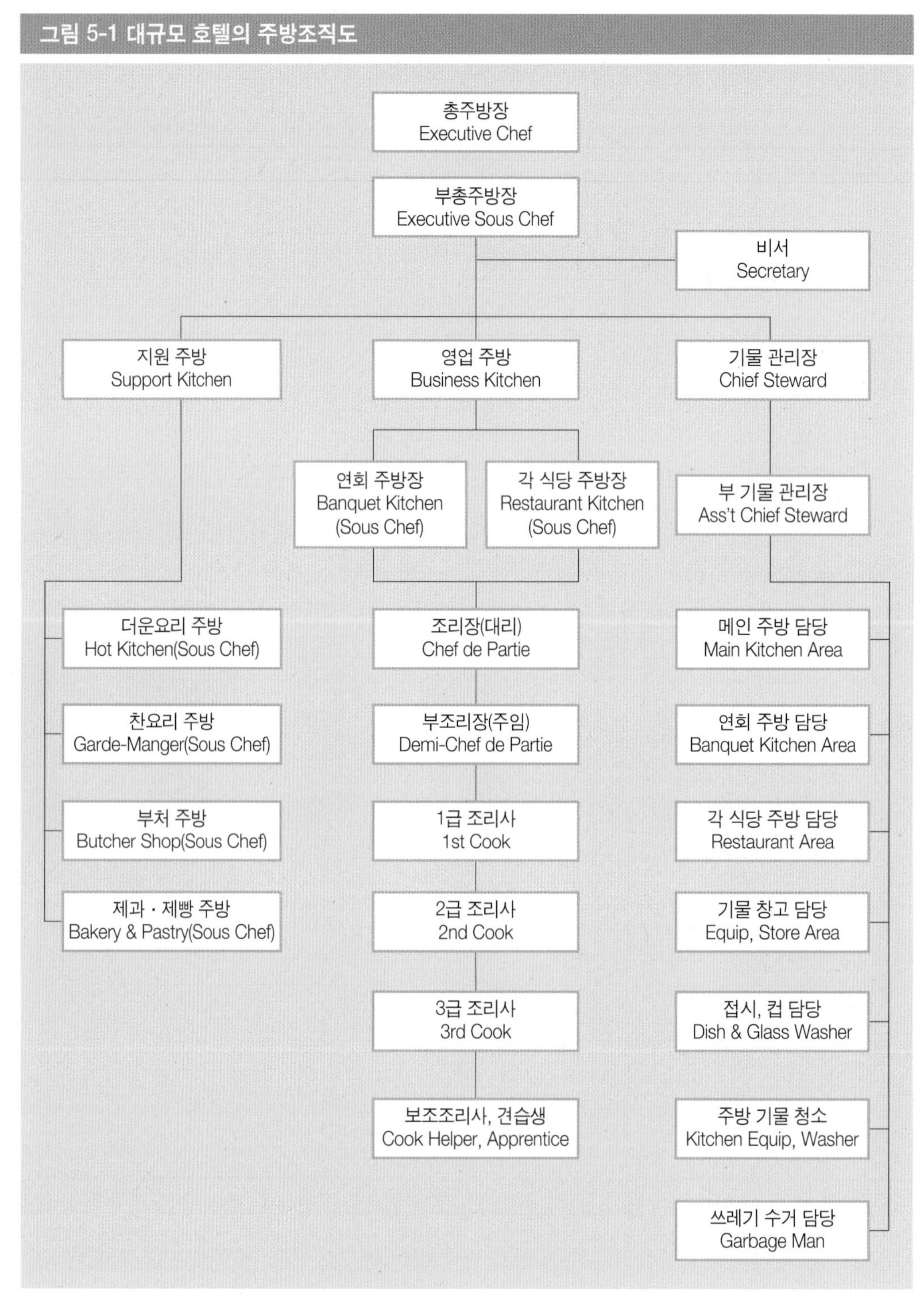

자료: 나영선, 호텔 서양조리실무개론, 백산출판사, 1996, p.26.

제4절 기본조리방법

식품의 조리는 공기(air), 기름(fat), 물(water), 증기(steam)에 의해서 이루어진다. 이것은 조리매개체라고 하며, 건식열과 습식열 그리고 복합 조리법 등으로 음식을 만들고 있다.

1. 건식열 조리방법

건식열 조리법은 재료에 직접적으로 열을 가하거나 간접 또는 불꽃을 이용하여 조리하는 방법이다. 재료의 한쪽 부분 또는 여러 면으로 열을 가하여 요리의 색이나 모양을 살리기도 한다. 기름을 매개체로 이용할 때에는 기름의 양이나 온도를 조리의 목적에 따라 조절한다.

1) 그릴링 Grilling

그릴은 간접적으로 가열된 금속의 표면에 굽는 방법이다. 석쇠를 달구어 음식이 붙지 않게 구워야 하는데 육류는 줄무늬가 나도록 굽는다. Broiling은 석쇠 위에서 직접 불에 굽는 방법이다.

▲ 그릴링

2) 로스팅 Roasting

서양요리를 만드는 대표적인 조리법으로 프랑스는 로티(roti), 우리나라는 오븐굽기라고 한다. 육류나 가금류 등을 통째로 혹은 큰 덩어리의 고기를 오븐 속에 넣어 굽는 방법으로 뚜껑을 덮지 않고 조리한다. 오븐의 온도를 처음에는 고온으로 하여 고기의 표면을 수축시켜 익힌 다음, 온도를 다시 낮추어 충분한 시간으로 속까지 익도록 한다.

▲ 로스팅

3) 베이킹 Baking

오븐 안에서 건조열로 굽는 방법으로 파스타, 제과 · 제빵, 케이크류 등의 베이커리 주방에서 많이 사용한다. 조리속도는 느리지만, 음식물의 표면에 접촉되는 건조한 열은 그 표면을 바싹 마르게 구워 맛을 높여준다.

▲ 베이킹

4) 소팅 Sauteing

프라이팬에 소량의 기름을 넣고 200℃ 정도의 고온에서 볶는 방법이다. 잘게 썬 재료는 자주 팬을 흔들어주며, 스테이크나 생선 같은 재료는 흔들지 않고, 한 면이 색깔이 나면 뒤집어서 낮은 온도로 조리한다. 소테의 목적은 식품의 영양소 파괴를 최소화하면서 식품에서 맛있는 즙이 빠져 나오는 것을 방지하기 위한 조리법이다.

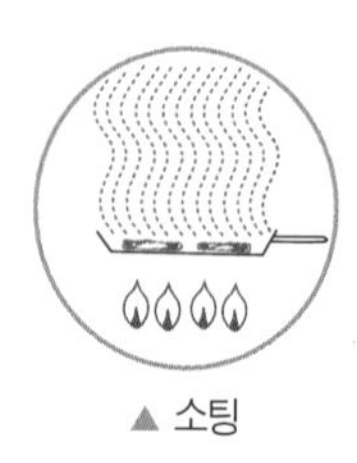
▲ 소팅

5) 튀김 Deep Fat Frying

기름에 음식을 튀겨내는 방법으로 야채류, 생선류, 육류의 순으로 고온 처리한다. 튀김은 식품을 고온의 기름 속에서 단시간 처리하므로 단맛의 유출을 막고 기름을 흡수함으로써 풍미를 더해준다.

2. 습식열 조리방법

습식열 조리법은 습기를 가진 열을 재료에 가하여 조리하는 방법이다. 직접적으로 물 속에서 조리되기도 하지만 수증기를 일정한 공간 속에 투입하여 조리하기도 한다.

1) 보일링 Boiling

육수나 물, 액체에 식재료를 넣고 끓이는 방법으로 식재료의 수분의 양에 따라 수분이 많은 생선과 야채는 국물을 적게 넣고, 반면에 수분이 적은 재료는 국물을 많이 넣고 끓인다.

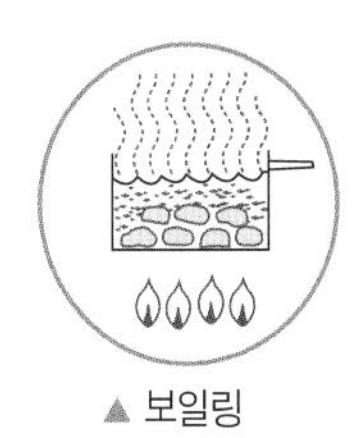

▲ 보일링

2) 스티밍 Steaming

수증기의 열이 재료에 옮겨져 조리되는 원리로 야채요리에 많이 사용된다. 이 조리법은 신선도를 유지하기 좋으며 대량으로 조리가 가능하고, 삶기(Boiling)에 비해 풍미와 색채를 살릴 수 있는 장점이 있다.

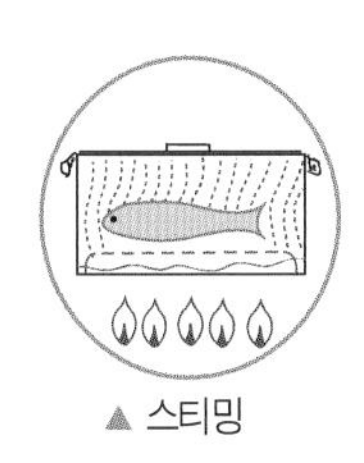

▲ 스티밍

3) 포우칭 Poaching

삶기는 액체온도가 재료에 전달되는 습식열 조리방법이다. 삶기는 계란이나 단백질 식품 등을 끓는점 이하의 온도(65~92℃)에서 끓고 있는 물이나 액체 속에 담가 익히는 방법이다.

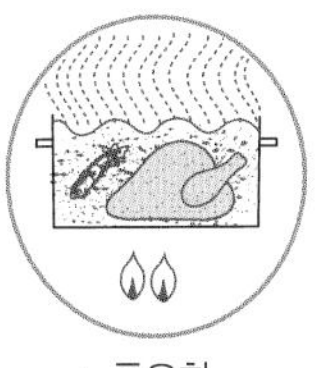

▲ 포우칭

4) 브렌칭 Blanching

데침은 단시간에 재빨리 재료를 익혀내기 위해 사용되는 조리법으로 푸른색 야채가 주로 사용된다. 많은 양의 물이나 기름 속에 식재료를 넣고 짧게 조리하는 방법으로 데친 후에는 즉시 찬물에 담가 식힌다.

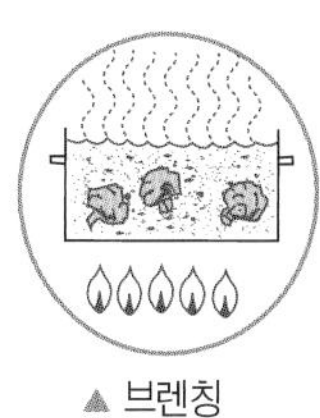

▲ 브렌칭

3. 복합 조리방법

복합 조리법은 습식열과 건식열을 모두 포함하는 조리방법이다. 맛이나 영양가의 손실을 최소화하고 재료를 부드럽게 조리하기 위한 방법으로 육류 조리시에 매우 효과적이다.

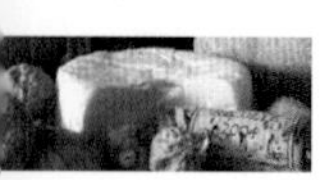

1) 브레이징 Braising

브레이징은 찜과 비슷한 조리법이다. 일반적으로 덩어리가 크고 육질이 질긴 부위나 지방이 적게 함유된 고기를 조리하는 방법이다. 먼저 고기 덩어리를 건식열로 높은 온도에서 구워낸 다음 오븐 속에서 소량의 고기즙을 넣고 낮은 온도의 열을 가해서 조리하는 방법이다.

▲ 브레이징

2) 스튜잉 Stewing

스튜잉 역시 건식열과 습식열을 겸해서 사용하는 조리법이다. 고기나 야채 등을 썬 다음 기름에 튀긴 후 육즙이나 브라운 스톡을 넣어 걸쭉하게 끓여 내는 조리법이다. 스튜잉할 때는 소스를 충분히 넣어 재료가 잠길 정도로 하고 완전히 조리될 때까지 건조되는 일이 없도록 한다.

▲ 스튜잉

제5절 주방기기 및 기물

1. 주방기기

주방기기란 기계와 기구의 합성어로 기계부분을 가지고 있는 것은 조리기계, 그렇지 않은 것은 조리기구라고 한다. 주방기기가 세분화되고 과학화되어 음식생산의 균일화는 물론 노동력을 절감할 수 있게 되었다. 그러나 주방기기의 잘못된 사용은 조리사의 신체에 손상을 입히거나 비싼 기계의 수명을 단축시키기도 한다. 주방기기의 적절한 관리를 위해서 모든 조리사는 사용 전에 방법과 용도를 정확히 파악한 후 사용하여야 한다.

1) 조리용 기구

조리용 기구는 프라이팬이나 스톡 포트, 로스팅팬 등으로 오븐 위 또는 안에서 조리할 때 사용되는 기구가 대부분이다. 조리용 기구의 종류를 살펴보면 다음과 같다.

조리용 기구의 종류

명칭	Ball Cutter/Parisian Scoop(볼컷터)	명칭	Kitchen Fork(키친 포크)
용도	과일이나 야채를 원형으로 깎을 때 사용	용도	뜨겁고 커다란 고기덩어리를 집을 때 사용
명칭	Cheese Scraper(치즈 스크레퍼)	명칭	Meat Saw(밑 소우)
용도	단단한 치즈를 얇게 긁을 때 사용	용도	얼은 고기나 뼈를 자를 때 사용
명칭	Grill Spatula(그릴 스파츌라)	명칭	Sharpening Steel(샤퍼닝 스틸)
용도	뜨거운 음식을 뒤집거나 옮길 때 사용	용도	무뎌진 칼날을 세울 때 사용
명칭	Whisk/Egg Batter(위스크/에그 베터)	명칭	Wave Roll Cutter(웨이브 롤 커터)
용도	재료를 휘젓거나 거품을 낼 때 사용	용도	라비올리나 패스트리 반죽을 자를 때 사용
명칭	Meat Tenderizer(밑 텐더라이저)	명칭	Egg Slicer(에그 슬라이서)
용도	고기를 두드려서 연하게 할 때 사용	용도	달걀을 일정한 두께로 자를 때 사용
명칭	Fish Scaler(휘시 스케일러)	명칭	Potato Ricer(포테이토 라이서)
용도	생선의 비늘을 제거할 때 사용	용도	삶은 감자를 으깰 때 사용

조리용 기구의 종류

명칭	Chinois(시노와)	명칭	Sauce Ladle(소스 레들)
용도	스톡이나 고운 소스를 거를 때 사용	용도	주로 소스를 음식에 끼얹을 때 사용

명칭	Terrine Mould(테린 몰드)	명칭	Pate Mould(파테 몰드)
용도	테린을 만들 때 사용	용도	파테를 만들 때 사용

명칭	Souffle Dish(수플레 디쉬)	명칭	Pastry Bag & Nozzle Set(패스트리 백)
용도	수플레를 만들 때 사용	용도	생크림 등을 넣고 모양 내어 짤 때 사용

명칭	Muffin Pan(머핀 팬)	명칭	Bread/Baguette Pan(브레드/바게트 팬)
용도	머핀을 구울 때 사용	용도	왼쪽은 식빵, 오른쪽은 바게트를 구울 때 사용

명칭	Cooper Frypan 쿠퍼 프라이팬	명칭	Sauce Pan 소스 팬	명칭	Roasting Pan 로스팅 팬
용도	구리로 만든 프라이팬으로 야채, 생선, 고기 등을 볶거나 튀길 때 사용	용도	소스를 데우거나 끓일 때 사용	용도	육류나 가금류 등을 오븐에서 로스팅할 때 사용

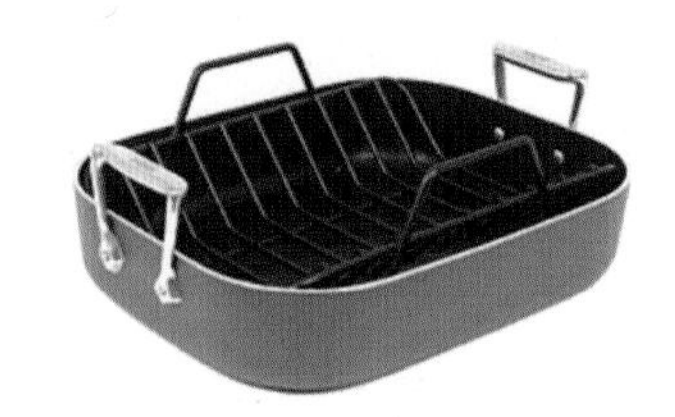

주방기기의 종류

명칭	Flour Mixer 플라워 믹서	명칭	Food Blender 푸드 블랜더	명칭	Slicer 슬라이서
용도	기본적으로 밀가루를 섞을 때 사용하나 때로는 다른 식재료를 섞을 때도 사용	용도	유동성 있는 음식물을 곱게 가는 데 사용한다.	용도	채소, 육류, 생선 등 다양한 식재료를 얇게 절삭하는 데 사용

명칭	Rotary Oven 로타리 오븐	명칭	Toaster 토스터	명칭	Waffle Machine 와플 머신
용도	오븐 안에서 음식물을 돌려가면서 익히는 전기오븐	용도	로타리식으로 대량으로 빵을 토스트 할 때 사용	용도	요철 모양의 와플을 만드는 데 사용

명칭	Deep Fryer 딥 프라이어	명칭	Food Warmer 푸드 워머	명칭	Convection Oven 컨벡션 오븐
용도	각종 음식물을 튀길 때 사용	용도	음식물을 따뜻하게 보관할 때 사용	용도	대류열을 이용한 오븐으로 열이 골고루 전달되며, 음식물을 익히거나 데울 때 사용하는 오븐
				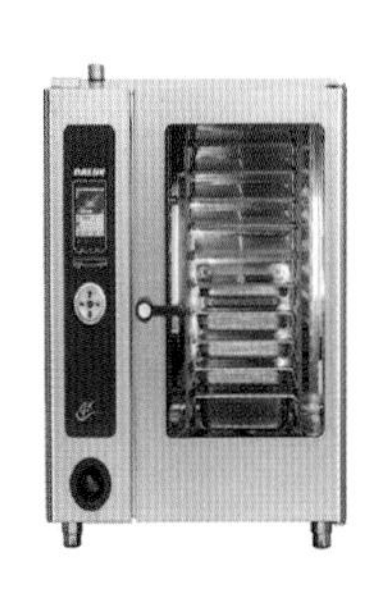	

자료 : 기초서양요리, 염진철, 백산출판사.

2) 주방기기

조리에 사용되는 주방기기는 열공급원이 전기, 가스, 증기의 힘으로 조리하거나 재가열 또는 냉각하는 형식이다. 이러한 대형 조리기기는 성능과 내구성, 유지관리의 용이성, 경제성, 조리방법 등이 고려되어야 한다. 또 모든 주방기기는 사용 전에 방법과 용도를 충분히 숙지한 후 정확하게 사용하도록 한다.

2. 서비스 기물

주방에서 만든 음식이나 음료가 그릇에 담긴 상태에 따라 고객의 만족 정도는 차이가 있다. 음식과의 조화를 위한 시각적인 효과를 더하기 위해 기물의 선택과 관리는 매우 중요하다.

레스토랑에서 사용되는 서비스 기물은 식사를 하거나 음료를 마시는 데 직접적으로 필요한 기물류와 서비스를 보조해 주는 비품류로 구분할 수 있다.

기물류는 크게 은기물류(silverware), 도자기류(chinaware), 글라스류(glassware)가 있으며, 비품류는 바퀴가 달려 이동할 수 있는 것으로 웨곤과 트롤리 등이 있다.

1) 은기물류 Silverware

▲ 나이프, 포크의 '은기물류'

은기물류는 순은제와 은도금 두 종류가 있는데, 대부분의 호텔 레스토랑에서는 은도금 기물을 사용하고 있다. 일반 레스토랑에서는 은도금을 대신하여 품질이 좋은 스테인리스 스틸(stainless steel)기물을 많이 쓰고 있다. 은기물류는 나이프와 포크, 스푼과 기타 서빙기물이 있는데 세부적으로 살펴보면 다음과 같다.

(1) 은기물의 종류

① 수프 스푼 Soup Spoon
② 디너 포크 Dinner Fork
③ 디너 나이프 Dinner Knife
④ 생선 나이프 Fish Knife
⑤ 생선 포크 Fish Fork
⑥ 디저트 스푼 Dessert Spoon
⑦ 디저트 포크 Dessert Fork
⑧ 티 스푼 Tea Spoon
⑨ 굴 포크 Oyster Fork
⑩ 설탕 국자 Sugar Ladle
⑪ 버터 나이프 Butter Knife
⑫ 샐러드 포크 Salad Fork
⑬ 케이크 포크 Cake Fork
⑭ 아이스크림 스푼 Ice Cream Spoon
⑮ 얼음 집게 Ice Tong
⑯ 샐러드 서빙스푼 Salad Serving Spoon
⑰ 샐러드 서빙 포크 Salad Serving Fork
⑱ 서빙 스푼 Serving Spoon
⑲ 서빙 포크 Serving Fork
⑳소스 국자 Sauce Ladle
㉑ 수프 국자(小) Soup Ladle(sm)
㉒수프 국자(大) Soup Ladle(lg)

그림 5-2 은기물의 종류와 그 모양

① Soup Spoon
② Dinner Fork
③ Dnner Knife
④ Fish Knife
⑤ Fish Fork
⑥ Dessert Spoon
⑦ Dessert Fork
⑧ Tea Spoon
⑨ Oyster Fork
⑩ Sugar Ladle
⑪ Butter Knife
⑫ Salad Fork
⑬ Cake Fork
⑭ Ice Cream Spoon
⑮ Ice Tongs
⑯ Salad Serving Spoon
⑰ Salad Serving Fork
⑱ Serving Spoon
⑲ Serving Fork
⑳ Sauce Ladle
㉑ Soup Ladle(SM)
㉒ Soup Ladle(LG)

그 밖의 은기물 종류로는 수프 튜린(soup tureen), 냅킨 홀더(napkin holder), 와인 쿨러(wine cooler), 워터 피처(warter pitcher), 커피 포트(coffee pot) 등이 있다.

(2) 은기물의 취급법

① 사용된 은기물은 일정한 곳에 모아 놓는다.

② 모여진 은기물은 식기 세척기(dish washer)에서 뜨거운 물로 세척액을 사용하여 충분히 씻어낸다.

③ 세척된 은기물은 나이프, 포크, 스푼 등 종류별로 분류한다.

▲ 기물닦는 방법

④ 분류된 은기물은 용기의 뜨거운 물에 담근 후, 왼손에 적당량을 잡고, 타월(towel)로 신속하고 깨끗하게 닦는다.

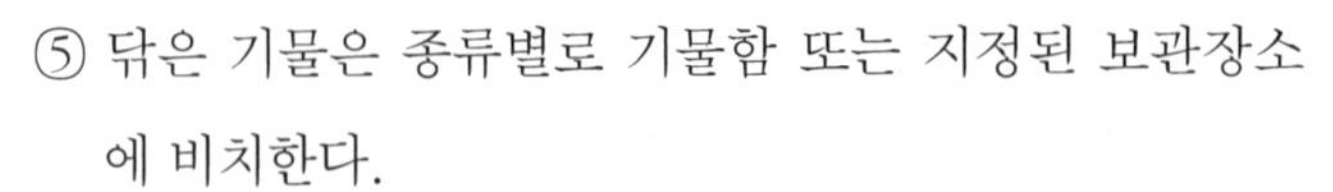
⑤ 닦은 기물은 종류별로 기물함 또는 지정된 보관장소에 비치한다.

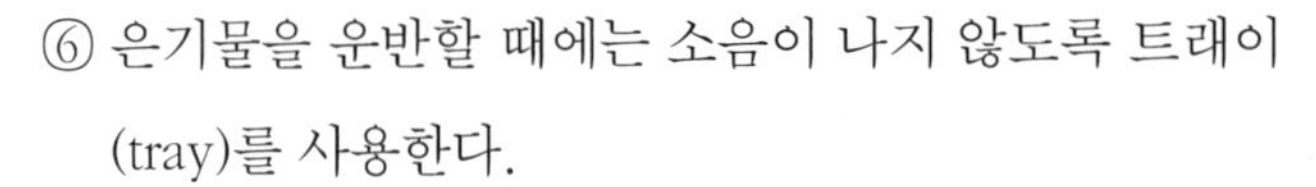
⑥ 은기물을 운반할 때에는 소음이 나지 않도록 트래이(tray)를 사용한다.

▲ 기물잡는 방법

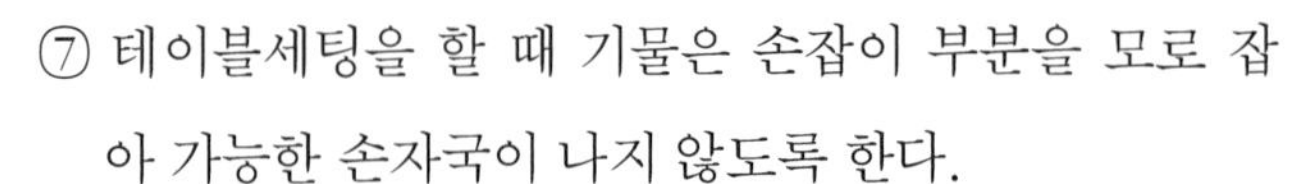
⑦ 테이블세팅을 할 때 기물은 손잡이 부분을 모로 잡아 가능한 손자국이 나지 않도록 한다.

2) 도자기류 Chinaware

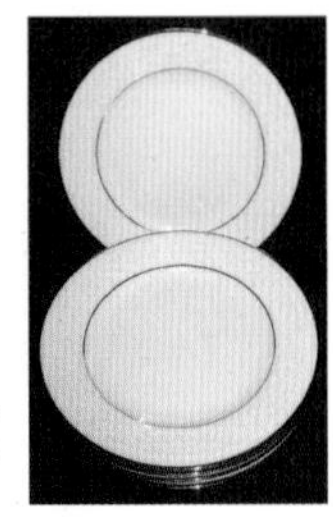
전채와 주요리 ▶ 접시의 '도자기류'

도자기류는 음식을 담아내는 접시(plate), 보울(bowl), 컵과 밑받침(cup & saucer) 등으로 구분된다. 파손되지 않도록 취급하고, 고객에게 깨진 것이나 오점이 있는 것을 제공해서는 안 된다. 도자기 제품을 살펴보면 다음과 같다.

(1) 도자기의 종류

① 접시류

접시의 종류는 크기 혹은 용도에 따라 구분되는데 그 종류는 다음과 같다. 빵

과 버터 접시(b · b plate), 전채 접시(appetizer plate), 생선 접시(fish plate), 주요리 접시(entree plate), 후식 접시(dessert plate) 등이 있다.

② 보울

접시의 형식과 컵의 형식으로 가미된 것을 보울이라고 한다. 그 종류는 수프 보울(soup bowl), 샐러드 보울(salad bowl), 시리얼 보울(cereal bowl) 등이 있다.

③ 컵과 밑받침

컵을 제공할 때에는 반드시 밑받침(saucer)을 받쳐 제공하여야 한다. 그 종류는 커피 컵과 밑받침, 수프와 밑받침, 버터와 밑받침 등이 있다.

그림 5-3 도자기의 종류

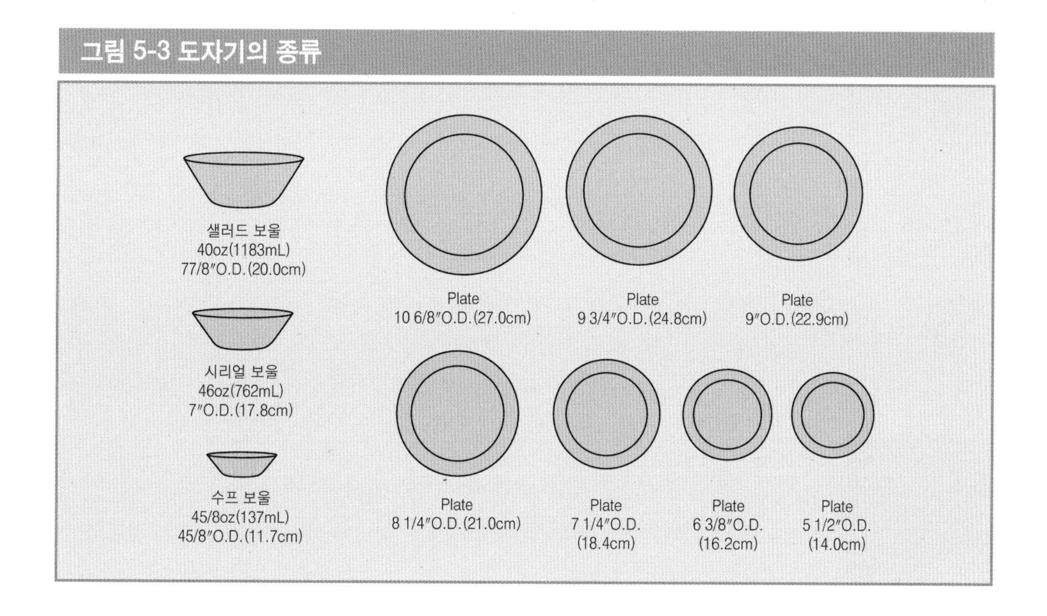

(2) 도자기류의 취급법

① 음식을 담을 때 금이 있거나 깨졌는가를 항상 확인한다.

② 음식서빙을 위하여 접시를 잡을 때는 테두리(rim) 안쪽으로 손가락이 들어가지 않도록 한다.

▲ 플레이트 치우는 법

▲ 플레이트 운반하는 법

▲ 유리컵 잡는방법

③ 접시를 들고 운반할 때는 보통 왼손에 3개, 오른손에 1개의 접시를 드는 것이 일반적이다. 접시를 든 팔은 흔들지 않고 몸 안쪽으로 접시를 밀착하여 들도록 한다.

④ 고객이 식사를 한 후에 사용한 접시를 치울 때는 먼저 잡은 접시를 왼손 엄지손가락과 새끼손가락을 접시위로 올리고 나머지 손가락으로 접시 밑을 바친다.

⑤ 포크는 왼손 엄지손가락과 접시 사이에 끼워 잡고, 나이프는 포크 밑으로 가지런히 끼운다. 나머지 음식물은 포크로 밑 접시에 쓸어 담는다. 그 다음 접시도 같은 요령으로 하여 운반한다.

3) 글라스류 Glass Ware

글라스류는 와인이나 칵테일 등 음료의 종류에 따라 디자인이 다르고, 동일한 글라스를 다양한 용도로 사용하기도 한다. 글라스의 종류는 크게 실린드리컬 글라스(cylindrical glass, 원통형)와 스템드 글라스(stemmed glass, 줄기가 달린 글라스)로 구분된다.

(1) 글라스의 종류

① 실린드리컬 글라스

원통형으로 되어 있고, 줄기가 없는 글라스로 올드 패션(old-fashioned), 하이볼(highball), 칼린스(collins), 스트레이트(straight) 등이 있다.

② 스템드 글라스

줄기가 달린 종류의 글라스로 와인(레드, 화이트, 로제, 샴페인, 쉐리-포트와인 포함), 칵테일, 리큐르, 고블렛(goblet, 물컵) 등이 있다.

그림 5-4 글라스의 종류

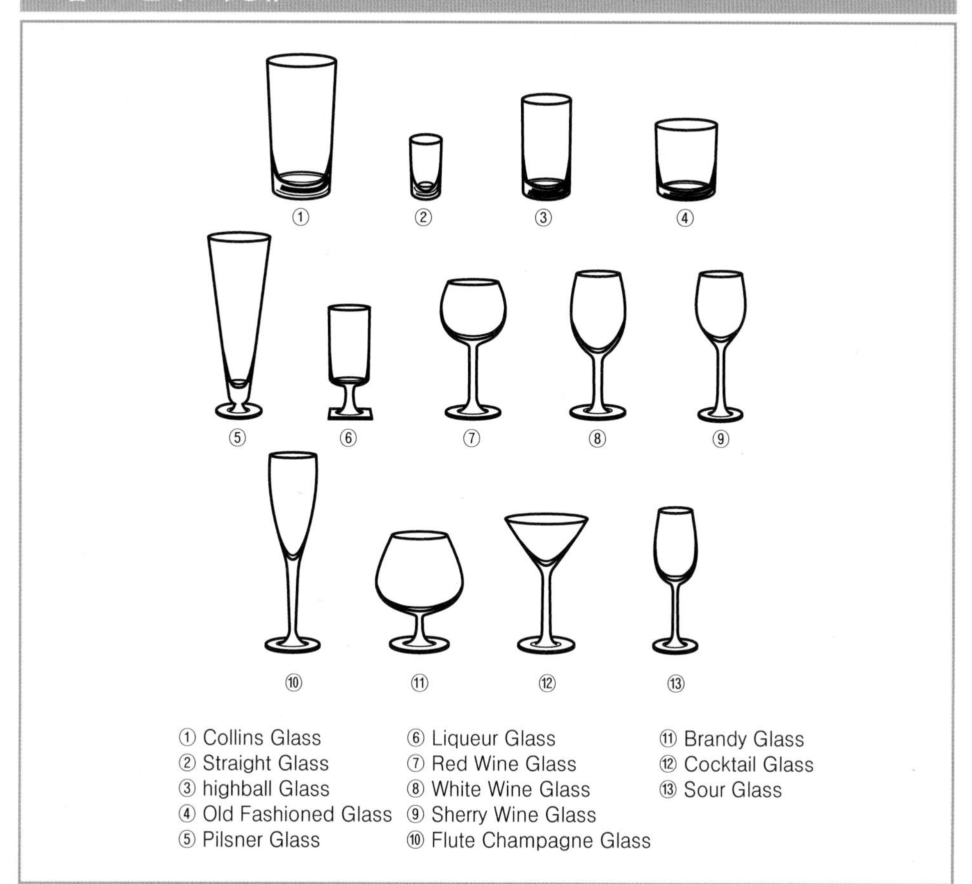

(2) 글라스의 취급법

① 깨지기 쉬운 유리제품의 글라스는 항상 주의해서 다룬다.

② 스템드 글라스는 반드시 줄기를 잡고, 원통형의 글라스는 하단부분을 잡아 서브해야 한다. 어떠한 경우라도 손가락이 유리컵 안으로 들어가서는 안 된다.

③ 줄기가 달린 글라스를 운반할 때는 손가락 사이에 끼워서 윗부분이 아래쪽으로 향하도록 한다. 원통형의 글라스는 트래이(tray)로 운반한다.

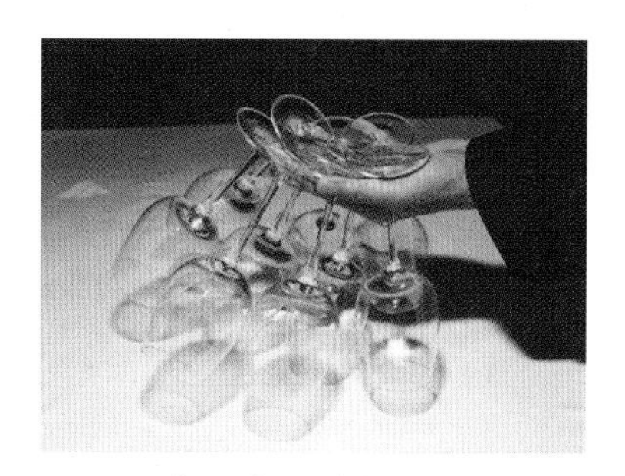

▲ 스템드글라스를 여러 개 드는 방법

④ 일시에 많은 양의 글라스를 운반하거나 세척을 할 때는 용도에 맞는 글라스 랙(glass rack)을 사용한다.

⑤ 글라스를 닦을 때는 무리한 힘을 가하지 말아야 하며, 용기에 담긴 뜨거운 물의 수증기에 한 개씩 쏘여 닦는다.

4) 비품류

레스토랑에서 고객서비스를 위해 사용되는 비품의 종류는 사용 목적에 따라 다양한 편이나 일반적으로 많이 사용되는 것은 다음과 같다.

(1) 웨건 Wagon

① 룸서비스 웨건 Room Service Wagon

객실의 투숙객이 식사를 할 수 있도록 기본적인 세팅을 하여 고객용 식탁으로 사용되어지는 룸서비스 전용의 웨건이다.

▲ 서비스 웨건

② 로스트 비프 웨건 Roast Beef Wagon

요리된 로스트 비프가 식지 않도록 뚜껑이 있으며, 레쇼(rechaud, 음식이 식지 않도록 데우는 기구)가 붙어있는 웨건이다. 고객 앞에서 직접 로스트 비프를 카빙(carving)[1]하여 제공할 때 사용한다.

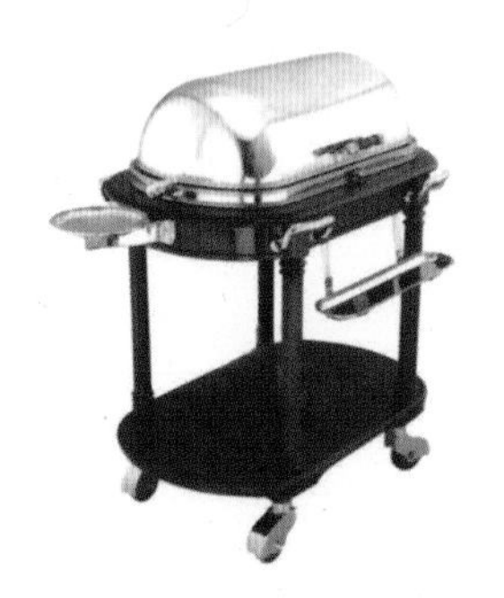
▲ 로스트 비프 웨건

③ 프람베 웨건 Flambee Wagon

고객 앞에서 직접 앙트레(entree, 주요리), 후식 등을 요리할 때 사용하는 것으로 알코올 렌지를 갖추고 있다. 프라이 팬, 와인, 양념류, 테이블 소

---

1) 고객이 주문한 요리를 쉽게 드실 수 있도록 생선의 뼈, 껍질 등을 제거하거나 덩어리 또는 통째로 익힌 고기를 같은 크기로 잘라 서비스하는 것이다.

스 등을 고정 비치해 둔다.

▲ 프람베 웨건

(2) 트롤리 Trolley

① 바 트롤리 Bar Trolley

바 트롤리는 각종 주류의 진열과 조주에 필요한 얼음, 글라스, 부재료, 바 기물 등을 비치하여 고객 앞에서 주문을 받아 즉석에서 서브할 수 있도록 꾸며진 이동식 수레이다.

▲ 브랜디 · 리큐르 트롤리

② 브랜디 · 리큐르 트롤리 Brandy · Liqueur Trolley

여러 종류의 브랜디 및 리큐르를 진열하여 고객이 선택해서 먹을 수 있도록 만든 것으로, 고급 레스토랑에서 사용하는 이동식 수레이다. 시가(cigar)를 준비하여 고객에게 제공하기도 한다.

5) 린넨류 Linen

린넨은 테이블서비스를 위해 필요한 여러 종류의 면직류 또는 마직류를 말한다. 항상 깨끗하고 잘 정돈된 린넨의 공급이 서비스 질의 가장 기본적 요소이다. 린넨의 종류는 테이블 클로스, 언더 클로스, 미팅 클로스, 색상별 냅킨, 워쉬 클로스 그리고 테이블 치마(drapes), 벨벳(velvet, 거죽에 곱고 짧은 털이 촘촘히 돋게 짠 비단) 등이 있다.

(1) 린넨의 종류

① 테이블 클로스 Table Cloth

테이블 클로스는 식탁의 청결함을 돋보이기 위해 보통 면직류 또는 마직류로 만든 흰색 클로스를 많이 사용한다. 그러나 최근에는 각 레스토랑의 분위기에 맞도록 다양한 색상의 클로스를 사용하고 있다.

② 언더 클로스 Under Cloth

언더 클로스는 스폰지 같은 재질의 천 또는 두꺼운 플란넬(flannel, 모직물)을 사용하며, 테이블 클로스 밑에 깔아서 식기나 기물의 소음을 줄여주고, 촉감을 부드럽게 해 준다.

③ 미팅 클로스 Meeting Cloth

미팅 클로스는 회의, 세미나 등의 행사 때 테이블에 덮는 천으로 무늬가 없는 단일색상의 촉감이 부드러운 털로 다져 만든 클로스를 말한다. 일반적으로 초록색상을 많이 사용한다.

④ 냅킨 Napkin

냅킨은 식탁의 장식품이며, 고객이 입을 닦을 때 사용되는 것이므로 위생적으로 관리되어야 한다. 보통 흰색과 밝은 색을 많이 사용하며, 규격은 50cm×50cm가 일반적이다.

⑤ 워쉬 클로스 Wash Cloth

워쉬 클로스는 기물이나 집기류 등을 닦을 때 사용하는 면직류로 냅킨과 구분하기 쉽게 별도의 칼라로 디자인한다.

(2) 린넨의 취급법

① 린넨(linen)은 식탁의 위생과 밀접한 관련이 있으므로 청결한 사용과 보관이 필요하다.
② 흠집, 얼룩 또는 찢어진 린넨은 사용하지 않는다.
③ 식탁 크기에 따라 규격에 맞는 클로스를 사용해야 한다.
④ 사용이 끝난 린넨은 반드시 린넨 카트(cart)로 수거한다.
⑤ 세탁된 린넨은 지정된 장소에 규격별로 정돈해서 보관해야 한다.

(3) 냅킨접는 방법

냅킨은 접는 모양에 따라 시각적으로 전체적인 분위기를 달리할 수 있다. 여러 형태의 모양으로 냅킨을 접어 새로운 느낌의 식탁으로 변화를 주어야 한다. 또한 냅킨은 가장 위생적으로 취급해야 하며, 접을 때는 구김이 없어야 한다. 각 형태별로 냅킨접는 모양을 살펴보면 다음과 같다.

① 주교 모자형 The Bishop's Mitre

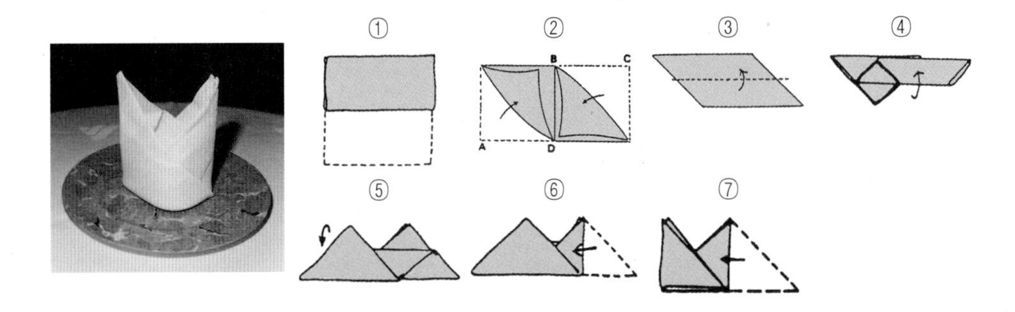

① 반을 접는다.
② A에서 B로, C에서 D로 가운데를 향하여 반씩 접는다.
③ 뒤집는다.
④ 아랫부분을 윗부분과 만나도록 접어 올린다.
⑤ 윗부분을 잡고 뒤집는다. 오른쪽 삼각부분이 나타난다.
⑥ 오른쪽 부분을 반으로 접어서 안쪽으로 넣는다.
⑦ 뒤집어서 나머지 부분도 6번과 같이 반복한 다음 둥글게 손질하여 곧게 세운다.

② 왕관형 The Crown

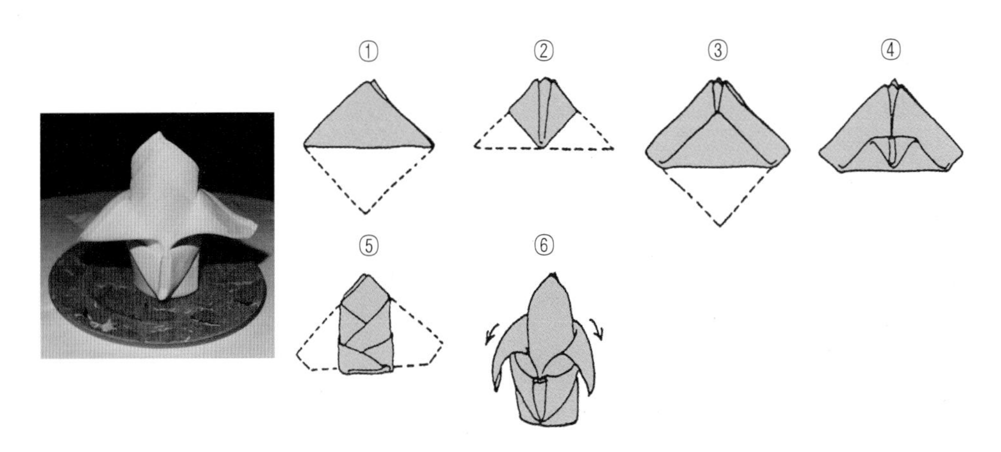

① 냅킨을 다이아몬드형으로 펼친 다음 반으로 접는다.
② 좌우 끝부분을 윗모서리와 만나도록 각각 접어 올려 다이아몬드형이 되게 한다.
③ 위에서 3cm 정도 아래까지 아랫부분을 접어 올린다.
④ ③에서 접어 올렸던 부분을 아래 끝부분까지 접어 내린다.
⑤ 뒤집어 양쪽 모서리 부분을 잡은 다음 한쪽을 안으로 끼운다.
⑥ 돌려서 둥글게 손질하여 곧게 세운 다음 양쪽 모서리부분을 날개 모양으로 펼친다.

③ 정장 모자형 Cocked Hat

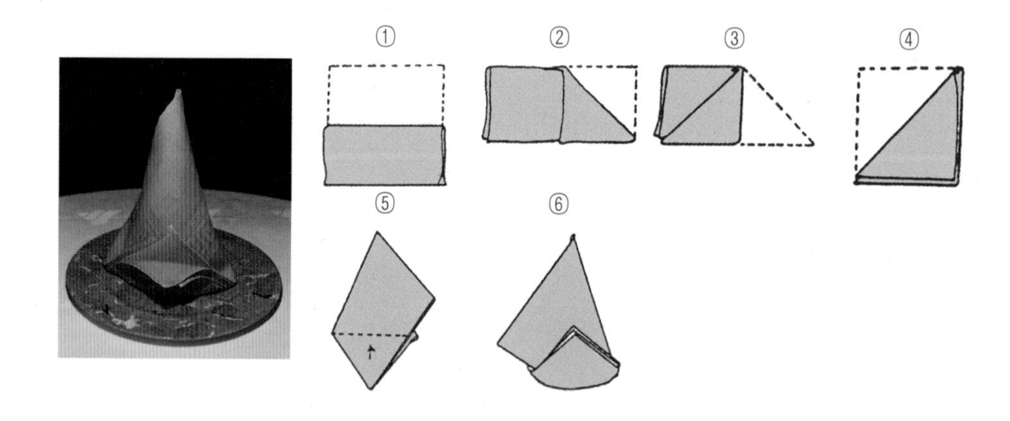

① 반을 접어 내린다.
② 가운데를 기준으로 오른쪽 부분을 반 접는다.
③ 가운데를 왼쪽으로 접으면서 주름지지 않도록 한다.
④ 왼쪽 나머지를 접어 내린다.
⑤ 아래쪽 귀퉁이를 몸쪽으로 향하도록 약간 돌려서 점선부분 만큼 꺾어서 접어 올린다.
⑥ 둥글게 손질하여 곧게 세운다.

④ 부채형 The Fan

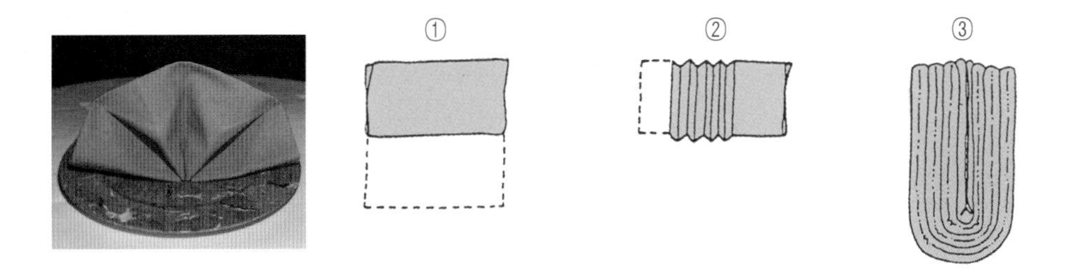

① a, b점에서 e, f점으로 반 접는다. c, d점에서 e, f점으로 반 접는다.

② e, f점을 반 접는다.

③ 좌측부분을 주름지게 접으면서 우측부분 끝까지 동일한 넓이로 접는다.

④ 양쪽 끝부분을 잡고 부채모양이 되도록 펼쳐 세운다.

⑤ 주머니형 The Pocket

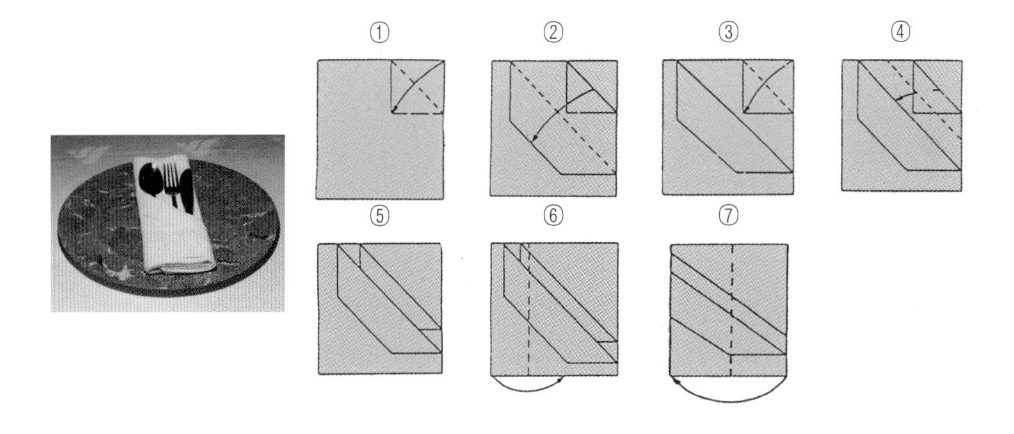

① 냅킨을 4등분으로 접은 상태에서 위의 귀퉁이 부분을 화살표 만큼 접는다.

② 다시 한번 점선부분만큼 접는다.

③ 냅킨의 다음 한 꺼풀을 ①과 똑같이 접는다.

④ 점선만큼 다시 접는다.

⑤ 두 번째 접은 부분을 첫 번째 접은 부분 속으로 조금만 끼워 넣는다.

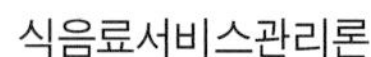

⑥ 냅킨을 삼등분하여 점선 부분 만큼 뒤로 접는다.

⑦ 오른쪽 부분을 ⑥과 똑같이 뒤로 접는다.

⑧ 뒤의 모서리부분을 안으로 끼워서 풀리지 않도록 한 다음 기물을 집어넣는다.

3. 테이블세팅 Table Setting

테이블세팅은 고객이 즐겁고 편안한 식사가 되도록 짜임새 있는 구성으로 식탁의 분위기를 연출하는 것이다. 이에 따라 식사제공에 필요한 준비기구인 테이블과 의자, 은기물, 도자기, 글라스 및 기타 비품류 등을 메뉴에 알맞게 테이블에 위치시키는 일련의 과정으로 이루어진다. 이같은 테이블세팅과 배치를 통해 고객만족을 위한 서비스를 제공할 수 있게 된다.

▲ 서양식 정식차림의 테이블세팅

1) 테이블세팅의 방법

테이블세팅은 국가, 지역, 업장, 행사목적, 메뉴, 식사시간에 따라 다르지만, 기본원칙은 거의 비슷하다. 이를 구체적으로 살펴보면 다음과 같다.

(1) 테이블과 의자 Table & Chair

식탁은 고객이 불편을 느끼지 않도록 배치되어야 하며, 흔들리지 않고 바르게 놓여야 한다. 식탁의 높이는 70cm~75cm, 의자의 높이는 40cm~45cm가 표준이며 한사람이 점유하는 의자의 폭은 70cm를 기준으로 한다. 식탁과 의자의 간격은 정확히 유지되어야 한다.

(2) 테이블 클로스 Table Cloth

테이블 클로스는 업장의 특성과 테이블의 종류에 따라 규격이 다르나 테이블 끝선에서 약 40cm 정도가 내려오도록 한다.

(3) 쇼 플레이트 Show Plate

쇼 플레이트는 테이블세팅 기물의 중심을 잡기 위해 사용되며, 쇼 플레이트 대신에 냅킨을 사용하기도 한다. 쇼 플레이트는 테이블 끝에서 1인치 정도의 간격에 놓으며, 수프 코스까지 제공된 후 치워진다.

(4) 나이프와 포크 Knife & Fork

나이프와 포크의 순서로 놓으며, 나이프는 칼날이 안쪽으로 향하게 하여 쇼 플레이트 오른쪽, 포크는 왼쪽에 보기 좋게 붙여 놓는다.

(5) 브레드 플레이트와 버터 나이프 Bread Plate & Butter Knife

쇼 플레이트의 왼쪽에 브레드 플레이트의 중앙선과 쇼 플레이트의 중앙선이 일치되도록 놓거나 조금 위쪽에 놓는다. 버터 나이프는 플레이트 위의 오른쪽 1/4 정도 되는 부분에 칼날을 왼쪽으로 하여 놓는다.

(6) 디저트 스푼과 디저트 포크 Dessert Spoon & Fork

디저트 스푼은 손잡이가 오른쪽, 디저트 포크는 손잡이가 왼쪽으로 향하게 하여 쇼 플레이트 상단에 놓는다.

(7) 물잔과 와인글라스 Goblet & Wine Glass

물잔은 디너 나이프의 끝쪽 연장선에 놓고, 와인글라스는 물잔의 오른쪽 아래 대각선의 방향에 놓는다. 일반적으로 레드, 화이트, 스파클링 등 와인이 제공되는 역순으로 세팅한다.

(8) 센터 피스 Center Piece

센터 피스는 테이블 중앙에 놓는 집기물로 소금과 후추(salt & pepper shaker) 및 재떨이, 꽃병 등을 말한다. 일반적으로 좌측부터 재떨이, 후추, 소금, 꽃병의 순으로 배열한다.

(9) 냅킨 Napkin

냅킨은 업장의 분위기와 조화를 이룰 수 있는 색상으로 크기는 50cm×50cm가 적당하며, 신체에 닿는 만큼 청결하게 관리해야 한다.

2) 테이블세팅의 종류

테이블세팅은 레스토랑의 종류, 식사의 형태 및 코스에 따라 다양하다. 일반적으로 기본차림 세팅, 정식차림 세팅 등이 있다.

(1) 기본차림 세팅 Basic Setting

기본차림은 식사에 필요한 최소한의 세팅을 해 놓고 정해진 시간 내에 보다 효과적으로 식사를 제공하기 위한 것이다. 고객이 음식을 주문하는 데 기본적인 코스를 고려한 것으로 '표준차림'이라고도 한다.

테이블세팅의 순서

① 청소상태와 테이블, 의자를 점검한다 → ② 테이블 클로스를 편다 → ③ 쇼 플레이트를 놓는다 → ④ 디너 나이프와 포크를 놓는다 → ⑤ 빵 플레이트와 버터 나이프를 놓는다 → ⑥ 디저트 스푼과 포크를 놓는다 → ⑦ 물잔과 와인글라스를 놓는다 → ⑧ 센터 피스를 놓는다 → ⑨ 냅킨을 편다 → ⑩ 전체적인 조화와 균형을 점검한다.

※ 쇼 플레이트를 사용하지 않을 때에는 냅킨으로 기준을 잡는다.

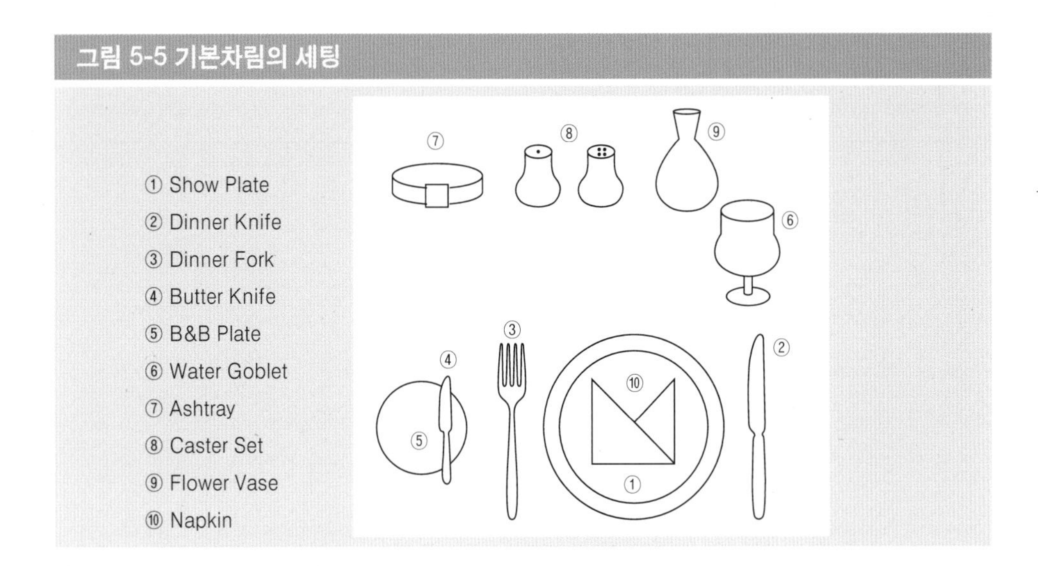

그림 5-5 기본차림의 세팅

(2) 정식차림 세팅 Table d'Hote Setting

정식차림 세팅은 제공되는 음식의 수에 따라 5코스, 7코스, 9코스 등으로 나뉜다. 식사가 제공되는 역순으로 세팅이 진행되며, 레스토랑의 운영형태나 특성에 따라 다소 차이가 있을 수 있다. 일반적인 방법은 다음과 같다.

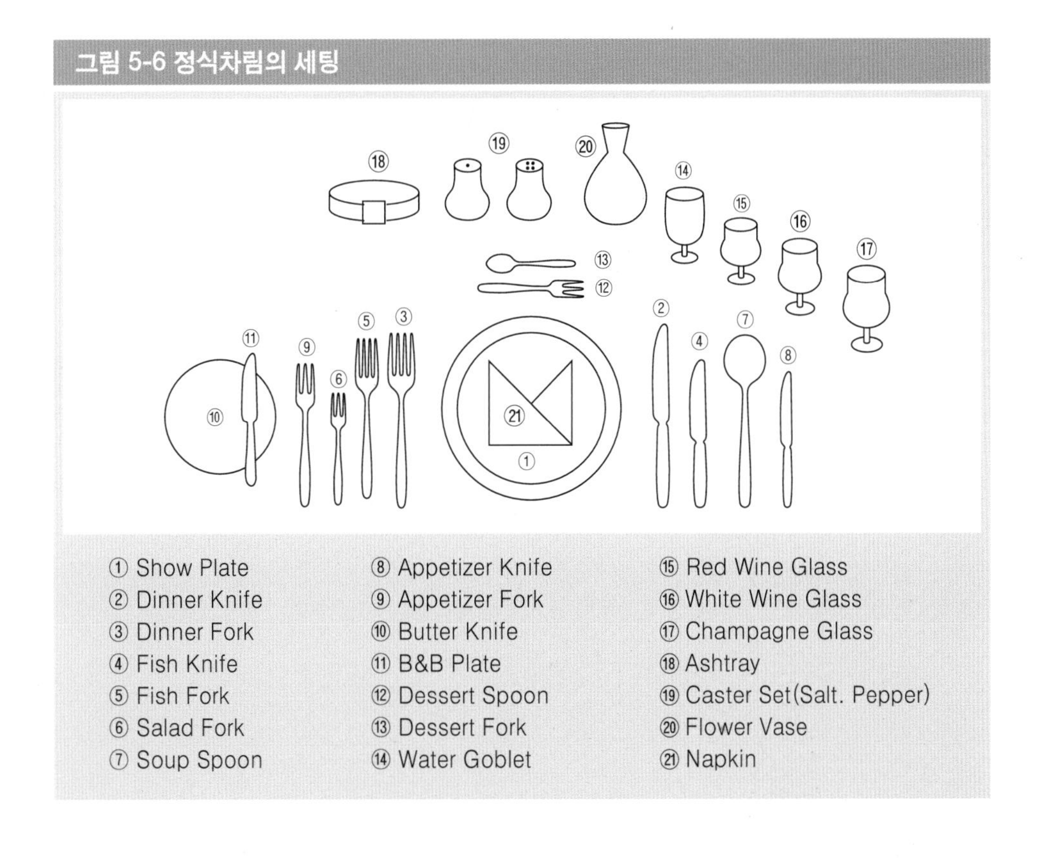

그림 5-6 정식차림의 세팅

제6절 주방위생과 안전관리

1. 주방의 위생관리

식품위생관리란 식품 및 첨가물, 기구, 포장을 대상으로 하는 음식에 관한 위생으로서 비위생적인 요소를 제거하여 음식으로 인한 위해를 방지하고 우리의 건강을 유지 향상시키기 위한 것이다. 식품의 부패, 변패, 유해미생물, 유해화학물질 등을 함유하고 있는 유해식품으로 인한 위생상 위해내용을 배제하여 식품가공을 통한 조리음식을 제공함으로써 식품영양의 질적 향상과 국민의 건강한 식생활 공간을 제공하는 것이 식품위생관리의 절대적인 필요성이다. 세계보건기구에서는 식품에 대한 위생관리(sanitation)를 '식재료의 재배, 수확, 생산 및 이를 원료로 한 식품의 제조에서부터 그 음식물이 최종적으로 소비될 때까지 모든 과정에 있어서 건전성, 안전성, 완전성 확보를 위한 조치'라고 규정하고 있다. 식품위생관리의 필요성은 식품 및 첨가물의 변질, 오염, 유해물질의 유입 등을 방지하고 음식물과 관련 있는 첨가물, 기구, 용기, 포장 등에 의해서 불필요한 이물질이 함유된 비위생적인 요소를 제거함으로써 이와 같은 원인을 미연에 방지하고 안전성을 확보하는 것이다. 주방의 위생관리란 주방과 관련되어 개인, 식품, 주방 등에서 발생되는 유해요소를

식품위해요소 중점관리제도(HACCP)

Hazard Analysis Critical Control Point는 위험 가능성이 있는 곳을 밝히고 식재료 구매, 저장, 전처리, 세척 과정 즉 식재료의 구매로부터 고객의 식사 후까지의 전 과정에 존재하는 식중독 미생물의 생존, 오염 및 증식 가능성을 예측하여 이들을 완전히 제거하거나 위험 수준 이하로 감소시킬 수 있도록 관리하여 만들어지는 음식이 위생적으로 안전함을 보장할 수 있도록 하는 제도이다. 이는 식품 원재료 생산, 제조, 가공, 보존, 유통 단계별 오염 요인을 없애도록 하는 위생관리 체계로, 이 체계를 도입한 업체는 매년 식약청의 위생관련 점검을 받는다.

제거하고 청결하게 유지, 관리하는 것을 말한다. 위생문제는 법으로 규정해 놓은 사항이기 이전에 국민의 건강과 직결되는 문제이기 때문에 소중하게 다루어야 한다. 따라서 레스토랑은 이용고객의 건강은 물론, 기업의 성공을 위해 항상 안전한 음식을 제공하기 위한 위생관리에 많은 노력을 기울여야 한다. 다음은 주방에서 위생 등의 관리를 위해 지켜야 할 기본적인 사항들이다.

① 안전한 음식을 공급하기 위한 위생적인 주방시설과 체계적인 위생교육, 그리고 개인위생에 대한 관심을 갖게 하고, 상호 감시를 통한 관리를 실시한다.

② 정기적으로 시설물과 직원들의 위생 상태를 점검하고, 정해진 위생규칙에 따르고 있는지를 확인하며, 필요할 때는 시스템을 개조할 수 있도록 한다.

③ 식품위생 프로그램을 기본으로 한 HACCP(Hazard Analysis Critical Control Point, 위해요소 중점관리제)시스템을 준비하도록 한다.

2. 주방의 안전관리

주방에서 조리업무는 각종 사고를 유발할 수 있는 요인이 항상 잠재되어 있다. 따라서 조리사들은 작업을 할 때 안전수칙을 철저히 지키고, 주의를 기울여 사고발생을 사전에 방지해야 한다. 현대화된 각종 조리장비들은 조리업무의 능률 향상에 많은 도움을 주고 있지만, 한편으로는 산업재해의 발생요인이 되고 있다. 산업재해를 막기 위해서는 각종 주방기기의 작동방법과 기능을 철저히 익히고, 여기에 필요한 개인 작업수칙을 지켜야 한다. 특히 조리업무와 화기(오븐, 가스레인지)는 불가분의 관계에 있으므로 화기로부터의 안전(화상, 화재) 역시 중요한 과제 중의 하나이다. 그리고 가스와 전기는 조리에 편리하게 사용되고 있지만 가스기기나 전열기기를 사용함에 있어서 연료나 기기의 성질을 정확하게 알고 사용해야 하며, 화기를 다룰 때에는 자리를 이탈하지 않고 지키는 자세가 필요하다.

1) 조리사의 안전관리수칙

① 칼을 사용할 때에는 정신을 집중하고 안정된 자세로 작업에 임한다. 칼로 캔

을 따거나 기타 본래 목적 외에는 사용하지 않는다.

② 주방에서 칼을 들고 다른 장소로 옮겨갈 때에는 칼끝을 지면으로 향하게 하고, 칼날은 뒤로 가게 한다. 그리고 주방에서는 아무리 바쁜 상황이라도 뛰어다니지 않는다.

③ 뜨거운 용기나 수프를 옮길 때에는 주위 사람들을 환기시켜 충돌을 방지한다. 그리고 주방바닥은 미끄럽지 않은 상태로 유지하도록 기름기나 물기를 제거한다.

2) 주방기기의 안전수칙

① 손에 물이 묻어 있거나 물이 있는 바닥에 서 있을 때에는 전기 장비를 만지지 않는다. 그리고 전기 장비를 다룰 때에는 스위치를 끈 다음 만진다.

② 스위치는 끈 것을 확인하고 기계를 조작하거나 닦는다. 기계가 작동을 완전히 멈출 때까지 기계에서 음식을 만지지 않는다.

③ 미트 슬라이서(meat slicer)를 청소할 때에는 절단하는 칼날에 손이 닿지 않도록 거리를 두고, 기계를 사용하지 않을 때에는 칼날을 닫아 놓고 스위치는 항상 꺼야 한다.

④ 스위치 및 콘센트, 플러그의 고정나사가 장기 사용으로 풀려 흔들릴 경우에는 위험하므로 사용을 중지한다. 그리고 전기기구의 부근에 가연물, 인화물질이 없도록 한다.

⑤ 가스사용을 중단할 경우에는 연소기구의 콕 밸브를 확실하게 닫아두고, 야간에 가스를 사용한 후에는 주밸브와 용기밸브를 꼭 닫아둔다.

제7절 식재료관리

식재료관리는 식재료의 구매, 검수, 저장, 출고 등과 관련된 사항들의 전반적인 관리를 의미한다. 이는 음식 생산 활동에 필요한 식재료를 공급자로부터 필요한 시기에 적정한 가격으로 적합한 품질과 상품을 준비하고, 효율적으로 관리하는 기술이 요구된다. 식재료관리의 궁극적인 목적은 원가절감과 최상의 상품(음식)을 제공하여 기업의 이익을 증진하는데 있다. 그러므로 필요한 식재료를 알맞게 구매하여 최선의 상태를 유지함으로서 이윤 창출에 공헌하고, 낭비되는 식재료를 줄이는 것이 식재료관리의 목적이라고 할 수 있다.

1. 구매 · 검수관리

구매(purchasing)는 적정한 물품을 구매하는 것만이 아니라, 필요한 시기에 최소의 비용으로 최적의 물품을 구입하고, 원활한 생산 활동으로 영업을 활성화하여 수익을 높이고자 하는 식재료관리의 첫 단계이다. 구매는 고객이 지불해야 할 가격 결정은 물론, 상품의 질과 수익성에 직접적으로 관련되어 있을 뿐만 아니라 원가관리에도 많은 영향을 미치는 기초적인 관리 단계이다. 검수는 공급자로부터 납품된 식품의 규격, 수량, 품질 등이 일치하는 가를 확인하고 수령하는 일로 물품의 인수, 확인, 서명의 절차로 이루어진다.

1) 구매관리

식재료의 구매는 조리부서에서의 필요성 또는 구매담당자의 적정재고수준 유지를 위해 구매청구서가 작성되어 구매부서에 전달됨으로써 시작된다. 구매부서는 식재료의 구매, 검수, 저장고와 재고관리는 물론 식재료 사용현황 파악, 시장조사, 적정재고량 파악, 구매량 결정, 공급자와의 관계를 지속적으로 유지하는 등의 업무를 진행한다. 또 주방장, 지배인 등과 긴밀한 상호협력 관계를 유지해야 하며, 특히

사용자의 식재료에 대한 수요예측 관리능력이 필요하다. 구매관리에서 식재료의 흐름을 통제하기 위해서 사용되는 전표(sheet)는 다음과 같다.

(1) 구매명세서 Purchase Specification

구매하고자 하는 식재료의 품질, 크기, 등급 등을 표준화한 것으로 식재료를 청구하거나 수령할 때 구매자, 공급자, 검수자를 위한 지침 또는 점검표가 되는 유용한 자료로도 사용된다. 또 구매명세서에 의한 구매관리의 장점은 다음과 같다.

- 식재료 품목의 표준화, 규격화로 품질관리 기준을 제시한다.
- 구매자, 공급자, 실사용자 사이에 명확한 의사소통을 이루게 한다.
- 고객에게 제공하는 음식의 품질을 계속 유지할 수 있다.
- 구매명세서에 따라 전화로 원하는 식재료 품목의 주문이 가능하다.
- 원가관리의 기초자료로 유용하게 사용된다.

(2) 구매청구서 Purchase Request

저장고에서 비교적 장기 보관할 아이템에 대한 구매를 청구할 때 구매부서에 보내는 전표이다. 일반적으로 물품코드번호, 재료명, 재고량 등의 항목으로 작성된다.

(3) 일일 시장리스트 Daily Market List

생선, 야채, 과일, 육류 등과 같이 신선도와 보관 등의 문제로 매일 구매해야 하는 식재료에 대한 청구서이다.

(4) 구매발주서 Purchase Order

각 부서에서 작성된 구매청구서와 일일시장리스트에 의해 요청된 아이템을 구매하기 위하여 구매부서에서 작성하는 전표이다. 구매발주서가 공급자에게 전달되어 식재료가 배달되면 구매부의 검수자가 구매청구서의 내용과 일치하는지 검사하고, 마지막으로 원가관리자(cost controller)는 정기적인 원가산출을 하게 된다.

2) 검수관리

검수는 구매청구서에 의해 주문된 식재료를 검사하고 받아들이는데 따른 관리활동이다. 구매관리에 있어 검수절차가 생략되거나 채용되지 않는다면 구매물품의 품질관리를 위해 투여된 모든 노력이 헛되어 구매목적을 달성하기 어렵다. 검수의 근본적인 목적은 주문된 식재료의 규격, 수량, 품질 등이 일치되는 식재료를 획득하려는데 있다. 그러므로 기준 미달 품질의 식재료를 인수하는 것은 곧 낮은 생산량과 식재료의 품질저하를 초래하며, 원가관리의 효율성을 떨어뜨리며 경영성과에 차질을 가져오게 된다는 점에서 검수관리의 중요한 의의를 갖게 된다.

(1) 검수방법

납품된 식재료는 검수를 통해 냉동고, 냉장고, 일반 저장고, 음료저장고 등으로 이동한다. 일반적으로 식재료의 중요도에 따라 다음과 같은 두 가지 검수방법을 이용하고 있다.

① **전수 검수법(全數檢收法)** : 납품된 식재료 전부를 검사하는 방법으로 물품이 소량이거나 고가의 품목에 적합한 검수법이다. 전체를 검사하기 때문에 불량품이 입고될 우려가 없으나 시간과 비용 낭비가 많다.

② **발췌 검수법(拔萃檢收法)** : 납품된 식재료의 일부를 무작위로 선정하여 검사하는 방법으로 검수항목이 많은 경우나 대량으로 물품이 입고될 때 사용된다. 일부 불량품의 입고 우려가 있으나 시간과 비용 측면에서 유리한 방법이다.

(2) 검수절차

식재료의 검수절차(process of inspection)는 레스토랑의 규모나 운영방침에 따라 약간의 차이가 있으나 일반적으로 다음과 같은 절차에 따라 이루어진다.

① **1단계 확인조사** : 구매발주서와 현물(식재료)을 확인, 대조한다.

② **2단계 확인조사** : 구매 시 적용한 구매명세서의 내용과 확인, 대조한다.

③ **송장(送狀)확인** : 식재료의 수량과 품질, 가격 등을 확인한다.

④ 검수일지작성 : 송장을 근거로 수령일보를 작성한다.

⑤ 입고(入庫)확인 : 구매한 식재료 각 품목의 특성에 따라 저장고에 잘 입고되었는지 확인한다.

2. 저장 · 출고관리

저장관리(storing)는 검수과정을 거쳐 입고된 식재료를 손실 없이 보관하여 출고가 원활히 이루어지도록 관리하는데 있다. 출고관리(issuing)는 식재료관리의 마지막 단계로서 입고된 식재료를 조리부서나 실사용자에게 공급하는 일련의 과정으로 식재료에 대한 통제와 관리의 업무를 수반하며, 원가관리와 재고관리에 필요한 자료를 제공한다.

1) 저장관리

저장관리는 검수과정을 거쳐 입고된 식재료를 적정한 장소, 온도 등 적정조건에 식재료를 보관함으로써 최상의 품질을 유지시키고, 부패에 의한 손실과 도난을 방지하려는 활동이다. 저장은 검수와 조리업무를 연결하는 역할을 하고 있으며, 생산하고자 하는 음식의 질에 직접적인 영향을 미치는 중요한 업무이다. 식재료의 저장창고는 식재료 각 품목의 특성에 따라 온도가 다른 냉동저장고, 냉장저장고, 일반저장고, 음료저장고 등이 있다.

(1) 냉동저장고

냉동저장고는 식품의 장기보존에 사용되며, 주로 육류 및 생선류를 장기간 보관목적으로 냉동 후 사용하게 된다. 냉동고의 온도는 영하 20℃ 정도이며, 너무 오래 장기보관할 시에는 냉해(freezer burn), 탈수(dehydraion), 오염(contamination) 및 부패(spoilage) 등 품질 저하가 발생하게 된다. 따라서 냉동식품의 운반은 냉해 방지와 수분 증발을 억제하기 위해서 포장하거나 밀봉하여 냉동상태에서 이동과 저장이 이루어져야 한다.

(2) 냉장저장고

냉장저장고는 과일, 야채, 생선 등의 일시적인 저장품을 보관하는 데 사용되며, 식품의 품질유지 및 영양가 손실을 최소화하는 데 목적이 있다. 이러한 목적을 달성하기 위해서는 미생물의 성장억제나 지연에서 요구되는 낮은 온도를 유지해야 하며, 온도 0℃, 습도 80% 정도의 상태에서 저장 관리해야만 한다. 한편, 너무 높은 습도는 미생물의 성장을 도와서 부패를 촉진시키며, 너무 낮은 습도는 식품을 건조시키는 원인이 된다. 냉장저장고는 철저한 위생관리를 위해서 정기적으로 세척해야 하고, 냉장고 내부의 공기순환이나 습도의 조절은 냉장고 내의 품질유지를 위해서 매우 중요하다. 또한 냉장고 내에 온도계를 설치하여 수시로 온도점검이 필요하며, 냉장고의 문을 여는 횟수를 최소화해야 한다.

(3) 일반저장고

곡물류나 캔에 든 식재료 등을 보관하는 일반저장고는 온도 10℃, 습도 50~60% 정도의 상태에서 저장 관리해야 한다. 곡물류는 이보다 더 낮아야 하고, 채광(採光)과 통풍상태를 잘 유지해야 한다. 캔 제품의 경우에 있어서도 화학적인 부패가 온도변화에 따라 발생하기 때문에 대부분의 건조물품은 비교적 서늘한 곳에서 유지해야 한다.

(4) 음료저장고

음료는 적절한 장소에 알맞은 온도로 저장이 필수요건이다. 특히 와인은 환기가 잘되고, 빛이 차단되는 10~15℃ 정도의 온도와 습도 70%를 유지할 수 있는 카브(cave 또는 cellar)가 최적의 장소이다. 이는 보관온도가 일정치 않고 변화가 심할 때 와인의 숙성이 오래 지속되지 못하는 결과를 낳기 때문이다. 이밖에 위스키, 브랜디, 진, 럼, 보드카, 테킬라, 리큐르 등은 선반(shelves)에 종류별 또는 산지별로 구분하여 저장해야 한다.

2) 출고관리

출고관리는 입고된 식재료를 출고청구서(storeroom requisition)에 의해 조리부서나 실사용자에게 공급하는 일련의 과정으로 식재료에 대한 통제와 관리의 업무를 수반하며 원가관리와 재고관리에 필요한 자료를 제공한다. 출고관리의 기본은 선입선출(FIFO, First In First Out)로서 음식의 품질은 물론 고객의 안전에도 중요할 뿐만 아니라 창고에서 손실될 수도 있는 식재료를 효율적으로 관리함으로써 원가관리에도 많은 도움을 주는 방법이다.

3. 재고관리

재고관리는 적정량의 식재료를 항상 보유함으로서 연속적인 생산을 촉진시키고, 식재료의 유통량이나 가격의 변동에서 오는 불확실성에 대비하기 위한 관리기법이다. 재고가 적정량 이하가 될 때에는 음식생산의 지연과 고객 상실이라는 비용과 손실을 유발시키고, 적정량 이상이 될 때는 과다한 유지비용을 부담하게 만든다. 특히 식재료는 저장기간이 비교적 짧으며, 일정 기간 내에 판매되지 않으면 상품으로서의 가치가 없어지는 특성을 지니고 있기 때문에 식재료 관리는 매우 어려운 문제이다.

식재료의 재고량 조사에는 일일 재고조사, 월말 재고조사가 있으며, 조사방법으로는 계속 재고조사법(perpetual inventory system)과 실사 재고조사법(physical inventory system) 등이 있다.

1) 계속 재고조사법

계속 재고조사법(perpetual inventory system)은 저장고에 있는 재고자산의 증가나 감소를 계속적으로 기록해서 남아 있는 식재료의 양을 파악하고 적정 재고량을 유지하는 방법이다. 이 방법은 언제든지 현재의 재고량과 재고자산을 정확하게 파악할 수 있는 반면, 많은 시간과 노동력이 요구된다. 또한 구매결정을 용이하게 하고 원가관리에 도움을 주며, 컴퓨터 정보처리기술이 발전한 관계로 과거에 비해 계속 재고조사법이 많이 사용되고 있다.

2) 실사 재고조사법

실사 재고조사법(physical inventory system)은 저장고에서 각 주방으로 출고되는 식재료를 재고카드에 기록하지 않고, 한 달에 1회 정도 재고조사를 통해 실시한다. 관리와 유지가 간단하지만 재고의 수준과 일정기간 동안의 출고에 대한 정보를 원할 때 얻을 수 없고, 실사를 통해서만 가능하다는 단점이 있다.

3) 재고자산 평가

실사 재고조사법에 의한 재고량 조사와 함께 현재 보유하고 있는 재고자산의 평가도 할 수 있다. 재고자산의 평가방법에는 ① 먼저 구입한 식품의 단가를 반영하는 선입선출법 ② 선입선출법과 반대로 최근에 구입한 식품부터 사용한 것처럼 기록하는 후입선출법 ③ 실제로 그 식재료를 구입했던 단가로 계산하는 실제구매가법 ④ 총구입액을 전체구입수량으로 나누어 평균단가를 계산하는 총평균법 ⑤ 최종구매가법 등이 있다.

4. 원가관리

원가관리(cost control)는 식재료의 구매, 검수, 저장, 출고의 관리활동 단계에서부터 주방에서 음식을 조리하여 판매에 이르기까지 제반 업무에 적용되는 관리활동이다. 레스토랑의 상품을 구성하고 있는 원가요소 중에서 가장 높은 비중을 차지하고 있는 항목이 식음료 재료비이므로 경영 상태를 측정하는 일부분으로 재료비 관리 상태를 분석한다. 그러나 타 상품에 비해 다품종 소량생산, 짧은 주문생산, 생산과 소비의 동시성 등의 특성으로 관리 상태를 정확하게 파악하기란 쉽지 않다. 그러나 원가관리는 기업경영의 목적이라고 할 수 있는 이익의 극대화에 지대한 영향을 미치기 때문에 경영관리 측면에서 과학적이고 효율적으로 접근하는 노력이 필요하다. 다음은 원가관리 방법으로 널리 이용되고 있는 기초적인 정보자료이다.

1) 표준양 목표에 의한 원가관리

음식에 대한 단위별, 품목별, 가격과 수량이 정확한 명세서는 원가분석의 기초자료가 되며 판매가격을 결정할 수 있는 유일한 자료가 된다. 소량의 1인분에 대한 원가계산은 많은 양의 재료를 가지고 만들 때의 원가를 계산하여 상품개수로 나누면 1개 혹은 1인분의 재료비 원가를 산출할 수 있다. 예를 들어, 어떤 스테이크를 만들어 원가계산을 한다고 가정할 때, 고기와 야채의 기준량을 정하여 단가를 곱하고 그 외의 재료들은 단위당 개별원가를 산정하여 재료비 원가를 산출하는 것이다. 이와 같이 양 목표에 의해 원가관리를 하는 것은 조리사들의 조리업무를 합리적으로 수행할 수 있게 하고, 재료 소모량을 계산할 수 있는 이점이 있다.

2) 표준원가에 의한 관리

표준원가 관리란 미리 표준이 되는 원가를 과학적, 통계적인 방법으로 정하여 놓은 표준원가(standard costs)와 실제원가(actual costs)와의 차이를 비교분석하기 위하여 실시하는 원가관리 방법이다. 표준원가를 설정할 때는 원가요소별로 직접재료비, 직접노무비, 제조 간접비 등으로 구분하여야 하며, 표준원가 관리를 해야 하는 필요성은 다음과 같다.

① 식재료의 원가절감
② 식재료 품목별 표준원가의 공정한 계산
③ 메뉴 및 표준원가 카드 작성
④ 원가에 대한 판매 분석의 용이
⑤ 변동원가에 대한 계산의 용이
⑥ 노무비의 합리적인 계산
⑦ 원가 보고서 작성

⑧ 경영성과 분석에 의한 적정한 이익관리

3) 비율에 의한 원가관리

식재료의 총매출원가를 총매출액으로 나누어서 계산되는 식재료의 원가율을 기초로 한다. 식재료의 원가가 매출의 일정 범위 내에 있도록 관리하려는 통계적 개념 하에서 성립된 것이다. 이 방법은 메뉴의 가격이나 원가변동에 관계없이 비교가 가능하며, 적정 식재료 원가여부를 밝히는 데 매우 효과적이다. 그러나 어떤 특정한 메뉴에서 원가의 변동이 있었는지에 대하여 밝혀지지 않는 단점이 있으나, 식음료를 총체적으로 분석하는 데는 효과적이다.

- 식재료 원가 = 기초재고 + 당기매입 − 기말재고
- 식재료 원가율 = $\frac{\text{식재료 원가}}{\text{총매출액}} \times 100$

Study Questions

1. 주방과 영업장은 어떠한 관계이며, 왜 중요한가?
2. 건식열, 습식열, 혼합열 조리법 등에는 어떠한 것들이 있는가?
3. 서비스 기물의 종류는 어떻게 구분하며, 무엇이 있는가?
4. 구매명세서(purchase specification)와 그 장점은 무엇인가?
5. 검수방법을 설명하고, 재고와 원가는 어떠한 관계가 있는가?

부 록

테이블매너
용어해설
참고문헌

테이블매너
Table manners

테이블매너가 완성된 것은 19세기 영국의 빅토리아 여왕 때 기초가 되었다. 이 시대는 형식을 매우 중시하였으므로 식사예절에 대해서도 엄격한 격식이 요구되었다. 그러나 테이블매너의 기본정신은 형식에 있는 것이 아니라 요리를 맛있고 품위 있게 먹기 위한 데 있다. 테이블 매너의 요점은 다음과 같다.

1. 일반적인 매너

1) 예약

레스토랑을 이용 할 때는 사전예약을 하고 예약시간은 지켜야 한다. 예약은 주로 전화로 하게 되는데 예약자의 성명, 일시, 참석자의 수를 정확히 알려 준다. 테이블 매너에서는 시간 엄수를 요구하므로 정확히 지킬 수 있는 시간을 예약해 놓아야 한다. 참석자 수는 테이블 준비를 위해 미리 알려 두는 것이다. 또한 생일, 기념일 등 특별한 모임의 목적을 알려 주면 레스토랑 측은 모임에 맞는 서비스를 해 준다. 요리에 대한 협의도 잊어서는 안 된다. 한편 예약 당일에 사정이 생겨 변경사항이 발생했을 경우에는 미리 연락을 해 주는 것도 테이블매너이다.

▲ 레스토랑의 내부모습

2) 착석

식당에 들어서면 예약사항과 성명을 확인한다. 보관소(cloak room)가 있으면 우

산, 코트 등의 소지품을 맡긴다. 매니저나 리셉셔니스트가 테이블에 안내해 줄 때까지 기다린다. 만약 준비된 테이블이 마음에 들지 않을 때는 다른 테이블이 가능한지 문의한다. 레스토랑에서는 대개 안내자가 제일 먼저 상석의 의자를 빼주도록 되어 있으므로 그 날의 주빈이 앉도록 한다. 서양에서는 여성 존중사상(ladies first)이 테이블매너의 근간이다. 따라서 착석할 때도 여성이 앉고 난 후에 남성이 앉도록 한다. 고령자, 연장자, 여성들과 함께 식사하는 경우 남성은 그들이 앉을 때까지 의자 뒤에 서서 기다리거나 착석을 도와주는 것이 테이블매너이다.

3) 바른자세와 대화법

테이블에서의 자연스러운 자세는 몸과 테이블 사이의 간격을 바르게 했을 때 비로소 이루어진다. 테이블에서 가슴까지는 대개 주먹 두개만큼의 거리가 적당하다. 식탁 위에 팔꿈치를 올려놓는 것은 좋지 않다. 손은 자연스럽게 테이블 위나 무릎위에 놓는다. 머리를 긁거나 턱을 괴는 행위, 다리 꼬기, 식기를 포개놓기, 컵에 스푼을 꽂아두는 행위 등은 모두 식탁예절에 벗어난다. 음식을 먹을 때는 입을 다물어 소리를 내지 말고, 음식물이 입 안에 있을 때는 음료를 마시거나 다른 요리를 먹지 않는다. 대화를 위해 음식은 조금씩 입에 넣는다. 식사 도중 먼저 화제를 꺼낼 때나 상대방으로부터 질문을 받았을 때는 손에 쥐고 있던 스푼 등을 잠시 내려놓은 후 대화한다. 상대방이 음식을 먹고 있을 때는 말을 걸지 않으며, 입 안에 음식이 있을 때 질문을 받으면 일단 음식을 삼킨 후 '죄송합니다' 라고 양해를 구한 후 대답한다. 공식적인 모임일 때는 개인적인 문제, 건강, 종교, 인종, 정치, 금전, 험담, 성적인 지적 등은 하지 않는다. 좋은 화제는 시사, 날씨, 여행, 스포츠, 문화, 음악, 예술, 취미 등이다.

4) 냅킨사용

냅킨은 식사자리의 주빈 또는 연장자가 먼저 편 후 나머지 사람이 따라 펴는 게 예의이다. 동료끼리의 자리라면 모두가 자리에 앉고 난 후에 무릎위에 펼친다. 흔히 냅킨을 목에 거는 경우가 있는데 이는 어린이나 몸이 불편한 사람, 또는 흔들리는 비행기나 열차의 식당을 이용할 때에 한하는 게 좋다. 보통은 무릎에 올려놓아 옷을 더

럽히지 않도록 하려는데 목적이 있다. 그 밖에 입을 닦는다든가 혹은 핑거볼(finger bowl)을 사용한 후 물기를 닦을 때 이용한다. 여성들이 냅킨으로 입을 닦을 때에는 립스틱을 묻히지 않도록 조심한다. 식사 전 종이 휴지로 가볍게 립스틱을 닦아 내면 유리잔에도 묻지 않는다. 식사 중에는 냅킨을 테이블 위에 올려놓지 않는다. 뷔페식당 등에서 잠깐 자리를 떠날 때는 냅킨을 의자에 놓거나 테이블에 살짝 걸쳐 접시로 눌러 둔다. 냅킨을 테이블 위에 두면 식사가 모두 끝났다는 의미이므로, 커피까지 다 마신 후 테이블 위에 접어 올려놓는다. 서양에서는 식사 후 냅킨을 처리하는 것을 보고 그 사람의 매너를 판단한다고 말할 정도이므로 세심한 주의가 필요하다.

5) 메뉴보기와 주문

레스토랑 메뉴는 크게 타블도트(table d'hote, 정식요리)와 알라카트(a la carte, 일품요리)가 있다. 먼저 주요리 코스를 정한다. 기호에 맞게 생선, 육류 중에 하나를 정한 후 그에 맞는 소스를 선택한다. 육류와 샐러드를 주문할 때는 굽기 정도와 드레싱을 선택한다. 주요리가 정해지면 거기에 맞추어 전채요리나 수프를 정한다. 그리고 후식은 식사가 끝난 후 주문한다. 일반적인 메뉴구성을 살펴보면 다음과 같다.

표 1 양식의 코스

순 서	5코스	7코스	9코스
전채(appetizer)		○	○
수프(soup)	○	○	○
생선(fish)			○
셔벳(sorbet)			○
육류(meat)	○	○	○
샐러드(salad)	○	○	○
치즈(cheese)		○	○
후식(dessert)	○	○	○
음료(coffee or tea)	○	○	○

※음료는 음식을 고려하여 식전주, 식중주, 식후주로 조합하여 제공한다.

2. 식사 중의 매너

서양에서 레스토랑은 식사를 하는 장소인 동시에 사교의 장이기도 하다. 따라서 테이블에 동석한 사람들과 서로 정보를 교환하거나 일상적인 대화를 나누게 된다. 이 때 너무 큰소리나 말없이 식사만 하는 행위는 주위사람들에게 부담을 주는 행위로 매너에 벗어난다. 식사 중 테이블 매너의 요점은 다음과 같다.

1) 나이프와 포크 Knife & Fork

식탁위의 가운데 접시(show plate)를 중심으로 왼쪽에는 포크, 오른쪽에는 나이프가 같은 수로 놓이게 되는데, 음식이 제공되는 순서에 따라 바깥쪽에서 안쪽으로 사용한다. 양식에서의 나이프와 포크는 하나만을 계속 사용하는 것이 아니라 코스에 따라 각각 다른 것을 사용한다. 육류를 자를 때는 나이프와 포크가 끝이 서로 직각이 되게 하며 팔꿈치를 옆으로 벌리지 말고, 팔목 부위만을 움직여 자르는 것이 좋다. 나이프와 포크를 사용할 때 소음을 내어서는 안 되며, 바닥에 떨어뜨렸을 때는 줍지 말고, 서비스 제공자에게 알려 새것으로 사용한다. 식사 후에는 접시 오른쪽에 나이프와 포크를 나란히 놓는다.

그림 1 나이프와 포크 사용법

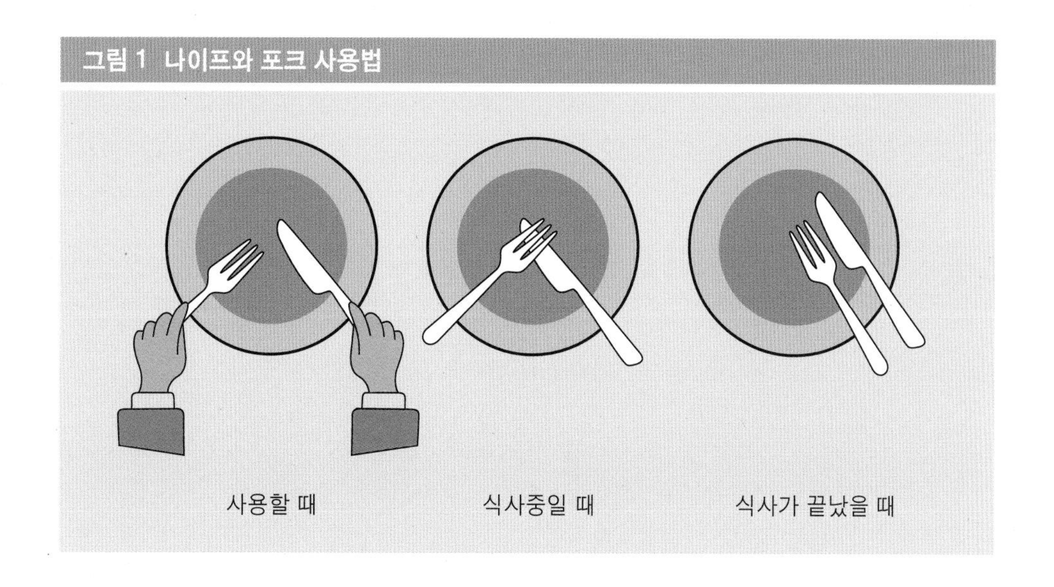

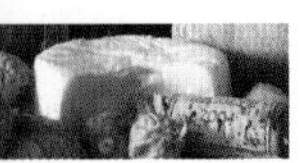

2) 식전주 Aperitif

식전주는 식욕을 촉진하기 위해 마신다. 따라서 타액이나 위액의 분비를 활발하게 만드는 자극적인 것이 좋다. 대표적인 식전주로 쉐리(sherry)와 벌무스(vermouth)가 있다. 쉐리는 스페인산 백포도주로 드라이한 맛이 특징이다. 벌무스는 스틸 와인에 약초, 과즙, 감미료 등을 첨가해 독특한 향기를 낸 것으로 드라이한 맛과 달콤한 맛이 있다. 칵테일의 경우 남성은 마티니, 여성은 맨해튼이 무난하다. 그 밖의 마가리타, 캄파리, 두보네, 페르노, 샴페인 등이 있다. 알코올 도수가 강렬한 위스키는 물이나 소다수로 희석해서 마시는 것이 좋다. 술을 마시지 못하는 사람은 진저엘이나 주스 등을 마시는 것이 예의이다. 식전주는 한두 잔 정도가 적당하며 식사 전에 취하는 일이 없도록 한다.

3) 전채요리 Appetizer

프랑스어는 '오 되브르(hors d'oeuvres)' 영어는 '애피타이저(appetizer)'라 부른다. 식욕을 돋우기 위해 식사 전에 먹는 요리인데, 식전주를 위한 안주로 쓰이기도 한다. 너무 많이 먹으면 다음 코스의 본 요리를 제대로 먹을 수 없으므로 적당히 먹는다. 전채요리는 크게 찬 전채와 더운 전채로 나뉜다. 일반적으로 찬 전채 후에는 진한 맛의 요리, 더운 전채 후에는 가벼운 맛의 요리를 선택한다. 생굴, 캐비아, 카나페, 푸아그라, 에스카고 등이 자주 등장한다.

▲ 그린소스를 곁들인 게살(crab)요리

① 생굴(fresh oyster): 겨울철에는 생굴이 나올 때가 많은데, 왼손으로 껍질의 한 쪽을 잡고, 오른손에 든 포크로 관자 부분을 떼어 먹는다. 레몬식초를 뿌려 먹으면 일미이다. 손가락은 핑거볼(finger bowl)[1]에 씻는다.

1) 손으로 집어먹는 음식(셀러리, 파슬리, 카나페, 생굴, 양갈비, 가재요리 등)의 경우 손가락을 씻을 수 있도록 물을 담아 식탁 왼쪽에 놓는 작은 그릇을 말한다. 손가락만 끝만 한 손씩 교대로 씻는다. 이 때 물 위에 꽃잎이나 레몬조각을 띄워 제공한다.

② 캐비아(caviar): 철갑상어 알을 소금에 절여 차게 한 것이다. 러시아산이 유명하나 최상품은 회색에 가까운 이란 산이다. 분홍색, 붉은색, 검은색 등이 있다.

③ 카나페(canape): 크래커나 패스트리, 토스트 위에 치즈, 연어, 캐비아 등을 얹은 오픈 샌드위치이다. 손으로 집어 한입에 먹는다.

④ 에스카고(escargot): 식용 달팽이 요리로 유명와인산지인 부르고뉴와 샹파뉴 지방의 달팽이가 최고로 분류된다.

4) 수프 Soup

수프는 마시는 것이 아니라 먹는 것으로 소리가 나지 않도록 주의한다. 수프용 스푼은 보통 펜을 쥐듯 중간에서 약간 위쪽 부분을 가볍게 잡는다. 수프를 먹는 방법에는 미국식과 유럽식 두 가지가 있다. 자기 앞쪽에서 바깥쪽으로 떠먹는 것이 미국식이며 반대로 바깥쪽에서 앞쪽으로 먹는 것이 유럽식이다. 수프를 먹을 때는 스푼에서 국물이 떨어지더라도 접시 중앙에 떨어지도록 접시 가장자리에서 벗어나지 않은 곳에서 멈추도록 한다. 뜨거운 수프일 경우에는 스푼으로 저어 식힌 다음 먹는다. 수프는 한 번에 먹지 않고, 조금씩 나누어 먹거나 입으로 불어가며 먹는 것은 좋은 매너가 아니다. 한편 수프를 먹다 보면 조금 남은 것은 떠먹기가 쉽지 않다. 이런 때는 접시를 왼손으로 잡고 앞쪽으로 조금 기울여 떠먹도록 한다. 또한 손잡이가 달린 수프는 손으로 들고 먹어도 된다. 그러나 컵 속에 스푼을 넣은 채 마시거나 컵을 든 상태에서 스푼으로 떠먹는 것은 좋은 매너가 아니다.

5) 빵 Bread

▲ 하드롤(hard roll)빵

빵은 요리의 맛이 남아있는 혀를 깨끗이 하여 미각에 신선미를 준다. 그래서 빵은 후식 전까지 먹는 것이 보통이다. 테이블 왼쪽에 놓인 것이 자기 몫의 빵이다. 빵 접시는 있던 자리에 그대로 두고, 가운데로 옮겨 놓지 않는다. 빵은 나이프나 포크를 이용하지 않고 적당량을 손으로 잘라 먹는다. 빵 부스러기가 떨어지기 쉬우므로 가급적 빵 접시 위에서 처리한다. 테이블 위에 부스러기 떨어졌어도 손으로 털 필요는 없다.

6) 와인 Wine

와인의 선택은 손님을 초대한 남성이 한다. 와인을 선택할 때는 다른 사람들이 주문한 요리와 주위의 의견에 따라 하는 것이 예의이다. 여성이 주빈이 되어 남자 손님을 초대했을 경우, 남성에게 와인의 선택을 위임하는 것이 예의이다. 서비스 제공자가 와인을 따를 때는 글라스를 들어주지 말고, 와인 잔이 너무 멀리 떨어져 따르기가 어렵다고 생각될 때는 조용히 옮겨 줄 수는 있다. 와인은 여러 번 반복하여 같은 잔으로 마시게 되므로, 음식의 지방분이 와인 잔에 묻어 와인의 맛을 해칠 염려가 있다. 따라서 와인을 마실 때는 냅킨으로 입을 가볍게 닦아주어야 한다. 특히 여성의 경우 립스틱이 묻지 않도록 한다.

빵의 종류

- 토스트(toast) : 식빵을 얇게 썰어 양쪽을 살짝 구운 것이다. 주로 조식에 제공되며, 잼과 버터를 발라 먹는다.
- 크로와상(croissant) : 초승달 모양으로 만든 작은 빵이다. 밀가루 반죽에 버터, 계란, 우유를 넣고 살짝 구운 것이다.
- 데니쉬 패스트리(danish pastry): 덴마크에서 개발된 빵으로 과일, 땅콩 등을 가미한 단 맛의 파이 비슷한 빵이다.
- 머핀(muffin) : 밀가루 반죽에 설탕, 계란, 유지, 우유, 베이킹 파우더 등을 넣어 구운 것이다. 전통적인 영국 빵이다.
- 브리오쉬(brioche) : 크로와상과 함께 프랑스의 대표적인 빵으로 계란과 버터를 넣어 만든 피자와 비슷한 빵이다. 그 밖에 딱딱하게 구운 프렌치 브레드(french bread), 하드 롤(hard roll)은 버터와 함께 중식과 석식에 제공된다.

7) 생선과 육류요리

(1) 생선요리 Fish

통구이 생선요리는 머리는 왼쪽, 꼬리는 오른쪽으로 서브된다. 포크로 머리를 누르고, 나이프로 머리와 몸체, 꼬리, 지느러미 순으로 자른다. 그 다음 생선의 뒷부분에 나이프를 넣어 오른쪽에서부터 왼쪽 방향으로 뼈와 몸통을 분리시킨 후 꼬리쪽부터 적당한 크기로 잘라 먹는다. 생선을 맛있게 먹는 방법 중 하나는 레몬을 치는 것이다. 반단 모양의 레몬이 나오면 왼손 엄지와 검지 중지 세 손가락으로 짜며 이 때 즙이 튀지 않도록 오른손으로 감싼다.

(2) 육류요리 Steak

스테이크는 굽기 정도에 따라 맛이 달라진다. 살짝 구을 수록 육즙이 많아 고유한 맛을 즐길 수 있다. 스테이크는 고기의 왼쪽을 포크로 고정시켜, 오른손에 든 나이프로 적당한 크기로 잘라 먹는다. 그런데 고기를 전부 잘라 놓고 먹는 사람이 있는데, 이런 경우 육즙이 접시로 흘러내리거나 식기 때문에 스테이크의 맛이 점차 줄어든다. 스테이크의 굽기 정도는 아래와 같다.

▲ 안심스테이크

레어(rare) → 미디엄 레어(medium rare) → 미디엄(medium) → 웰던(welldone)

고기와 함께 통감자구이가 나오는 경우 껍질 채 먹는 게 좋다. 누렇게 탄 껍질은 감자를 먹고 난 후 일어나기 쉬운 가슴의 답답증을 방지해 주는 역할을 하기 때문이다.

8) 샐러드와 드레싱 Salad & Dressing

샐러드는 지방분이 많은 육류요리의 소화를 돕고 영양에 필요한 비타민과 미네랄이 풍부해 건강의 균형을 유지시키는 역할을 한다. 대부분 육류 코스 이후에 샐

▲ 니스식(nicoise) 샐러드

러드를 먹는데, 육류와 샐러드는 번갈아 먹는 것이 더욱 효과적이다. 영국과 미국인들은 샐러드를 육류요리와 같이 먹거나 그 전에 먹는 반면, 프랑스인들은 육류요리가 끝난 다음에 먹는 습관이 있다. 샐러드에 사용하는 소스를 드레싱(dressing)이라고 하는데, 프렌치, 이탈리안, 블루치즈, 러시안, 1000 아일랜드 드레싱 등이 있다. 기호에 따라 선택하면 된다.

9) 치즈 Cheese

치즈는 단백질, 칼슘과 인체에 필수적인 무기질 성분 등이 우유에 비해 8~10배 농축된 식품이다. 치즈는 주 요리와 디저트 코스 사이에 제공되는데 품격 있는 정찬에서는 메뉴에 포함시키고 있다. 치즈의 고유한 맛과 풍미를 증진시키기 위해서는 1시간 전에 실온에서 보관하였다가 먹는 것이 맛이 좋다. 또 과일, 야채, 너트, 크래커, 빵, 와인 등은 치즈의 맛을 증진시킨다.

10) 후식 Dessert

디저트는 후식으로 입안에 남아있는 기름기를 없애주고 소화 작용을 돕는 음식이다. 일반적으로 단맛(sweet), 풍미(savour), 과일(fruit)의 3요소가 모두 포함되어야 한다. 디저트의 어원은 프랑스어 데세르비르(desservir)에서 유래된 말로서 「치우다」, 「정리하다」라는 뜻이다. 현재에도 디저트를 제공하기 전에 글라스(glass)류를 제외하고 테이블 위의 모든 것을 치운다. 디저트에는 크레페(crepes), 수플레(souffle), 프람베(flambee), 파르페(parfait), 서벳(sorbet) 등이 있다.

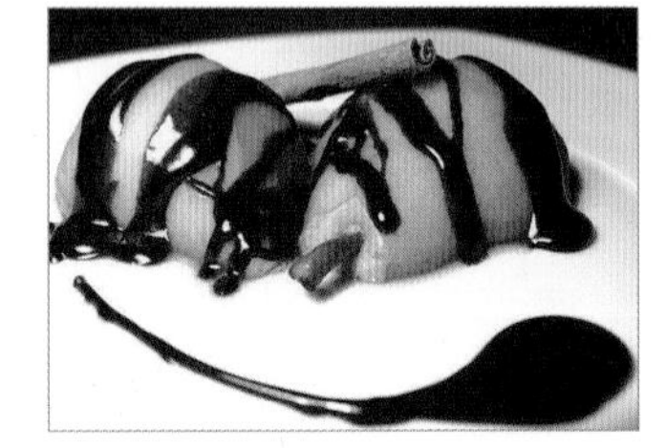
▲ 초코시럽을 뿌린 아이스크림

11) 커피 Coffee

마지막 코스인 데미타스(demi-tasse)는 반잔이라는 뜻이다. 커피나 홍차가 평상시 잔과는 달리 작은 잔으로 나오기 때문에 붙여진 이름이다. 잔을 잡을 때는 손가락을 구멍에 넣지 말고 엄지와 인지로 가볍게 잡아 마시는 것이 일반적인 매너이다.

12) 식후주 Digéstif

소화촉진을 위한 식후주는 커피코스 이후에 마신다. 일반적으로 브랜디와 리큐르를 마시는데 향미가 강한 것이 특징이다. 보통 남성은 브랜디, 여성은 리큐르를 즐긴다. 브랜디는 과실류를 원료로 한 증류주를 총칭한다. 그러나 일반적으로 브랜디라고 하면 포도로 만든 와인을 증류, 숙성시킨 것을 가리킨다. 프랑스의 코냑(cognac)과 알마냑(armagnac)이 2대 브랜디이다. 그리고 사과나 배, 나무딸기, 체리 등 포도 이외의 과실로 만든 프루츠 브랜디(fruit brandy)가 있다. 프랑스에서는 보통 오드비(eau de vie)라고 부른다. 이같은 브랜디를 마실 때는 두 손으로 글라스를 감싸고 향을 음미하면서 마신다.

3. 식사 후의 매너

계산은 커피 혹은 식후주를 거의 다 마신 후 앉은 자리에서 한다. 돈을 지불하기 전에 계산서(bill)가 맞는지부터 확인한다. 현금으로 지불할 때는 큰돈을 주어 거스름돈을 가져오도록 한다. 외국에서는 계산이 끝난 후 지불금액의 10%정도를 냅킨이나 접시 밑에 끼워 둔다. 팁을 직접 건네주는 것은 세련된 매너가 아니다.

① 자리에서 일어날 때 냅킨은 보기 좋게 적당히 접어 테이블 위에 놓는다.

② 퇴석할 때 는 옆 사람들에게 가볍게 인사를 한다.

③ 퇴장할 때는 초대한 사람에게 반드시 인사를 하도록 한다.

4. 재치 있는 매너

파티나 식사가 즐겁게 진행되는 순간 개인의 사정으로 인해 예기치 않은 상황이 발생될 수 있다. 이러한 상황에 재치 있게 대비할 수 있는 매너의 요점은 다음과 같다.

(1) 식사 중 자리를 뜰 때

식탁에서 부득이 자리를 뜰 때는 잠깐 실례하겠다는 인사를 잊지 않는다. 냅킨은 적당히 접어놓거나 테이블 위에 얹어둔다. 번거로움을 피하려면 식사 전 화장실에 다녀오는 것이 좋다.

(2) 소금과 후추를 사용할 때

식탁 위에는 대개 소금, 후추, 머스타드, 타바스코 등의 조미료가 놓여 있게 된다. 먼저 소량을 먹어 본 후 기호에 맞게 조미료를 뿌리도록 한다. 특히 가정집에 초대받았을 때는 가급적 나온 그대로의 음식을 맛있게 먹는다. 손이 잘 닿지 않는 곳에 조미료가 있으면 직접 팔을 뻗지 말고 옆 사람에게 부탁해 건네받는다.

(3) 생선가시나 뼈가 목에 걸렸을 때

물을 마시거나 냅킨으로 가리고 기침을 해 빼낸다. 여의치 않으면 손가락으로 꺼내 접시 한쪽에 놓는다. 옆 사람 눈에 띄지 않게 조심한다. 만일 잘 되지 않으면 양해를 구한 후 물러나와 뒤처리를 한다.

(4) 기침이나 재채기 나올 때

기침이나 재채기가 나올 때는 손수건으로 입과 코를 가린다. 손수건이 없으면 급한 대로 냅킨이나 손을 사용한다. 기침이 계속 나오면 양해를 구하고 자리를 뜬다. 코를 풀고 싶을 때도 테이블에서 물러나오는 것이 좋다. 가볍게 코를 닦을 땐 손수건이나 휴지를 사용하며, 냅킨을 써서는 안 된다.

(5) 뜨거운 음식을 먹었을 때

음식이 너무 뜨거우면 즉시 찬 물이나 음료를 마신다. 마실 것이 가까이 없을 땐 종이 냅킨에 뱉어 접시 한쪽에 놓아둔다.